Second Edition

FLAVOR IN WINE

국내 최고 와인 전문가의 와인 강의

대표저자 | **박현진**

Preface

'포도주와 문화'를 강의할 때 학생들에게 던지는 첫 마디는 "와인은 식품이다. 식품에서 가장 중요한 것은 원료의 품질이다. 최고급 와인은 최고품질의 포도로부터 만들어진다."이다.

내가 대학에 다닐 때는 주로 막걸리를 마셨는데, 그 이유는 막걸리와 막걸리 안주가 무척 저렴했기 때문이다. 그 당시만 해도 맥주는 상류층 술이었다. 대학을 졸업하고 취업해서는 소주와 맥주를 주로 마셨다. 1980년대 중반 유학길에 올라 주로 마신 술은 맥주였고, 처음으로 제대로 된 포도주를 마신 것은 1991년 박사학위 취득 후 미국 대학의 교수로 재직하면서 교수회의 후 회식자리에서였다. 그러니까 지금까지 거의 30년 이상 많은 양의 와인을 마시고 있는 셈이다.

와인에 관심을 가지게 된 것은 1980년 중반 한국과학기술원의 연구원으로 재직할 때 사과 주스, 사과 스쿼시, 발효 사과 사이다에 관한 연구에 참여하면서부터이다. 그때 두산양조의 마주왕 생산 라인을 둘러본 것이 계기가 되었다.

특히 2004~2010년 한국·스웨덴 국제공동연구 및 2005~2007년 한국·불란서 공동연구 "STAR" 과제에 참여하면서 유럽에 있는 다수의 포도원을 방문할 기회를 얻게 되었다. 특히 프랑스 Montpellier II 대학과 공동연구를 하면서 프랑스 남부와 프로방스 지역을 자주 방문하게 되었고, 대학과 지자체에서 건립한 와인 박물관에서 와인의 생산 등 많은 지식을 얻게 되었다.

우리는 세계화 시대에 살고 있다. 많은 학생들이 대학을 졸업하여 산업계나 공직에 진출하게 된다. 신분이 상승하고 국제적인 친분이 많아지면서 자연스럽게 와인을 접하게 된다. 유럽에서는 중요한 비즈니스를 성사시킬 때 고급 와인이 등장한다. 이때 와인의 가격은 그 비즈니스의 크기에 따라 결정되며, 그 중요한 자리에서 와인과 와인의 예법을 모른다는 것은 상상할 수도 없다. 고급 와인이 등장했을 때 큰 기쁨을 표현하며 와인에 대한 이야기를 나눈다면 그만큼 그 비즈니스는 성공할 가능성이 높아진다.

고려대학교에서 2007년부터 2011년까지 '와인학 개론' 및 '와인과 문화' 과목을 강의하였는데, 매년 거의 1,000명의 학생이 수강하였으며 타 학교 학생들도 수강 신청을 하여 강의를 들었다. 학생들 스스로 본 강의의 중요성을 인식한 것이다. 지난 수 년간 와인에 대한 강의를 하면서 학생 및 일반인이 이해하기 쉬운 와인책을 출판하고자 각 분야에 전문성을 가진 분들을 초빙하여 공동 집필을 하게 되었다. 본 책이 잘 완성될 수 있도록 도움을 주신 강남와인스쿨의 김성동 선생님, SPC 임형규 팀장님, 월드와인(주)의 이동현 사장님, 일러스트레이터 오현숙 선생님께 감사드립니다.

고려대학교 생명과학대학 식품공학과 박현진

Contents

Flavor
in
Wine

PART 1

술 그리고 와인

01
술의 발견과 종류

1. 술의 발견

술은 발효현상의 산물이다. 인류는 발효가 어떻게 일어나는지 전혀 모르던 원시시대에도 술을 이용해 왔다. 술을 처음 발견한 동물은 원숭이로 추측되며, 사람보다 후각이 발달한 원숭이가 나무에서 떨어진 과일이 특수한 상황에서 자연적으로 발효된 술을 발견하게 되었고, 이것이 인류에게 전해졌을 것이다. 이것이 "술 취한 원숭이 가설"이다.

상상해 보면 일단 오목한 바위 위에 과일이 떨어지고 낙엽이 그 위에 덮였을 것이다. 시간이 지나서 과일에 붙어 있는 야생효모가 과일의 당을 발효시켜 술이 생성되고 그곳을 거닐던 원숭이가 향긋한 과일 향과 처음 그 냄새를 맡고 그곳을 찾아내어 술을 마셨을 것이다. 그 모습을 본 다른 원숭이들이 같이 마시고 취해서 전과 다른 행동을 하게 되고, 이를 관찰한 인간이 이상하게 여겨 원숭이들이 마신 자연 발효 술을 마시게 되면서 인류는 술과 밀접한 관계를 갖게 되었을 것이다. 인류는 여러 복습을 통해 잘 익은 과일을 따서 으깨어 즙을 만들어 밀폐된 용기에 담아 서늘한 곳에 두면 술이 된다는 사실을 알게 된 것이다.

본 가설은 UC 버클리 Rober Dudley 연구팀이 술 취한 원숭이 가설을 검증하기 위해 파나마 바로콜로라도섬에 서식하는 거미원숭이(Spider Monky)가 먹은 카자(Spondias mombin)로 불리는 열대과일이 1~2%의 알코올을 포함하고 있다는 사실을 밝혀냈다. 중남미에서는 수천 년 전부터 카자를 발효주 제조에 이용해 왔다.

2. 술의 기원

인간이 만든 최초의 술은 과실주이다. 고대 희랍 신화에 의하면 주신(Bacchus)이 와인을 최초로 만들었다고 한다. 맥주는 과실주보다 늦게 제조되었으며, 기원전 2500년경 이집트의 제4왕조 시대에 보리에서 맥주 만드는 양조법을 이용했다고 기록되어 있다. 중국에서는 우의 딸 의적이 곡주를 처음 빚은 것으로 알려져 있고, 쿠이라는 쌀술은 기원전 2300년부터 제조되었다. 성경에서는 이집트의 "술 빚는 관원장"에 관한 기록이 있다. 우리나라의 경우 삼한 시대에 이미 전통 곡주가 영고, 동맹 등 제천행사에 사용되었다는 기록이 남아 있을 정도로 보편화되어 있었음을 알 수 있다. 삼국사기에 의하면 3세기경에 백제의 인번이 일본에 주조법을 전하여 일본의 주신이 되었다고 한다.

바쿠스

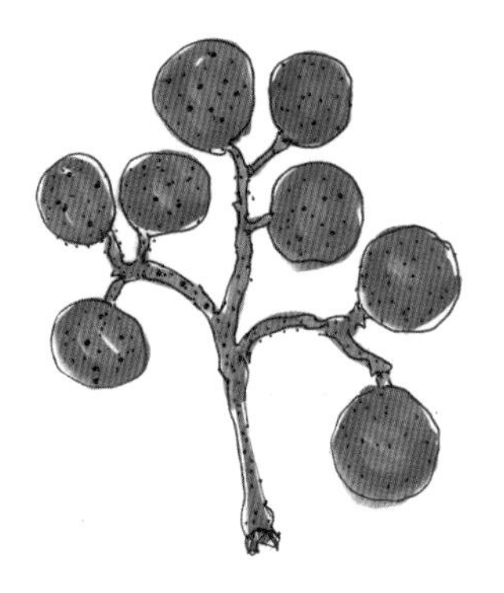
포도에 붙어 있는 야생효모

원시 시대에는 술이 잘 만들어지지 않았을 것이다. 과일에 붙어 있는 야생효모의 알코올 생성 능력이 오늘날의 우량효모에 비해 매우 뒤떨어져, 부패균이 먼저 자라면 발효에 의한 알코올이 생성되기 전에 부패하기 때문이다. 과일에 부착된 부패균보다 야생효모가 먼저 생장하면 지금보다 알코올 도수가 낮은 과일주가 생성된다. 따라서 술은 누구나 만드는 것이 아니고 제사장만이 만들 수 있다고 생각하였다. 술 만드는 과정은 신성화되어 오랜 기간 금욕 생활을 한 후에 술을 빚었고, 술 잘 만드는 사람은 그만큼 신성화되었다.

3. 술이 만들어지는 과정

술을 만드는 미생물은 효모이고 효모가 이용하는 원료는 크게 2가지(곡류, 과일)이다. 효모는 과실당을 바로 술로 전환시킨다. 곡류는 대부분 전분질과 소량의 단백질로 이루어져 있다. 효모는 곡류의 전분질 그 자체로는 너무 커서 바로 이용할 수 없다. 이러한 곡류 전분질에 곰팡이를 번식시키면 전분질의 크기가 훨씬 작은 일당 또는 이당으로 분해된다. 이때 비로소 효모는 당을 술로 전환시킨다. 아시아권에서는 곡류로 술을 만들 때 곰팡이와 효모가 혼합된 국을 사용한다.

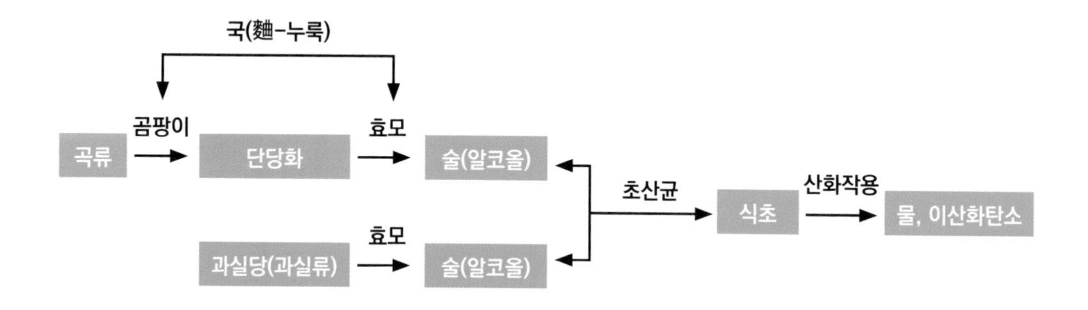

과실류는 수확기에 들어가면 과실당이 생성되며 이 당은 효모가 바로 이용하여 술을 만들게 된다.

술은 오랫동안 방치하면 공기 중에 떠다니는 초산균이 증식하여 술을 초산으로 만들고 더 오래되면 물과 이산화탄소로 분해된다.

4. 술의 종류

초기의 술은 주로 당이 많이 포함되어 있는 과실이나 꿀에서 만들어졌을 것으로 추정하고 있다.

이후에 세계 여러 나라의 자연환경과 농산물에 맞추어 독특한 술들이 다양하게 생산되었고 이렇게 빚어진 전통주들이 각 나라에 따라 특색있는 술 문화로 정착되고 발전되어 왔다. 오래전부터 술을 만들 수 있는 주재료는 과실, 벌꿀, 우유, 곡물로 구분된다.

벌꿀	곡물
물에 푼 꿀물이 꿀 속에 들어 있는 천연효모에 의해 알코올 발효되어 벌꿀주가 생성되었으며 스칸디나비아 지역의 신혼부부는 벌꿀주를 한 달간 마시는 풍습이 있었다.	농경 시대에 곡물류를 가지고 곰팡이와 효모를 이용하여 만든 곡주이다.

우유(乳)	과실
유목 민족이 생산한 우유를 알코올 발효하여 유주를 생산하였다.	온화한 기후와 낙후된 저장시설에서 과일에 부착된 천연 효모에 의해 알코올 발효되어 과실주가 생성되었다.

술을 만들 수 있는 주재료

술의 종류는 만드는 방법에 따라 다양하다. 과실로 만든 술의 대표는 포도로 만든 와인이다. 과실로 알코올 발효한 후 증류해서 만든 증류주를 브랜디라고 한다. 일반적으로 발효된 술은 원료의 당 함량의 반이 알코올 함량이다. 주로 양조용 포도의 당 함량이 26%이면 이를 원료로 생산한 와인은 약 13%가 알코올 함량이며, 이를 반복하여 증류해서 알코올과 향기 성분을 포집하면 알코올 함량을 50% 이상 올릴 수 있다. 특히 와인을 증류한 술은 브랜디의 한 종류인 꼬냑(Cognac)이다.

우리나라의 약주와 탁주는 찐 찹쌀과 멥쌀을 원료로 누룩(국)을 발효제로 사용한 것으로 누룩에는 곰팡이와 효모가 동시에 들어 있다. 발효한 후 전체를 균질화한 제품이 탁주(막걸리)이고, 탁주를 오래 정치하여 맑은 상등액만을 제품화한 것이 약주이다. 일본에서 주로 마시는 청주는 찐 쌀에 황국균을 접종한 고오지와 청주 효모를 사용하여 발효시킨 술이다.

현재 우리가 주로 마시는 소주는 두 가지로 나뉜다. 고구마, 쌀, 보리를 주 원료로 알코올 발효 후 증류한 것은 증류소주(예로 안동소주 등)이고, 이를 다시 물로 희석한 것이 희석소주(예로 참이슬, 처음처럼 등)이다. 맥주는 대맥을 발아하여 이것으로 보리를 당화하고 쓴맛을 내기 위해 호프를 첨가하여 효모로 발효시킨 것이고, 위스키는 훈연시킨 맥아만을 원료로 당화 발효한 후 술덧을 증류하여 알코올 함량을 50%로 증가시킨 술이다. 고급 위스키는 증류주를 오크통에 장기 숙성시켜 제품화한 것이다.

포도주	브랜디	맥주
포도주 효모를 사용하여 포도과즙을 발효	과실의 발효 덧을 증류하여 만든 증류주의 총칭	대맥을 발아하여 이것을 당화하고 호프를 가하여 효모로 발효
위스키	**소주**	**약주·탁주**
훈연시킨 맥아만을 원료로 당화 발효한 후 증류	고구마, 쌀, 보리 등을 원료로 하여 알코올 발효 후 증류한 것은 증류소주이고 이를 다시 물로 희석한 것은 희석소주	찹쌀이나 멥쌀을 원료로 하고 누룩으로 발효한 것으로 전체를 균질한 탁한 술 전체를 제품화한 것이 탁주, 탁주를 필터나 거즈로 부용물을 거르거나 오래 정치하여 위의 맑은 상등액만을 제품화한 것이 약주

만드는 방법에 따른 술의 분류

와인이란 단어는 구대륙에서는 포도를 발효시킨 술에 사용되어 왔으나, 오늘날에는 과실류를 발효시킨 술에도 일반적으로 사용되고 있다. 아시아권에서는 곡류를 발효시킨 술에도 와인이란 단어를 사용하기도 하는데, 우리나라의 막걸리는 쌀로 만들어져서 'Rice-wine'으로 불리기도 한다.

02
와인의 역사와 이동

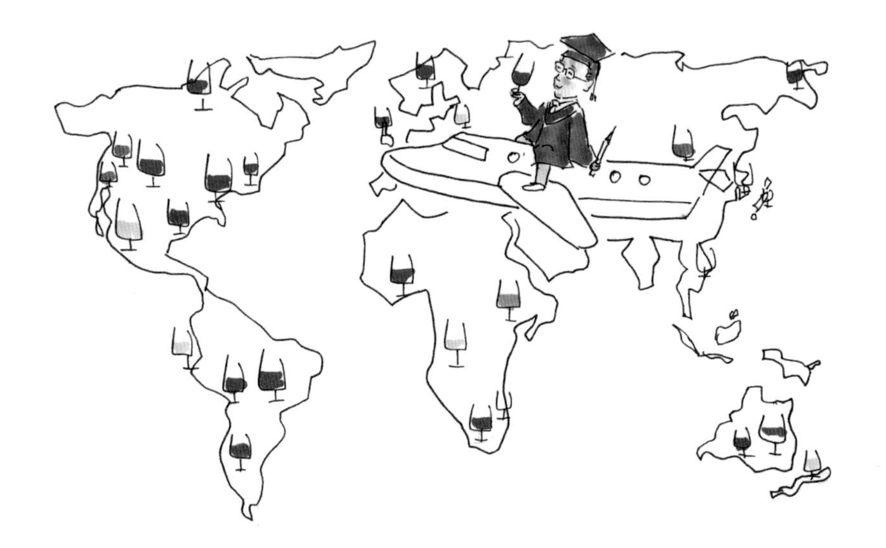

1. 와인의 발생

와인의 존재가 처음 발견된 곳은 흑해의 서쪽 해안에 자리 잡은 조지아 공화국(Republic of Georgia)이다. 그곳에서 BC 6000년(약 8000년 전)에 만들어진 것으로 추정되는 토기(포도가 양각 형태로 그려져 있음)로 만든 술병의 잔해가 발견되었다. 또 다른 증거는 신석기 시대에 사람들이 어떻게 와인을 만들었는지에 대한 증거들이 유프라테스강과 티그리스강 사이의 지역과 코카서스(흑해와 카스피해 사이의 조지아) 남쪽, 나일강과 팔레스타인 지역을 따라 발견되었다.

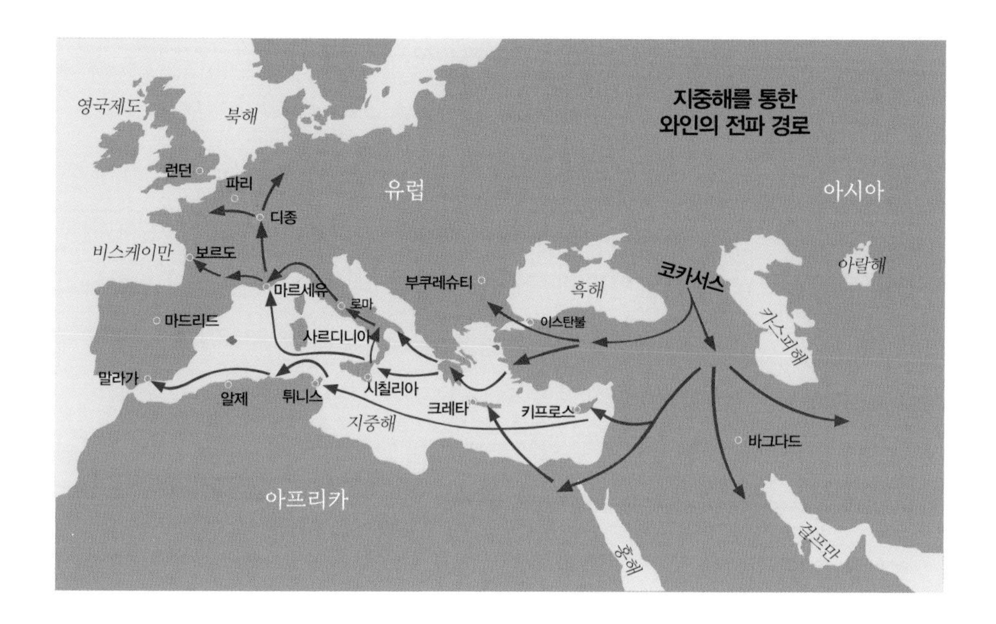

2. 그리스와 로마

포도는 BC 1600년(약 3600년 전)경에 발생한 그리스 문명에서 지중해 연안을 따라 조직적으로 재배되었다. 그리스의 옛 도시 미케네와 스파르타가 와인 생산의 중심 지역이었으며, 많은 와인을 담았던 항아리 등의 증거물이 발견되고 있다. 예로부터 와인은 승리를 자축하기 위해, 신을 찬양하기 위해, 축제를 즐겁게 하기 위한 제식 음료로 사용되어 왔다.

그리스 이후 와인은 로마 제국을 통해 빠르게 유행되었다. 와인은 신분의 상징, 물물교환의 수단, 약물의 형태, 제식의 예물로 사용되었다. 펠러니언(Falernian) 품종으로 만든 화이트 와인은 그 당시 가장 유명한 와인이었다. 펠러니언은 나폴리

한니발

북부에서 재배되었다.

플리니우스(로마의 정치가)에 따르면 와인은 시어지거나 달게 될 수 있으나 알코올의 힘은 강하다고 하였다. 당시 와인 제조자들은 항상 와인을 만들고 저장하는 데 다양한 방법을 사용했으며, 많은 포도 품종이 사용되었다.

와인에 관한 지식은 로마에서부터 프랑스 남부, 프랑스 모젤강, 독일의 라인강 지역, 스페인 지역으로 전파되었다. 그러나 스페인과 프랑스 지역의 토착민들은 로마인이 도착하기 오래전부터 포도를 재배하고 와인을 생산하였다. BC 3세기 초부터 로마인들에게 와인은 풍요롭고 방탕한 삶의 상징이 되었다. 또한 기원후 4세기 초 콘스탄티누스 황제가 크리스트교를 국교로 공인하고 와인이 교회에서 성찬용으로 사용되면서부터 유럽 전역으로 빠른 속도로 전파되었다.

항생제가 없던 시절에 와인은 상처 치유용으로 많이 사용되었다. 전쟁에서 상처를 입은 군인의 상처 부위와 말의 상처 부위에 와인을 발라 치유하는 방법이 공공연하게 사용되었다. 와인에 들어 있는 젖산은 살균 효과가 크기 때문에 상처에 감염을 일으키는 세균을 효과적으로 처리할 수 있었던 것이다. BC 218년 10월 카르타고의 영웅 한니발 장군은 로마를 침공하기 위해 알프스산을 넘어 이탈리아 북부에 도착한다. 로마로 진군하던 한니발 장군은 안구 감염으로 눈 하나를 잃게 되는데, 감염된 안구를 빼고 그곳에 와인에 적신 거즈를 집어넣어 감염균을 효과적으로 처리하여 생존하게 된 사실은 매우 유명하다.

이외에도 천연항균제로는 꿀에 들어 있는 프로폴리스가 있다. 로마 군인들은 전쟁으로 타국에 가면 물을 마실 때 와인이나 프로폴리스를 넣어 마시게 하여 배탈을 방지하였다.

3. 프랑스

오늘날의 와인은 1800년대 중반에 루이 파스티르(Louis Pasteur, 1822~1895)가 포도에 부착된 다량의 미생물에서 우량 효모를 성공적으로 분리하여 사용하면서부터 만들어지게 되었다. 오랜 세월 동안 먹었던 와인, 빵, 맥주 등이 발효해서 만들어졌다는 사실이 19세기 후반에 밝혀진다.

루이 파스퇴르

와인 효모를 처음 발견한 사람으로 알코올 발효를 설명한 과학자이다. 오래전부터 인류는 와인 제조 시 당이 알코올로 변환된다는 것을 알았지만 입증하지 못했다. 하지만 루이 파스퇴르는 효모가 이러한 신비한 변환을 일으킨다는 사실을 입증하였다. 물론 맨눈으로는 효모가 보이지 않지만 광학현미경으로 600배 정도 확대하면 볼 수 있다. 와인 발효조 안 1ml의 용액에는 효모의 수가 1억 마리 정도(1×10^9개)에 달한다.

파스퇴르는 알코올 발효가 효모에 의한 것임을 입증하였다. 더 나아가 파스퇴르는 미생물학을 의학 분야보다는 산업 분야로 개척하였고, 와인 효모와 빵 효모를 대량 배양하는 배양조를 개발하였다.

따라서 20세기 초반부터 프랑스에서는 매년 생산된 포도를 원료로 즙을 생산한 다음 부패 미생물을 살균하고 우량 효모를 접종하여 항상 좋은 와인을 생산하게 되었고, 이는 전 세계에 프랑스 와인의 우수성을 알리는 계기가 되었다.

프랑스 몽펠리에 INRA 연구소에 소장된 루이 파스퇴르의 초상화

와인 양조의 선진국이 된 프랑스는 1800년대 중반 루이 파스퇴르의 과학적 입증과 접근에 의해 맛과 향이 우수한 양질의 효모를 이용하여 양질의 와인을 대량 생산하였다. 반면 다른 유럽 국가들은 포도에 부착된 야생 효모에 의지해서 와인을 생산하였기 때문에 품질 면에서 프랑스 와인과 전혀 경쟁이 되지 않았을 것이다. 결국 다른 국가들도 양질의 효모 개발에 동참하게 되었다. 하지만 프랑스의 양조 기술은 날로 발전하여 다른 나라와 맛과 향에서 차별된 와인을 생산하였으며, 유럽 전역을 석권할 수 있었다. 따라서 오늘날 프랑스는 루이 파스퇴르에 의해 와인의 종주국이 되었다. 현재는 프랑스 대학 및 연구소

에 와인 석사 및 박사 과정의 양조학과를 개설하여 인재를 양성하고 있다.

프랑스 몽펠리에에 소재한 양조학과가 개설된 INRA 연구소 전경과 해당 양조학과 교수

프랑스 몽펠리에 INRA 연구소에서 포도주 발효 진행 실험 중인 장치

프랑스 몽펠리에 INRA 연구소의 루이 파스퇴르가 강의했던 계단식 강당

프랑스 몽펠리에 INRA 연구소는 한때 루이 파스퇴르가 근무했던 곳이기도 함

4. 신대륙

와인 역사에 있어서 큰 불행은 미국에서 유럽으로 들여온 묘목에 부착된 가루 곰팡이와 식물에 기생하는 곤충, 필록세라(phylloxera, 포도나무 뿌리를 갉아먹는 곤충)에 의해 발생되었다. 가루 곰팡이는 1847년에 프랑스로 들어와 전체 포도 농장을 황폐화시켰고, 1854년에는 전체 포도 생산량의 1/10 정도밖에 생산되지 않았다. 엎친 데 덮친 격으로 1863년에는 필록세라가 프랑스에 출현하여 수십 년간 프랑스 전역의 포도원을 초토화시켰다.

1910년 포도 생산업자들은 가루 곰팡이와 식물에 기생하는 필록세라에 잘 견디는 미국산 포도 묘목을 유럽산 포도나무에 접붙이는 방법으로 이 문제를 해결하였다. 1800년대 말과 1900년대 초 포도 생산 농가와 와인 제조자들은 큰 시련에 봉착하게 된다. 드디어 유럽의 많은 포도 생산업자들과 와인 제조자들은 자신들의 기술을 가지고 포도를 잘 생산할 수 있는 신대륙, 즉 미국, 호주, 남아메리카(대표적으로 칠레), 남아프리카, 북아프리카 등지로 이주하였다. 그곳에서 양조용 포도와 와인을 생산하면서 오늘날 신대륙 와인이 탄생하게 된 것이다.

구대륙 와인	신대륙 와인
생산지가 와인명	품종이 와인명
전통적 복고 방식	혁신적
미묘한 Bouquet(부케)	과일 향 Aroma(아로마)
재배 지역이 한정	지역이 넓고 탄력적
산지 특성 중요	과학적, 실험적
인위적 개입 자제	제조 과정을 통제
포도원이 와인 품질 보증	와인 제조업체가 보증
빈티지의 중요성	빈티지 거의 무관

구대륙 와인과 신대륙 와인의 차이점

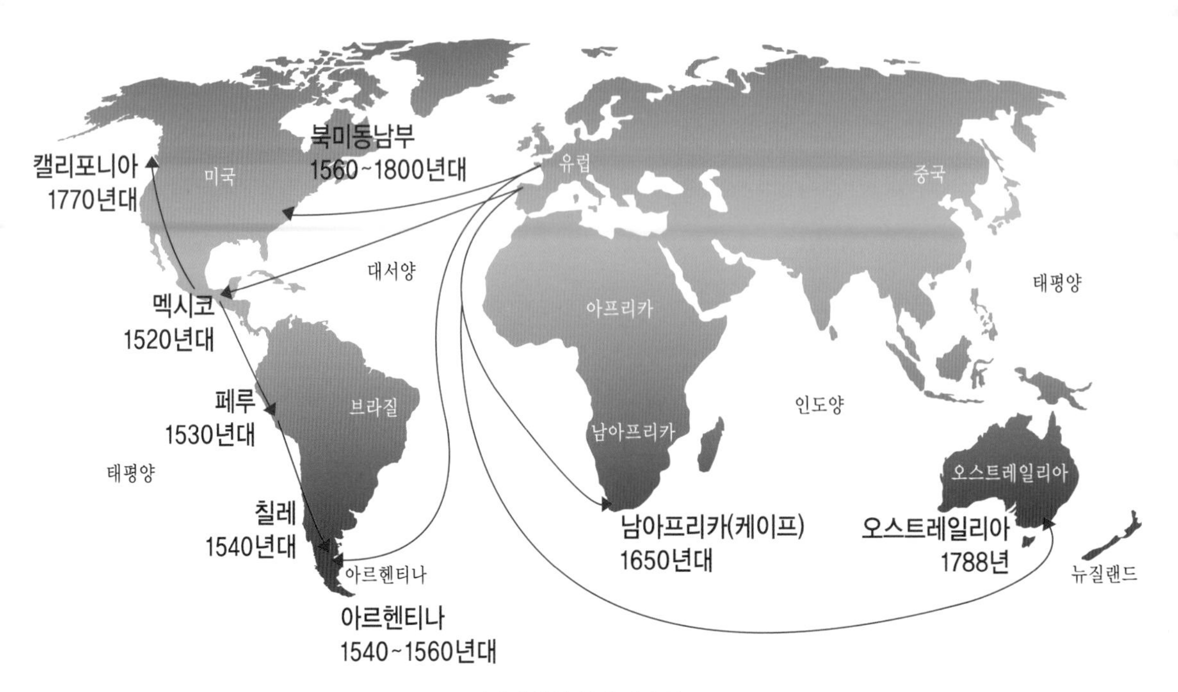

세계의 와인 산지 전파 경로

PART 2

테루아와 양조용 포도

01
테루아 구성 요소

최고 품질의 와인을 만들기 위해서는 최고의 토양과 기후 조건에서 최고 품질의 포도가 생산되어야 하며, 최고의 양조 기술이 필요하다. 다시 말해 천지인(하늘, 땅, 사람)의 협력이 필요하다. 사람의 노력과 기술을 기본으로 한다면, 기후, 토양, 지형 등이 좋아야 하며 또한 하늘의 도움(일조량 등)이 필수적이다.

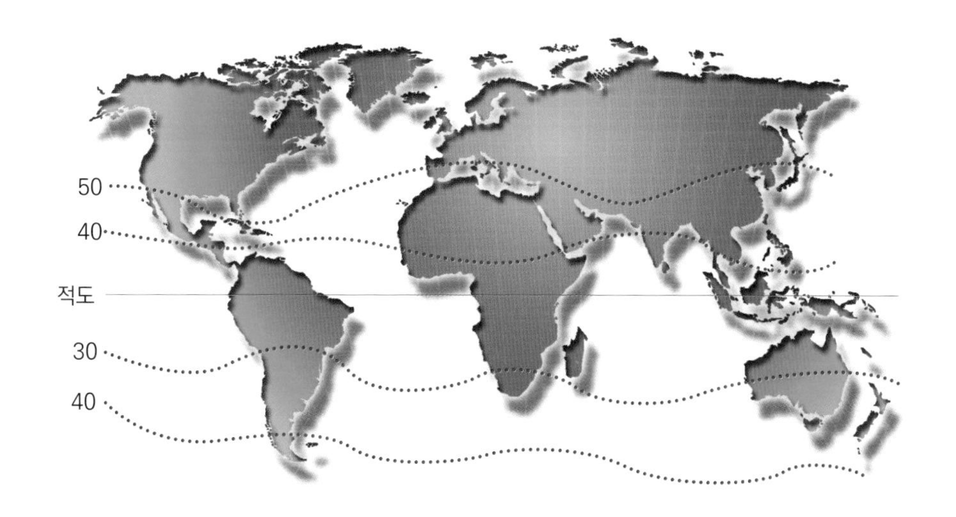

1. 기후

최고 품질의 와인을 만들기 위해서는 최고의 토양과 기후 조건에서 최고 품질의 포도가 생산되어야 하며, 최고의 양조 기술이 필요하다. 다시 말하면 천지인(하늘, 땅, 사람)의 협력이 필요하다.

사람의 노력과 기술을 기본으로 한다면, 기후, 토양, 지형 등이 좋아야 하며 또한 하늘의 도움(일조량 등)이 필수적이다.

포도나무를 재배하는 데 있어서 가장 중요한 것은 온도이다. 유럽과 미국에서는 북위 40~50°, 남반부에서는 남위 30~40°가 포도나무 재배에 적합하다. 포도가 잘 익기 위해서는 따뜻해야 하지만 좋은 와인을 만들기 위해서는 낮은 온도가 필수적이다. 차가운 날씨는 포도의 당의 생성 속도를 늦추어주는 반면 산의 생성 또한 낮추어준다. 약간의 신맛은 레드 와인과 화이트 와인의 품위를 표현하는 요소 중 하나이다.

포도나무의 재배를 위해서는 일 년에 적어도 1,600시간의 일조량과 10℃의 온도가 2,500시간(104일 정도) 지속되어야 한다. 일조량은 평지보다는 비탈진 지형이 햇빛을 받아들이는데 더 효과적이다. 또한 비는 600mm 이상 내려야 포도나무가 잘 자랄 수 있으며, 포도나무가 자랄 때 비가 내리고 마지막 수확기의 3~4개월은 비교적 적은 비가 오는 것이 바람직하다. 상기의 조건들은 북위 40~50° 사이에 있는 유럽의 나라들과 비교적 잘 맞는다. 아시아 지역은 몬순 기후의 영향으로 봄에는 비가 적고 여름에 많이 내리기 때문에 포도의 당도가 상대적으로 낮아 양조용 포도나무를 재배하기 위한 적당한 지역은 아니다.

포도 재배 최적지
- 연간 일조량 : 600시간 - 온도 : 10℃에서 104일 지속 - 강수량 : 600mm(포도나무 생육 중)

2. 토양

프랑스에서는 토양이 와인의 품질을 결정한다고 한다. 포도나무가 자라는 토양은 와인의 품질과 형태에 가장 중요한 역할을 한다. 토양의 구성 성분 중 미네랄 함량은 와인의 스타일과 특성을 결정하게 된다. 특히 와인의 스타일과 특성은 포도나무가 어떤 토양(황토, 화강암, 모래 또는 석회암 등)에서 자라는가에 따라 결정된다. 또한 토양의 조직과 구조가 와인의 특성과 품질에 영향을 주기도 한다.

과학자들 사이에 다양한 의견이 있지만 세계에서 가장 좋은 피노 누아(Pinot Noir) 포도나무는 부르고뉴 지방의 꼬뜨 도르(Cote d'Or)의 석회암 지역에서 잘 자란다. 쁘이 퓌메(Pouilly Fume) 와인은 루아르(Loire) 계곡의 경사면에 규산이 혼재된 석회석에 의해 독특한 개성을 갖는다. 알자스(Alsace)의 일부 그랑 크뤼 와인은 보주(Vosges) 산자락의 풍화된 편마암에서 유래된 독특한 미네랄 향을 가지고 있다.

테루아란 와인에 영향을 주는 수많은 요인을 말한다. 예를 들어 온도, 낮과 밤, 강수량 분포, 일조 시수, 토양의 깊이 구조, 미네랄 함량, 지형의 형태, 빛의 각도 등이다. 이러한 모든 요소들이 모여 상호 반응한 효과를 일컫는다.

리슬링, 소비뇽 블랑, 피노 누아 등은 신세계 지

역의 다양한 토양에서 자라고 각각 강한 특성의 고급 와인으로 양조된다. 나파 밸리의 경우, 토양이 산성화되어 있고 알칼리성의 메독이나 꼬뜨 드 본(Cote de Beaune) 지역의 토양과 본질적으로 다르다. 그러나 미국 캘리포니아 지역에서 생산된 카베르네 소비뇽과 샤르도네 품종의 경우 프랑스 지역에서 생산된 같은 품종의 와인보다 블라인드 테이스트에서 더 좋은 평가를 받는 경우가 있다.

3. 지형(고도, 경사면, 태양광의 복사 및 물)

프랑스에서는 "위대한 와인은 위대한 강을 따라 생겨난다."라고 한다. 다시 말하면 좋은 와인을 만들기 위해서는 물이 필요하고, 따뜻한 경사면이 필요하고, 건조한 토양과 강렬한 햇빛이 필요하다. 포도나무는 온기와 빛이 필수적이다. 빛은 포도나무의 광합성에 필수적이고, 온기는 포도나무를 자라게 하고 포도를 잘 익게 한다. 앞에서도 언급했지만 포도나무는 25~28℃에서 잘 자란다. 일반적으로 포도원에서 상기의 모든 조건을 만족시키는 기간은 일 년에 2~3주 정도에 달한다. 따라서 포도나무를 재배할 수 있는 지역은 매우 한정되어 있고, 왜 좋은 와인을 생산하는 것이 어려운지를 설명해 준다.

1) 고도

포도원의 고도는 온도에 직결된다. 레바논의 베카(Bekaa) 밸리는 고도 1,000m에 있으며, 스페인의 리베라 델 두에로(Ribera del Duero) 포도원은 해발 800m에 있다. 시칠리아의 고급 와인은 해발 600m에서 생산된다. 호주, 남아공, 칠레, 캘리포니아 와인은 지대가 높고 더 서늘한 지역에서 대부분 생산된다. 유럽의 포도원은 일반적으로 해발 50~450m의 고도에 위치한다.

100m씩 올라갈 때마다 온도는 0.6℃ 내려간다. 해발 1,000m에 있으면 온도는 산 밑보다 6℃ 정도 낮다.

2) 경사면

포도원의 최적지는 경사가 있는 언덕이다. 언덕의 토양은 일반적으로 척박하지만 빛을 받아들이는 각도가 좋다. 이러한 열과 시원한 공기의 공급이 반복되는 형태는 고급 화이트 와인을 생산하는 데 매우 절대적이다. 즉 따뜻한 낮과 시원한 밤이 반복되는 지역의 와인은 신맛이 더 나게 된다.

언덕의 경사가 급할수록 햇빛의 광선을 더 효율적으로 받아들인다. 언덕의 경사면은 열(온기)의 공급이 지속적이면서 저녁에는 시원한 공기가 계곡을 따라 불어주며 다음날 다시 햇빛에 의해 온도가 올라가게 된다.

대표적으로 리슬링 품종을 재배하는 알자스 지역, 모젤강 유역, 라인강 지역, 다뉴브강 계곡 등이다. 중요한 사실은 날씨가 충분히 따뜻해서 포도가 잘 익어 양조에 필요한 당도에 도달해야 한다는 것이다. 하지만 경사면이 너무 급하면 포도가 자랄 수는 있어도 포도 수확에 어려움이 따르고 포도원을 조성할 수 없다.

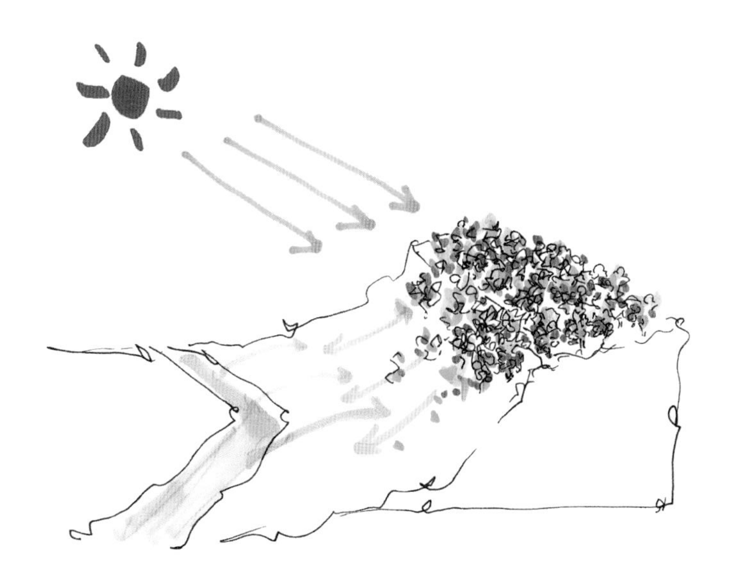

최적의 포도 산지가 강가를 낀 경사진 계곡이 되는 이유

- 경사가 있는 언덕으로 경사도가 90°일 때 태양열을 가장 효율적으로 흡수하여 포도나무의 생육을 돕는다.
- 산 위의 차가운 공기가 계곡을 타고 내려와 계곡 사이에 강물을 따라 내려가며 밤에 서늘한 기후를 만들어주어 포도의 산의 감소 속도를 늦추어 양질의 화이트 와인을 생산할 수 있게 된다.
- 계곡의 물은 대낮의 뜨거운 공기를 식혀주며, 가을에는 강물에 반사된 햇빛이 포도나무에 반사되어 이중의 빛과 열을 공급한다.

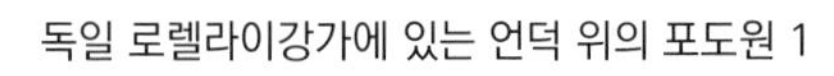

독일 로렐라이강가에 있는 언덕 위의 포도원 1

독일 로렐라이강가에 있는 언덕 위의 포도원 2

3) 태양광의 복사

포도원이 언덕에 위치하면 태양광을 더욱 효과적으로 받을 수 있다. 뿐만 아니라 언덕에 있는 토양도 태양열에 노출되어 있어서 복사열을 얻을 수 있다. 이렇게 데워진 토양에서 발생하는 복사열은 포도나무의 추가적인 열량이 된다. 태양광은 90°의 경사진 언덕에서 받을 때 가장 효율이 좋다. 즉 비탈면의 경사가 높을수록 포도나무를 경작하는 데 더 효과적이 되는 것이다. 특히 토양에 돌이 많이 들어 있다면 복사열은 더욱 효과적이고 더 많은 열량이 포도나무로 공급된다.

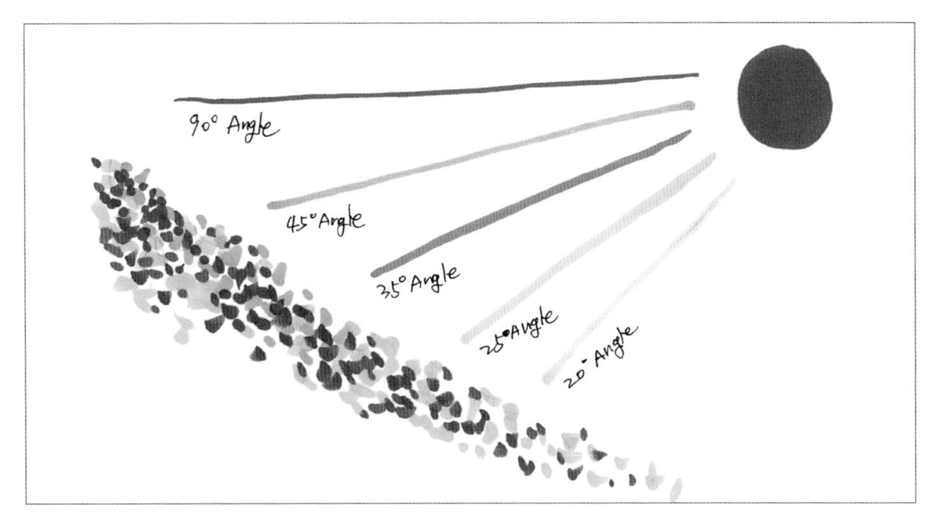

빛의 효율

4) 물

강이나 바다에 인접한 포도원은 물 표면에서 햇빛이 반사된다. 반사된 빛은 포도나무의 광합성에 사용된다. 특히 구름 낀 날은 강이나 바다에서 반사된 빛이 포도나무의 광합성에 크게 도움을 준다. 추운 태평양 지역이나 대륙성 기후 지역에서는 물이 햇빛의 열을 모으기도 하고 햇빛을 반사하기도 하는 기능이 있기 때문에 포도 재배에 매우 중요하다. 따라서 포도는 대개 바다나 강이 인접한 지역에서 재배한다. 단점은 물의 온도가 공기의 온도보다 낮아지면 포도나무가 냉해를 입게 되는 것이다.

4. 포도의 생육(당 및 산의 생성 변화)

1) 포도나무의 연령

포도나무는 다른 식물과 마찬가지로 생육 사이클이 있는데, 숙성기와 성장기 및 수면기 등으로 나눌 수 있다. 가을에 포도를 수확하면 포도나무는 적정한 탄수화물을 가지와 뿌리에 저장하고, 이어서 포도나무의 잎이 노랗게 변하면 떨어지게 된다. 삼월이 되어 지면의 온도가 상승하면 포도나무에 싹이 트고 새로운 생육 사이클로 들어가게 된다.

프랑스 몽펠리에 INRA 연구소 소속 와인박물관에 전시된 다양한 포도그림

겨울에 포도나무는 수면기이지만 포도농장에서는 많은 일을 해야 한다. 대개는 다른 지역의 이민자들이 이주하여 오래된 가지의 90%를 잘라내어 여름철에 수확량을 조절한다. 잘라낸 가지들은 일반적으로 소각하며, 남아 있는 가지들은 단단히 묶어준다. 봄에는 포도나무에 싹이 트게 되는데 어린 싹들이 얼지 않게 하기 위해 포도나무 주위에 열을 공급해 준다. 프랑스 북쪽의 샤블리 지역이나 샴페

인 지역은 봄철에 온도가 영하로 내려가면 포도나무 주위에 드럼통을 놓고 기름을 붓고 불을 붙여 보온을 하기도 한다.

프랑스 몽펠리에 INRA 연구소 소속 와인박물관에 전시된 포도나무

프랑스 몽펠리에 INRA 연구소 소속 와인박물관에 전시된 포도과육의 다양한 형태

프랑스 몽펠리에 INRA 연구소 소속 와인박물관 내 포도밭 전경

2) 당

포도즙에 들어 있는 당의 함량은 양조업자에게는 중요한 품질 요소이다. 당은 포도나무의 잎에서 생성되며 포도과실에 저장된다. 빛을 많이 쪼일수록 그리고 포도잎에 더 많은 열이 전해질수록 더 많은 당이 포도과실에 저장되며, 당 함량이 높을수록 더 높은 알코올 함량의 와인을 만들 수 있다.

대개 우리가 마시는 와인의 알코올 함량은 13%인데, 이에 필요한 알코올을 생성하기 위한 포도의 당 함량은 26%이다. 포도즙의 당 함량은 대개 굴절계를 이용해서 측정하는데, 한 눈금당 기준은 일반적으로 1ml의 주스에 1g의 당 함량이다. 일반적으로 포도 주스에 들어 있는 당의 90%는 설탕이기 때문에 포도 주스에서 당의 기준을 설탕으로 하면 대개 정확하다. 당은 낮에 광합성되어 포도과실에 저장되고, 밤에는 호흡 활동으로 포도과실의 당이 소모된다. 따라서 완숙된 포도의 당 함량은 생성된 당과 호흡에 사용된 당의 함량이 같기 때문에 당 함량에는 변함이 없다. 포도가 익어가면 당의 함량은 지속적으로 증가하지만, 동시에 산의 함량은 감소한다. 추운 지역의 포도 재배 농가는 포도에 충분한 당이 농축되도록 하지만 동시에 많은 산을 생성하기도 한다.

당 | 감미료로 알려진 과실당은 대부분 단당(포도당, 과당)과 이당(설탕)이 대표적이다. 대개 당은 단맛을 주는데 설탕은 묵직한 단맛, 과당은 산뜻한 단맛 그리고 포도당은 단맛이 거의 없다. 효모는 당을 섭취하여 대사산물로 알코올을 만든다.

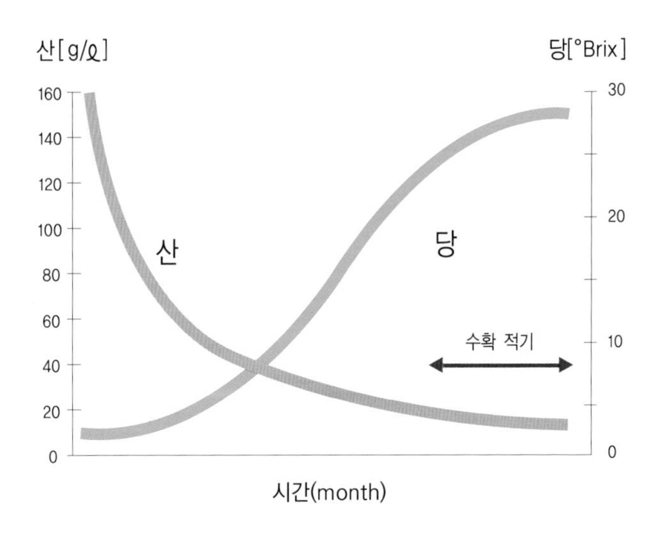

3) 산

앞에서도 언급했지만 포도가 익어가면서 당의 함량은 증가하고 산의 함량은 감소한다. 만일 산의 함량이 감소하지 않으면 너무 시어서 마실 수 없을 수도 있다. 약간의 산성은 와인에 남아 있어야 하며, 그 신맛은 포도의 중요한 요소가 되기도 한다. 포도 주스 1L당 7~9g의 산이 있어 양조를 하면 와인 1L당 산은 5~7g을 함유하게 된다. 와인에 함유된 산은 주로 주석산과 젖산이며, 이 두 산의 함량이 전체 산의 90%를 차지한다. 주석산은 먹을 만하고 부드러우며 포도에만 존재하는 산이다. 이에 비해 사과산은 거친 맛으로 와인 속의 사과산은 날카롭고 딱딱한 느낌을 준다.

산 | 산은 신맛을 주는 성분으로 과실산으로는 주석산, 사과산, 구연산 등이 있다. 포도에는 주석산, 사과에는 사과산, 감귤류에는 구연산이 주요 산이다.
사과산은 날카롭고 딱딱한 신맛, 구연산은 상큼한 신맛이다. 말로락틱균은 사과산을 젖산으로 변환시키는데, 젖산은 묵직한 신맛으로 구연산보다는 좀 더 신맛이 있다.

화이트 와인에 있는 적당량의 사과산은 어리고, 풋과실 맛이 나는 신선한 느낌의 와인 맛을 준다.

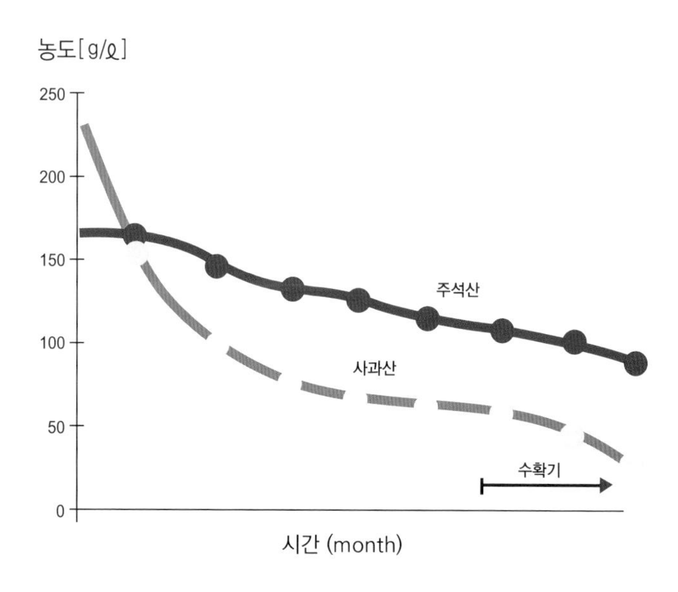

02
양조용 포도

포도는 일반적으로 식용과 양조용으로 나누어진다. 양조용 포도는 식용 포도에 비해 크기가 매우 작고 당도가 식용 포도에 비해 매우 높다. 우리나라에서 많이 재배하는 식용 포도에는 여러 가지가 있다. 대표적인 적포도 중에는 캠벨과 거봉이 있다.

포도과에는 10종류가 있으며, 와인 생산에 가장 중요한 것은 포도속(Vitis)이다. 위의 그림에서 토양에서 녹색줄을 따라 양조용 포도품종인 비티스 비니페라(Vitis Vinifera)가 뻗어 나온 모습이 보인다. 포도속 계열 중에 가장 중요한 와인을 생산하는 품종이다. 이 계열 중에는 미국종인 비티스 라브루스카(Vitis Labrusca)가 있으며, 주로 식용 포도, 주스, 건포도를 생산하는 포도로 캠벨, 콩코드 등이 있다.

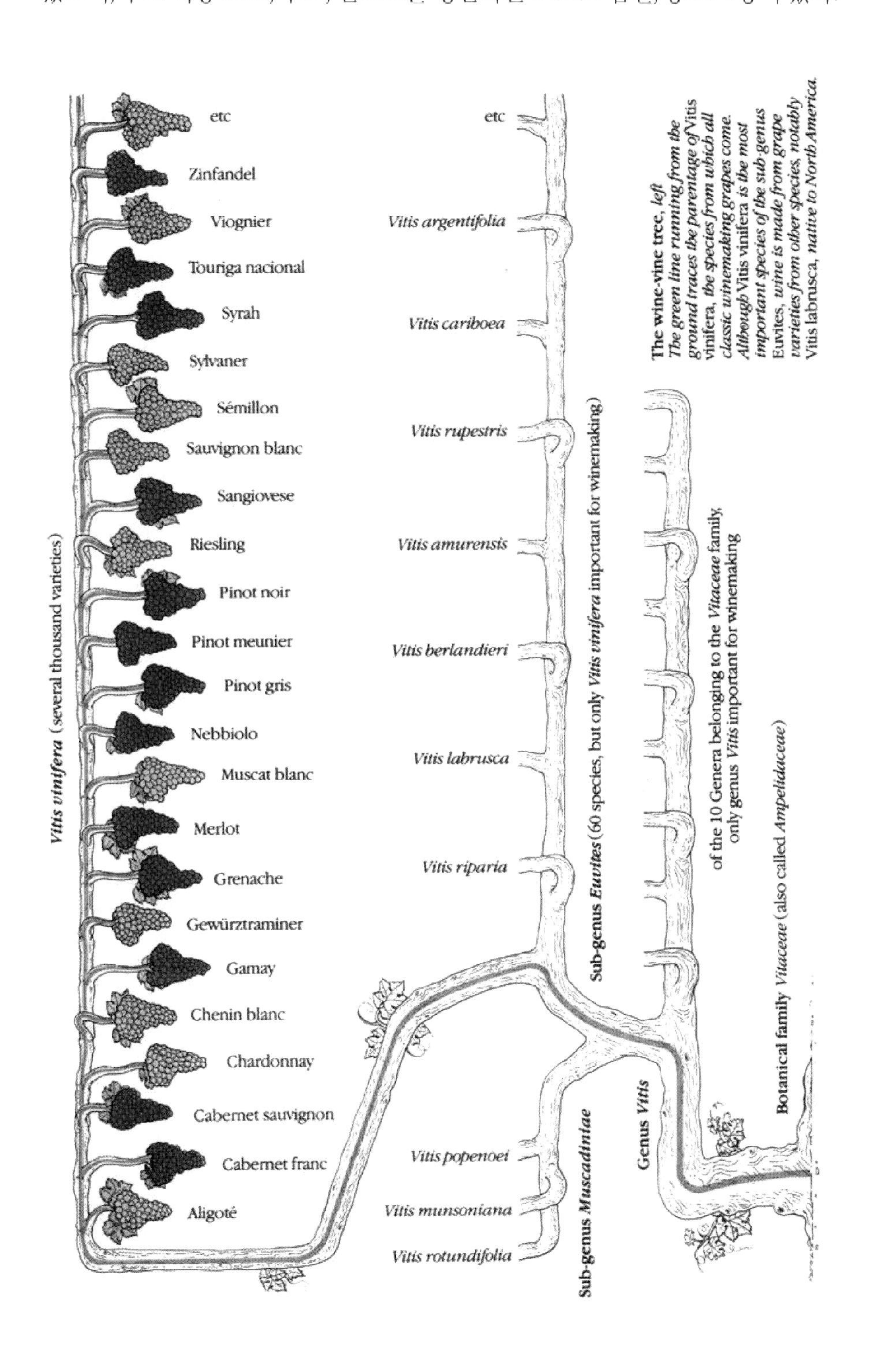

1. 적포도

카베르네 소비뇽 메를로 카베르네 프랑

네비올로 산지오베제 그르나슈/가르나치

진판델

전 세계적으로 수백 개의 적포도가 레드 와인 생산에 사용되고 있다. 예를 들어 미국의 캘리포니아에서만 31종류의 레드 와인용 포도가 재배되어 양조된다. 적포도의 품종은 매우 다양하다. 다 기억하기 어렵지만 나라별 재배 산지와 포도즙의 맛 등 몇 가지를 기억해 두면 와인을 선별하는데 도움이 된다.

지역별 대표 품종	
·프랑스 보르도 메독 : 카베르네 소비뇽 ·프랑스 보르도 쌩 떼밀리옹과 포므롤 : 메를로 ·프랑스 알자스 : 게부르츠트라미너 ·프랑스 론 북부 : 시라 ·프랑스 론 남부 : 그르나슈 ·이탈리아 피에몬테 : 네비올로 ·이탈리아 토스카나 : 산지오베제 ·스페인 : 템프라니요	·독일 : 리슬링 ·오스트리아 : 그뤼너 펠트리너 ·미국 : 진판델 ·칠레 : 카르메네르 ·아르헨티나 : 말벡 ·호주 : 쉬라즈 ·뉴질랜드 : 소비뇽 블랑 ·남아공 : 피노타지

프랑스 보르도 지역에서 주로 재배되는 대표적인 품종은 카베르네 소비뇽과 카베르네 프랑, 메를로가 대표적이다. 특히 카베르네 소비뇽은 맛이 강하며 장기 저장용 와인에 적합한 품종으로 알려져 있으며, 부드러운 맛의 메를로와 블렌딩 되기도 한다.

프랑스의 부르고뉴 지역에서 주로 재배되는 대표적인 품종은 가메이와 피노 누아 품종이다. 가메이는 과일 향이 많고 단기 숙성 와인을 만드는 품종으로, 대표적인 제품으로는 보졸네 누보가 있다. 피노 누아는 재배하기 가장 까다로운 포도나무의 한 종류로 재배 지역과 생산자에 따라 맛이 크게 달라진다. 세계적으로 가장 비싼 와인 중의 하나인 로마네꽁티가 바로 피노 누아로 만든 와인이다.

프랑스 론 지역에서 재배되는 대표적인 품종은 시라/쉬라즈, 그르나슈이다. 시라/쉬라즈는 포도품종 중에서 맛이 가장 강하며 현재 호주의 대표적 품종으로 자리잡았다 .

이탈리아에는 수백 가지의 포도품종이 있으나 토스카나 지역의 대표적인 품종은 산지오베제이며, 이탈리아 피에몬테 지역의 대표적인 품종은 네비올로이다.

| 적포도의 품종별 특성 |

품종명	특징	지역	대표 와인
카베르네 소비뇽	- 오랜 숙성이 가능하며 숙성될수록 향과 바디감이 좋다. - 매우 남성적인 와인이다. - 레드 와인의 황제라는 별명이 있다.	- 프랑스 보르도 - 미국, 칠레, 호주, 뉴질랜드 등	- 보르도 특급 와인 - 슈퍼토스카나
메를로	- 잘 익은 과일과 같이 순하고 부드럽다. - 와인을 처음 접하는 여성들에게 적합하다. - 카베르네 소비뇽과 블렌딩하는 데 사용된다.	- 프랑스 보르도, 쌩 떼밀리옹, 포므롤	- 페티뤼스 (포므롤 지역의 특급 와인)
피노 누아	- 포도가 재배되는 환경에 민감하다. - 완벽한 아로마가 있는 최고급 와인 생산이 가능하다. - 레드 와인의 여왕이라는 별명이 있다.	- 프랑스 부르고뉴	- 로마네꽁티
시라/쉬라즈	- 강하며 향의 지속도가 매우 높은 와인이다.	- 프랑스 론 - 호주	- 프랑스 꼬뜨로띠
산지오베제	- 허브와 과일의 혼합 향을 가지고 있다.	- 이탈리아 토스카나	- 키안티, 키안티 클라시코
진판델	- 체리 향이 강하고 신선한 느낌을 준다.	- 미국 캘리포니아	

1) 카베르네 소비뇽(Cabernet Sauvignon)

세계에서 가장 잘 알려진 적포도품종으로 레드 와인 재료로 사용된다. 주로 메를로 품종 포도와 블렌딩하여 사용된다. 프랑스 보르도 지역에서 주로 사용되며, 신세계에서도 많이 사용된다.

본 품종은 크기가 작고(일반 포도 크기의 약 1/4 수준) 씨의 크기는 다른 포도품종과 비슷하여 상대적으로 과육의 크기가 작아 착즙하면 즙의 양이 적은 편이다. 결과적으로 포도껍질과 씨의 양이 많아 탄닌 함량이 높아진다. 본 품종은 다른 품종에 비해 탄닌 함량이 높아서 장기간 보존할 수 있으나 오랜 숙성 기간이 필요하다. 와인 색깔이 매우 진한 검붉은색이고, 향이 진하고, 떫은맛이 강해 가볍게 마시기에는 부담이 간다. 일반적으로 드라이 와인으로 오크 향과 검은색 딸기 향 및 검포도 향이 나며 신맛이 강하다.

카베르네 소비뇽은 고대 로마 또는 스페인의 리오하(Rioja)에서 전래된 품종으로 알려졌으나, 1990년대에 미국 UC데이비드 대학의 DNA 검사 결과 백포도 소비뇽 블랑과 적포도 카베르네 프랑의 교배(Crossing)로 17세기에 만들어진 품종으로 밝혀졌다. 18세기에 필록세라 피해로 보르도의 주요 품종이 되었으며, 껍질이 두껍고 질병과 서리에 강하다.

샤토 라투르(Chateau Latour)

샤토 라투르는 뽀이약(Pauillac)의 1등급 포도원으로, 재배되는 포도품종은 카베르네 소비뇽 80%, 카베르네 프랑 10%, 메를로가 10%이다.
라투르의 와인은 색이 매우 짙고 강건하며 덜 숙성되었을 때에는 탄닌의 맛이 강하나 숙성되면 맛이 강하고 남성적이며, 마신 후 뒷맛이 오래 남는다.

샤토 라피트 로칠드(Chateau Lafite-Rothschild)

뽀이약의 1등급 포도원으로, 재배되는 포도품종은 카베르네 소비뇽 70%, 카베르네 프랑 13%, 메를로 15% 비율이다.

카베르네 소비뇽(Cabernet Sauvignon)

- **주요 재배 지역**

  카베르네 소비뇽(Cabernet Sauvignon)
  - 프랑스 보르도의 메독, 남서, 루아르, 남프랑스
  - 이탈리아 토스카나
  - 미국, 호주, 칠레, 남아공, 아르헨티나

- **Body**
  - Medium to Full Body, Deep Red

- **카베르네 소비뇽의 주요 특징**
  - 탄닌이 많고 거칠어 다른 품종과 블렌딩하며 장기 숙성으로 부드러움 지님
  - 레드 와인의 교과서로 적포도의 최고 품종
  - 두터운 껍질로 깊고 진한 색상과 많은 과육, 굵은 씨, 강한 탄닌

- **카베르네 소비뇽의 향**
  - 까막까치밥, 붉은나무딸기, 검은나무딸기, 버찌

2) 메를로(Merlot)

프랑스 보르도 지방에서 재배되는 레드 와인 품종으로 탄닌 함량과 산도가 낮다. 본 품종은 카베르네 소비뇽에 비해 과육이 크고 과즙도 많은 편이다. 메를로 품종으로만 와인을 만들며 순하고 자두 향이 나며 신맛은 중간 정도이다. 일반적으로 카베르네 소비뇽과 블렌딩하여 사용되며 카베르네 소비뇽의 진한 거친 맛을 부드럽게 한다.

샤토 페트뤼스(Chateau Petrus)는 최고의 포므롤 와인이며 세계에서 가장 비싸게 팔리는 와인 중의 하나이다. 이 포도원에서는 메를로 95%, 카베르네 프랑 5%를 재배한다.
이 와인은 1978년 파리 와인 품평회에서 금메달을 수상하면서 국제 무대에 데뷔했으며, 연평균 4,000상자의 와인만을 생산하고 있다.

메를로(Merlot)

- **주요 재배 지역**
  - 프랑스 보르도의 쌩 떼밀리옹, 포므롤
  - 이탈리아 토스카나
  - 미국, 호주, 칠레, 남아공, 아르헨티나
- **Body**
  - Medium to Full Body
- **메를로의 주요 특징**
  - 카베르네 소비뇽 품종과 블렌딩하며 보다 더 부드러움
  - 진흙이 주성분인 서늘한 토양을 선호
  - 풍부하고 진한 색상으로 부드러운 탄닌의 원숙한 과일 향
- **메를로의 향**
  - 딸기, 검은 자두, 검은 체리, 빨간 열매, 장미

3) 카베르네 프랑(Carbernet Franc)

프랑스 보르도 지역에서 전 세계 생산량의 2/3를 생산하며 카베르네 프랑으로 만든 와인은 무게감이 가볍고 섬세하다. 다른 와인에 블렌딩하기 위해 적은 양이 사용되는데, 특히 카베르네 소비뇽과 메를로를 잘 보완해 준다. 카베르네 프랑은 풀냄새, 포도줄기냄새, 산딸기 등의 풍미가 있으며, 대표적인 와인은 쌩 떼밀리옹(St. Emilion)의 샤토 슈발 블랑(Chateau Cheval Balnc)이다.

카베르네 프랑은 보르도 동부의 리브르네 지역의 주품종으로 17세기에 루아르에서 전래한 품종이다. 다른 이름으로 부쉐(Bouchet), 브르통(Breton)이라고도 한다.

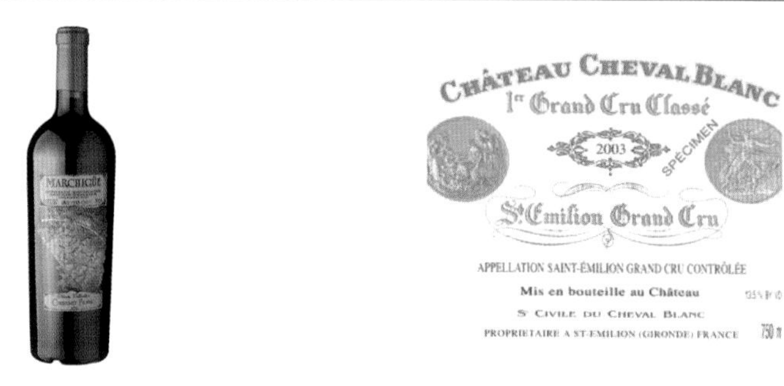

Marchige Carbernet Franc(마르치구 엠 카베르네 프랑)

파란색이 감도는 깊은 적색에 라즈베리의 풍부한 향과 커피 향이 나고, 민트 향이 가미되어 있다. 부드러운 질감에 긴 여운이 남는다.

카베르네 프랑(Carbernet Franc)

- **주요 재배 지역**
  - 프랑스 보르도의 쌩 떼밀리옹과 포므롤. 루아르
  - 이탈리아 토스카나
  - 미국, 호주, 칠레, 남아공, 아르헨티나
- **Body**
  - Medium Body
- **카베르네 프랑의 주요 특징**
  - 카베르네 소비뇽, 메를로 등과 블렌딩하는 품종
  - 일찍 익으며 가볍고 부드러우며 약한 탄닌과 산도
  - 보르도의 쌩 떼밀리옹과 포므롤에서 많이 재배
  - 카베르네 소비뇽과 비슷하지만 흙냄새가 진함
  - 껍질이 얇고 전반적으로 바디가 약함
- **카베르네 프랑의 향**
  - 딸기, 산딸기, 체리, 자두, 바이올렛, 피망

4) 피노 누아(Pinot Noir)

프랑스 부르고뉴 지역에서 많이 재배되는 레드 와인용 품종으로, 기후의 영향에 매우 예민하여 수확량이 많지 않고 재배가 매우 까다롭다. 피노 누아 품종으로 만든 와인은 다른 품종과 거의 블렌딩하지 않는다. 와인은 색이 연하고, 탄닌의 함량이 낮으며 중간 정도의 중후한 맛이 있다. 신맛이 강하고 적색 딸기 향과 나무 향 및 흙냄새가 혼합되어 있다.

Bourgogne Pinot Noir(부르고뉴 피노 누아)

밝은 체리색에 체리, 딸기, 라즈베리 같은 과일 향과 페퍼민트 향이 난다. 풍부하지만 무겁지 않으며, 적당한 신맛과 과일 맛이 잘 어우러진다.

피노 누아(Pinot Noir)

- **주요 재배 지역**
  - 프랑스 부르고뉴, 샴페인
  - 이탈리아, 독일
  - 미국, 호주, 칠레, 남아공, 아르헨티나, 뉴질랜드
- Body
  - Medium Body
- **피노 누아의 특징**
  - 세계 최고가 레드 와인과 고급 샴페인 생산
  - 서늘하고 선선한 기후를 선호하며 탄닌이 적고 껍질이 얇아 빨리 숙성
  - 토양과 기후, 재배 조건이 까다롭고 병충해에 약함
- **피노 누아의 향**
  - 산딸기, 체리, 트러플, 버섯, 바이올렛, 장미

5) 가메이(Gamay)

프랑스 보졸레 지역에서 재배되는 포도품종이며, 마시기 쉽고 가벼우며 과일 향이 높은 레드 와인이다. 오랜 숙성 기간을 요하지 않는 단기 소비용 와인을 생산하는 포도품종이다. 와인은 드라이 와인으로, 신선한 과일 향과 자두 향이 있으며 신맛은 중간 정도이다. 탄닌은 함량이 낮고 나무 향은 강하지 않다.

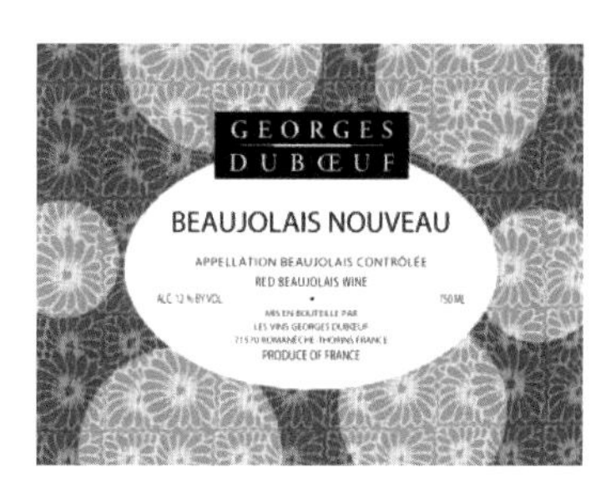

Beaujolais Nouveau(보졸레 누보)

밝은 루비색을 띠며 라즈베리, 건포도, 신선한 체리의 풍부한 아로마가 느껴진다. 가볍게 마시기 좋다.

가메이(Gamay)

- **주요 재배 지역**
  - 프랑스 보졸레, 루아르
  - 동유럽, 캘리포니아
- **Body**
  - Light-Medium Body
- **가메이 누아의 품종**
  - 피노 누아의 변종으로 가볍고 신선하고 과일 향이 풍부
  - 부르고뉴 보졸레 생산 품종으로 장기 숙성 부적합
  - 일반 와인보다 엷게 착색, 핑크빛을 머금은 자주색
- **가메이 누아의 향**
  - 딸기, 체리, 배

6) 시라/쉬라즈(Syrah/Shiraz)

시라는 포도껍질이 두껍고 탄닌 함량이 높아 장기 저장용 와인을 만들 수 있다. 프랑스의 론 지방이나 호주처럼 따뜻한 지역에서 많이 재배되고 있다. 프랑스에서는 시라(Syrah)라고 부르며, 쉬라즈(Shiraz)는 같은 품종을 호주에서 부르는 이름이다. 호주는 비교적 저렴한 와인을 생산하며, 과일 향이 풍부한 와인인 쉬라즈의 주요 생산 국가이다. 시라 품종은 십자군 전쟁으로 참여한 기사에 의해 이란의 쉬라즈 지역에서 가져온 품종으로, 날씨가 더운 지역에서 잘 자란다.

Jindalee Shiraz(진다래 쉬라즈)

보라색이 감도는 루비색에 과일 향의 부케와 바닐라, 오크 향이 조화를 이룬다. 블랙베리의 아로마와 서양자두, 감초 맛이 미묘하게 어우러진다.

시라/쉬라즈(Syrah/Shiraz)

- **주요 재배 지역**
  - 프랑스 론 북부, 남프랑스
  - 호주, 미국, 칠레, 남아공, 아르헨티나
- Body
  - Deep Color, Full Body
- **시라/쉬라즈의 주요 특징**
  - 개성이 강한 스파이시 향, 검은빛의 진한 적색, 강한 맛과 향이 특징
  - 숙성이 늦고 오래 보관할 수 있는 탄닌이 풍부하고 묵직
  - 이란의 쉬라즈 마을에서 유래
- **시라/쉬라즈의 향**
  - 블랙베리, 블랙커런트, 후추, 스파이스

7) 네비올로(Nebbiolo)

이탈리아 피에몬테 지방에서만 생산되는 와인으로, 바롤로(Barolo)나 바르바레스코(Barbaresco)에서 주로 재배된다. 껍질이 두껍고 진한 보라색이며 탄닌과 산이 많은 풀바디 와인을 생산하며 블랙체리, 아니스 및 감초의 향을 가지고 있다. 오랜 숙성을 필요로 하는 품종으로 최소한 6년간은 숙성시켜야 맛이 있으며 탄닌과 산도가 높아 맛이 매우 거칠다.

마르케디 바롤로(Barolo) 와인

이탈리아 피에몬테 지역의 대표적인 와인으로 포도 품종은 네비올로이다.

네비올로(Nebbiolo)

- **주요 재배 지역**
  - 이탈리아 피에몬테, 미국, 멕시코, 칠레, 아르헨티나, 호주
- **Body**
  - Medium Full Body
- **네비올로의 특징**
  - 이탈리아 북서 지역의 주품종으로 안개 'Nebbia'에서 유래
  - 부르고뉴와 비슷한 서늘한 기후를 선호하여 높은 탄닌과 산도를 지닌 만숙종
  - 장기 숙성 품종으로 색상은 연하나 풍부한 복합적인 향
- **네비올로의 향**
  - 트러플, 장미, 바이올렛, 자두, 다크 초콜릿

8) 산지오베제(Sangiovese)

이탈리아의 북부를 제외한 전역에서 산지오베제를 이용한 와인을 만들며 특히 유명한 토스카나 지역의 키안티를 만드는 주요 품종이다. 대부분 허브 향과 체리와 자두를 블렌딩한 향을 가지고 있다.

Chianti Il Cavaler(키안티 일 카발리에라)

밝은 루비색에 바이올렛 향을 지닌 꽃향기와 전통적인 와인 향이 감돈다. 상쾌하면서도 드라이한 맛이 나고, 끝에 약간의 탄닌이 느껴진다.

산지오베제(Sangiovese)

- **주요 재배 지역**
  - 이탈리아 토스카나, 로마냐, 움브리아
  - 미국, 아르헨티나, 호주
- **Body**
  - Medium to Full Body
- **산지오베제의 특징**
  - 늦게 완숙하며 적당한 탄닌과 산도로 알코올 도수 높고 장기 숙성
  - 완숙종으로 붉은빛, 적당한 탄닌과 약간 신맛
  - 토스카나의 키안티 주품종으로 다른 품종과 혼합
- **산지오베제의 향**
  - 체리, 자두, 담뱃잎, 가죽

9) 바르베라(Barbera)

이탈리아 피에몬테 지방에서 주로 재배된다. 과일 향이 풍부하며 탄닌의 양은 중간 정도이면서 균형이 잘 잡혀 있어서 장기 숙성이 가능하기도 하다.

Barbera D'asti(바르베라 다스티)

바르베라(Barbera)

- **주요 재배 지역**
  - 이탈리아 피에몬테
  - 호주, 아르헨티나
- **Body**
  - Medium to Full Body
- **바르베라의 특징**
  - Barbera(수염)+Albera(숲풀) 합성어
  - 단일품종으로 생산 또는 다른 품종과 블렌딩하는 품종
  - 부드러운 탄닌
- **바르베라의 향**
  - 자두, 블랙체리

10) 그르나슈/가르나차(Grenache/Garnacha)

스페인 고유 품종으로 원래 이름은 가르나차 틴타(Garnacha Tinta)이다. 스페인과 프랑스 남부의 더운 지역에서 재배되며 알코올 도수가 다른 품종에 비해 높고 달콤하면서 매콤한 후추 향이 난다. 단일품종으로 생산되었을 때 맛이 좋은 품종이다.

Mathis Grenache, Sonoma Valley(매티스 그르나슈, 소노마 밸리)

그르나슈/가르나차(Grenache/Garnacha)

- **주요 재배 지역**
  - 프랑스의 론
  - 스페인
  - 캘리포니아, 호주, 칠레, 남아공
- **Body**
  - Medium to Full Body
- **그르나슈의 특징**
  - 세계에서 가장 많이 재배되는 레드 와인 품종
  - 색이 진하고 산도가 낮은 와인
  - 가뭄에 잘 견디고 바디가 강하며 빨리 숙성
- **그르나슈의 향**
  - 검은 후추, 자두, 커피 향

11) 템프라니요(Tempranillo)

스페인에서 주로 생산되는데 강렬한 색과 딸기와 바닐라 향을 가지고 있으며, 생산된 와인은 오크통에 저장한다.

Vin 3879(빈 3879)

템프라니요(Tempranillo)

- **주요 재배 지역**
  - 스페인 리오하, 리베라 델 두에로
  - 칠레, 아르헨티나
- **Body**
  - Full Body
- **템프라니요의 주요 특징**
  - 척박한 환경에 뛰어난 적응력이 있는 조생종으로 주로 그르나슈와 블렌딩
  - 두꺼운 껍질과 풍부한 탄닌과 적당한 산도
  - 오크통 숙성으로 부드러운 향미
- **템프라니요의 향**
  - 자두, 체리, 딸기, 미네랄

12) 말벡(Malbec)

프랑스 보르도 지역에서 재배되는 전통적인 포도품종으로 색과 탄닌의 조화를 위해 블렌드용으로 많이 쓰인다.

Beviam Malbec(베비암 말벡)

말벡(Malbec)

- **주요 재배 지역**
  - 프랑스 보르도 남서부
  - 아르헨티나, 칠레, 남아공
- **Body**
  - Medium Full Body
- **말벡의 주요 특징**
  - 보르도에서 강한 카베르네 소비뇽을 부드럽게 하는 역할
  - 아르헨티나의 과일 향이 많은 와인 생산
  - 폴리페놀 함량이 많음
- **말벡의 향**
  - 자두, 블랙베리, 담뱃잎

13) 진판델(Zinfandel)

진판델 품종은 이탈리아에서 전해진 것으로 알려졌으나 최근 DNA 검사 결과 크로아티아에서 온 것으로 밝혀졌다. 이탈리아에서는 프리미티보(Primitivo)라 불린다. 현재 미국 캘리포니아의 대표 품종으로 인식되어 있고 다양한 스타일의 와인을 만들 수 있다. 화이트 진판델 와인은 핑크빛의 세미 스위트 와인으로 색감과 과일 향이 풍부하다. 진판델은 일반 레드 드라이 와인을 생산하며 신맛은 중간 정도이고 검은색 딸기 향이 있다. 탄닌의 함량은 중간 정도로 신선한 느낌을 준다.

Majuang White Zinfandel
(마주앙 화이트 진판델)

진판델(Zinfandel)

- **주요 재배 지역**
  - 미국, 이탈리아 아풀리아
- **Body**
  - Red : Medium to Full Body Dry
  - White : Semi Sweet Light Body
- **진판델의 특징**
  - 크로아티아에서 유래한 품종으로 미국에서 대중적
  - 풍부하고 강하며 잘 익은 향과 드라이에서 스위트까지 다양함 표현
  - 딸기류의 향이 진하고 당도가 높아 높은 알코올 함량
- **진판델의 향**
  - 체리, 딸기, 자두

2. 청포도

샤르도네 소비뇽 블랑 쎄미용

리슬링 게부르츠트라미너 뮈스카

청포도품종은 샤르도네, 리슬링, 소비뇽 블랑이 대표적이다. 샤르도네는 아주 고귀한 품종이며, 기후 및 토양의 적응성이 좋아 여러 나라에서 재배되고 있다. 프랑스 부르고뉴 지역에는 샤르도네라는 이름의 마을이 있다. 리슬링은 늦게 익는 품종으로 추운 지역에서 잘 자라며 껍질이 두꺼워 잘 썩지 않는다. 독일, 오스트리아, 프랑스 알자스 및 러시아에서 재배된다. 소비뇽 블랑은 초가을에 수확하는 품종으로 맛과 향이 강하다. 대개 알코올 함량 13% 이상의 와인으로 생산된다.

| 청포도의 품종별 특성 |

품종명	특징	지역	대표 와인
샤르도네	- 화이트 와인을 만드는 대표적 품종으로 꽃, 미네랄 및 과일 향이 풍부하다. - 대표적 샴페인의 주재료로 사용된다.	- 프랑스 부르고뉴 지방의 샤블리 지역	- 샤블리, 몽라쉐
리슬링	- 강한 사과, 라임, 꿀 향이 있으며 드라이 와인부터 스위트 와인까지 만들 수 있다.	- 독일 라인가우, 모젤 - 오스트리아 - 프랑스 알자스	- 모젤의 베른카스텔러 닥터 - 라인가우의 슐로스 요하니스베르그
소비뇽 블랑	- 풋풋한 향과 높은 산도가 있다. - 보르도 화이트 와인을 만들 때 가장 많이 사용한다.	- 프랑스 보르도	- 프랑스 보르도 화이트 와인 - 프랑스 소테른 와인
쎄미용	- 황금색의 달콤하고 향기로운 귀부 와인을 생산한다.	- 프랑스 보르도의 소테른	- 샤토 디켐
뮈스카	- 산이 낮고 꽃향기를 품으며 다양한 와인을 생산한다.	- 이탈리아 아스티	- 모스카토 다스티, 천연 감미 와인
게부르츠트라미너	- 양념이라는 뜻의 향이 독특한 품종으로 장미 향이 많은 황금빛 와인이다.	- 프랑스 알자스	- 휴겔, 트림바크

1) 샤르도네(Chardonnay)

예전에는 주로 프랑스 부르고뉴 지역에서 재배되는 품종이었으나 기후 적응성이 높아 여러 나라에 널리 심는 화이트 와인의 주요 품종이 되었다. 샤르도네에는 향이 있으며, 석회질 토양에서 잘 자란다. 특히 뿔리니 몽라쉐(Pulligny Montrachet), 뫼르소(Meursault), 코르통 샤르마뉴(Corton Charlemagne), 샤블리(Chablis) 지역에서 순수한 샤르도네 품종의 와인이 생산된다. 샴페인 지역은 샤르도네 품종이 50~70%에 달하며, 특히 블랑 드 블랑(Blanc de Blancs) 지역은 거의 100%에 달한다.

그 외 이탈리아, 미국 캘리포니아, 칠레, 남아프리카공화국, 호주 등지에서 재배된다. 특히 호주에서 생산되는 샤르도네 화이트 와인은 새 오크통에서 숙성되는데 약간의 캐러멜 맛이 난다. 샴페인에 사용되는 3대 품종 중의 하나인 샤르도네로 만든 와인은 대체로 산도가 낮고 알코올 농도는 높으며, 달지 않다. 오랜 기간 오크통에서 숙성이 가능하므로 숙성 기간에 따라 느낌이 다른 와인을 만들 수 있다. 와인 향은 사과, 레몬, 멜론, 복숭아 및 파인애플 등으로 다양하다.

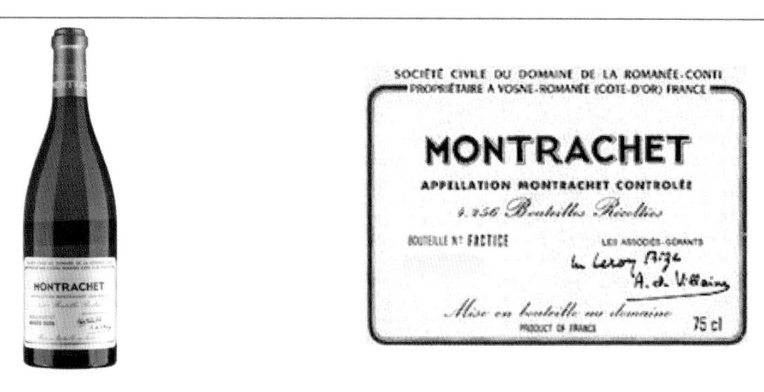

Domaine de la Romanee Conti Montrachet(도멘 드 라 로마네꽁티 몽라셰)

밝은 루비색을 띠며 라즈베리, 건포도, 신선한 체리의 풍부한 아로마가 느껴진다. 가볍게 마시기 좋다.

샤르도네(Chardonnay)

- **주요 재배 지역**
  - 프랑스의 부르고뉴, 샤블리, 샴페인
  - 이탈리아, 스페인
  - 미국, 호주, 칠레, 남아공, 아르헨티나
- **Body**
  - Full Body Dry
- **샤르도네의 주요 특징**
  - 세계 최고 인기 화이트 품종으로 가장 많이 생산하는 화이트 품종
  - 토양, 기후, 양조법, 숙성 방법 등이 중요
  - 추위와 병충해에 강한 조생종으로 추운 지역은 초봄의 냉해 주의
- **샤르도네의 향**
  - 아카시아, 자몽, 모과, 사과, 버터, 복숭아, 호두, 토스트

2) 소비뇽/소비뇽 블랑(Sauvignon/Sauvignon Blanc)

프랑스 보르도와 루아르 지방에서 주로 생산되는 품종이다. 단순히 소비뇽, 블랑 퓨메 또는 퓨메블랑으로 불리기도 한다. 드라이 화이트 와인을 만드는 데 사용되는 품종으로, 산뜻해서 일찍 마시는 와인으로 적당하다. 소테른 지방의 스위트 와인 생산 품종으로 사용된다. 산도가 높으며 맛과 향이 진하기 때문에 다른 품종과 구별된다. 쎄미용 품종과 블렌딩하여 사용되기도 한다.

Baron de L(바롱 드 엘)

1973년에 처음 생산된 Ladoucette의 Baron de L은 프랑스에서 소비뇽 블랑으로 처음으로 만든 럭셔리 와인이다.

소비뇽/소비뇽 블랑(Sauvignon/Sauvignon blanc)

- **주요 재배 지역**
  - 프랑스의 보르도, 루아르
  - 이탈리아, 스페인
  - 뉴질랜드, 미국, 호주, 칠레, 남아공, 동유럽
- **Body**
  - Medium Body Dry
- **소비뇽 블랑의 주요 특징**
  - 샤르도네보다 가벼우면서 생기발랄한 맛과 개성 있는 향
  - 초록색 껍질로 산미가 풍부하고 풀향기가 상쾌한 풍미의 신선함
- **소비뇽 블랑의 향**
  - 풀향기, 구스베리, 허브, 아스파라거스

3) 쎄미용(Semillon)

프랑스 보르도 남부의 소테른 지방에서 주로 재배된다. 화이트 와인용으로, 드라이 와인에서부터 스위트 와인까지 만들 수 있다. 산도는 중간 정도이고 탄닌의 함량은 매우 적거나 거의 없으며, 아주 부드럽고 달콤한 맛이 나고 황금색에 가깝다.

Chais De Meribel Sauternes AOC
(쉐 드 메리벨 소테른 AOC)

쎄미용(Semillon)

- **주요 재배 지역**
  - 프랑스 보르도의 소테른, 남서부, 루아르
  - 이탈리아, 스페인
  - 호주, 미국, 칠레, 남아공, 아르헨티나, 뉴질랜드
- **Body**
  - Full Body Sweet
- **쎄미용의 주요 특징**
  - 껍질이 얇아 보트리스 시네리아 곰팡이 감염으로 귀부 와인 생산
  - 오크 숙성하여 장기 숙성 디저트 와인 생산
  - 황금색 껍질의 꿀과 같은 풍부한 향기와 진한 감미
- **쎄미용의 향**
  - 무화과, 망고, 열대 과일, 벌꿀, 토스트

4) 리슬링(Riesling)

독일의 라인가우나 모젤 지방과 프랑스 알자스 지방의 주된 품종으로 전통적인 화이트 와인용 품종이다. 현재 세계 각 지역에서 화이트 와인 원료로 사용되며, 늦게 수확되는 포도일수록 포도의 품질이 우수하고 목질이 단단하여 서리에 강하다. 드라이 와인부터 스위트 와인까지 만들 수 있으며 향이 강해 입안에서도 오래 남는다.

Bishop Riesling(비숍 리슬링)

리슬링(Riesling)

- **주요 재배 지역**
  - 프랑스의 알자스
  - 독일, 오스트리아, 미국, 호주, 칠레, 남아공
- **Body**
  - Light to Medium Body
- **리슬링의 주요 특징**
  - 독일 라인강에서 유래한 독일 최고 화이트 품종
  - 추위에 강하고 껍질이 얇은 만생종
  - 적은 소출량으로 늦가을까지 숙성된 포도로 귀부 와인, 아이스 와인 생산
- **리슬링의 향**
  - 사과, 라임, 꿀

5) 게부르츠트라미너(Gewurztraminer)

독일어 게부르츠(Gewurz)는 향신료란 뜻이다. 원산지는 프랑스 알자스로 최상의 게부르츠트라미너 와인을 생산한다. 포도색은 연한 분홍색으로 열대 과일 향이 높은 와인을 만든다. 드라이 와인부터 스위트 와인까지 만들 수 있으며, 산도는 낮고 알코올 농도가 높다. 이색적인 향이 있어서 양념이 진한 음식과 잘 어울린다.

Stamps Gewurztraminer
(스탬프스 게부르츠트라미너)

게부르츠트라미너(Gewurztraminer)

- **주요 재배 지역**
  - 프랑스 알자스
  - 독일, 호주, 미국
- **Body**
  - Medium-Full Body
- **게부르츠트라미너의 주요 특징**
  - Gewurz는 '양념을 넣은, 향긋한'이라는 뜻으로 흰 후추, 정향 같은 향신료 향
  - 서늘한 지역에서 잘 자라며 초록빛이 감도는 황금빛의 쌉쌀한 쓴맛
  - 전체적으로 산도가 낮고 아로마가 풍부한 짜임새가 있는 무감미
- **게부르츠트라미너 향**
  - 활짝 핀 장미 향, 리치 등 열대 과일 향, 자몽, 살구, 망고

6) 뮈스카(Muscat)

약 200여 가지의 종류가 있을 정도로 무척 다양한 청포도로 달콤하고 꽃향이 뛰어나다. 이탈리아에서는 모스카토(Moscato), 스페인에서는 모스카텔(Moscatel)로 알려져 있다. 이탈리아에서는 스파클링 와인을 만드는 아스띠 스푸만테(Asti Spumante)와 모스카토 아스띠(Moscato's Asti)를 만들 때 주로 사용하는 품종이다.

Valdivieso Muscat Sparkling
(발디비에소 뮈스카 스파클링)

뮈스카(Muscat)

- **주요 재배 지역**
  - 프랑스 알자스, 남프랑스, 론
  - 이탈리아, 헝가리, 오스트리아, 그리스
  - 미국, 호주, 뉴질랜드, 칠레, 남아공
- **Body**
  - Light Body
- **뮈스카의 주요 특징**
  - 가볍고 낮은 산도의 진하고 섬세하며 달콤한 꽃향기
  - 건포도, 식용 포도 등 다양한 용도이며 껍질 색깔은 화이트에서 레드까지 다양
  - 드라이, 스위트, 스파클링 와인, 주정 강화 와인, 귀부 와인, 천연 감미 와인 생산
- **뮈스카의 향**
  - 오렌지, 장미, 꿀, 건포도

7) 슈냉 블랑(Chenin Blanc)

루아르 지역에서 재배되는 포도의 한 종류로 신맛과 단맛이 있는 스파클링 와인으로 현재 뉴질랜드와 남아공에서도 재배된다. 과일이 익을 때 강한 햇볕이 필요하며, 부족하면 포도 맛이 시어진다. 샴페인용으로 사용되고 있으며, 과일 향이 높고 균형 잡힌 맛을 느낄 수 있다.

Trivento, Sparkling Demi Sec
(뜨리벤또, 스파클링 드미 쎅)

슈냉 블랑(Chenin Blanc)

- **주요 재배 지역**
  - 프랑스 루아르
  - 남아공, 미국
- **Body**
  - Medium Body
- **슈냉 블랑의 주요 특징**
  - 껍질이 얇고 산도와 당분이 높아 오랜 숙성 가능
  - 상쾌하면서도 조화로운 산미를 지닌 달콤한 와인 생산
  - 남아공에서 많이 생산하는 화이트 품종으로 Steen이라고 함
- **슈냉 블랑의 향**
  - 견과류, 꽃, 꿀

Flavor
in
Wine

PART 3

와인 제조 공정

01 레드 와인
02 화이트 와인
03 로제 와인
04 발포성 와인/샴페인
05 와인병, 코르크 마개, 오크통 제조

01
레드 와인

레드 와인의 제조는 세 가지 방법이 있다. 첫 번째로 전통발효법이다. 주로 많이 사용하는 방법으로, 수확한 적포도에서 나온 과즙과 씨, 포도껍질을 혼합하고 효모를 접종해서 함께 발효시킨다. 발효 및 숙성 기간이 길며 생리활성 물질의 함량이 높다. 두 번째는 탄산발효법으로 탄산가스로 혐기 상태를 만들어주면 포도의 자체 효소에 의해 와인을 만드는 방법이다. 부르고뉴의 보졸레누보 와인이 이 방법이다. 만들어지는 데, 약 3개월이 걸리며 신선하고 과일 향이 진하다. 세 번째는 가열발효법이다. 60~75℃

> **레드 와인** | 적포도 전체(포도즙 + 포도껍질 + 포도씨)를 발효해서 생산

로 20~30분 처리하여 과피의 색소와 탄닌 성분을 추출한 후 효모를 접종하여 전통발효법으로 발효한다. 대부분의 와인은 전통발효법으로 제조되는데, 단계별 제조 공정은 다음과 같다.

1. 즙 짜기

소규모인 경우에는 손으로 으깨거나 발로 밟아서 터트리지만 대규모일 경우에는 기계를 사용한다. 줄기(stem)는 와인 맛에서 풀 냄새가 나게 하므로 대부분 제거한다. 와인즙에는 포도껍질(과피)과 씨가 혼합되어 있다.

2. 1차 발효(호기성 발효)

포도즙은 발효조에 담는데 발효 중 끓어 넘칠 수 있기 때문에 2/3 정도만 채운다. 발효조는 부패성 세균을 제거하기 위해 아황산가스를 발생하는 포타슘 메타바이설파이트(Potassium Metabisulfite)를 50~200ppm 첨가한다. 즉 포도즙 10kg에 1g을 첨가하면 100ppm이 된다. 만약 포도의 당도가 26% 이하이면 설탕을 첨가하여 당의 농도를 맞춘다. 발효조를 살균한 후 1~5시간이 경과되면 와인용 효모를 접종한다. 효모를 포도즙 표면에 뿌려주는데 이때 저으면 안 된다. 건조효모는 끓인 물을 식힌 다음 첨가하여 1시간 정도 활성화시킨 뒤 효모를 접종한다. 대략 포도즙 10L에 2.5g 정도의 건조효모를 첨가하면 된다. 발효조의 입구는 벌레가 들어가지 않도록 천으로 막아주지만 공기의 유통은 원활하게 한다. 발효가 왕성해지면 거품이 발

레드 와인 1차 발효
공기가 있는 상태에서 진행되는 발효로 효모가 포도 대부분의 당분을 알코올로 변환시키고, 생성된 알코올에 의해 포도껍질과 포도씨에서 색소와 탄닌이 발효즙에 잘 우러나오게 된다.

생하는데, 매일 2회 정도 상층부에 포도껍질의 부유물(Cap)을 가라앉히는 것이 중요하다. 상층부의 부유물이 뜨면 곰팡이가 자라고 포도껍질에서 색과 향의 추출이 줄어든다. 약 5~15일 정도되면 포도즙이 붉어지고 와인 향이 발생하게 되어 1차 발효가 종료된다.

아황산가스(SO_2) | 대부분의 와인에는 잡균을 제거하기 위해 살균제로 황(유황)의 산화물인 아황산가스를 첨가한다. 따라서 와인병을 따고, 와인을 잔에 따른 다음에는, 충분히 흔들어서 아황산가스를 날려 보낸 다음 냄새를 맡은 후에 마시도록 한다.

과피층으로 이루어진 부유물(Cap)/ 마쎄라씨옹(Maceration)
1차 발효가 진행될 때 상층부에 뜨는 부유물을 캡이라 하며 이를 방치하면 곰팡이가 자라 와인의 품질을 저해한다. 따라서 캡을 부수어 발효액에 가라앉혀 포도껍질과 포도씨의 색소와 탄닌을 잘 우러나게 하는 공정을 마쎄라씨옹 공정이라 한다.

3. 압착하기

1차 발효가 종료되면 액체와 찌꺼기를 분리한다. 소규모에서는 삼베천으로 만든 자루에 포도즙을 넣고 짜며 대규모 공장에서는 압착기를 이용한다.

4. 2차 발효(혐기성 발효)

2차 발효에서는 엄격히 공기를 차단하여 혐기성 상태를 유지하여야 한다. 2차 발효에서 공기가 공급되면 포도주가 산화되어 변질된다. 2차 발효는 숙성조에 3/4 정도 채워넣는데 나머지 1/4은 발효 중 생성되는 거품이 머무르는 공간이 된다. 발효조에 공기 차단장치(Air Lock)를 하여 발효 과정 중에 생성되는 탄산가스는 방출시키고 외부의 공기는 차단한다. 물론 2차 발효 숙성조와 마개 등은 마찬가지로 포타슘 메타바이설파이트(Potassium Metabisulfite) 50~200ppm을 처리하여 부패균의 생성을 억제한다. 2차 발효에서는 말로락틱 발효균을 다시 접종하여 포도즙에 들어 있는 사과산을 젖산으로 변환시키는 말로락틱 발효(Malolactic Fermentation)를 진행시킨다. 약 20℃ 정도의 서늘하고 어두운 장소에 놓아두면 처음 5일까지는 많은 양의 탄산가스가 방출된다. 하지만 약 15일 이후에는 안정화되어 2차 발효가 종료된다.

레드 와인 2차 발효 | 공기가 없는 상태에서 진행되는 발효로 1차 발효에 미량 남아 있는 당을 모두 알코올로 변환시켜 드라이한 와인을 만들며, 포도즙에 들어 있는 사과산을 젖산으로 변화시키는 말로락틱 발효가 진행된다.

5. 청징과 숙성

2차 발효 중 발효통을 움직이면 안 된다. 발효 중 발효조를 움직이면 와인 부유물의 침전을 방해하기 때문이다. 약 3주 정도가 지나 발효조에 퇴적물이 형성되면 상층부의 깨끗한 와인을 새로운 발효조로 옮겨 청징(Racking)을 한다. 물론 청징에서도 와인을 옮긴 숙성조와 마개 등은 마찬가지로 포타슘 메타바이설파이트(Potassium Metabisulfite) 50~200ppm을 처리하여 부패균의 생성을 억제한다. 이후 병에 담을 때까지 최소 3개월마다 청징화하여 침전물을 제거한다. 침전물은 주로 죽은 효모와 포도 찌꺼기인데 이 침전물을 제거하지 않으면 좋지 않은 냄새가 와인을 오염시켜 와인의 품질을 저하시킨다. 침전시킬 때 젤라틴 등 첨가물을 활용하거나 달걀의 흰자를 넣으면 침전 속도를 빠르게 할 수 있다. 겨울에는 저온 처리하여 와인에 들어 있는 주석산을 결정화시켜 제거하기도 한다. 주로 오크통에 넣어 숙성하는데, 예로부터 오크통(Oak barrel)에 술을 담아 숙성시키는 것은 유리

청징(Racking)
2차 발효가 끝나서 발효조에 퇴적물이 형성되는 상층부의 맑은 와인만 새로운 발효조로 옮기는 공정을 청징 공정이라 한다.

병이나 플라스틱통에 넣어 숙성시키는 것보다 술의 맛과 향을 높이는 작용을 한다고 알려져 왔다. 그리고 현재 유럽 국가를 중심으로 한 고품질의 양조장과 증류주 생산 양조장에서는 오크통에 술을 담아 숙성시키고 있으며, 시판용 와인은 약 2년 정도 숙성한 후 병에 담는 것이 바람직하다.

레드 와인 제조 공정

파쇄 ▶ **1차 발효** ▶ **압착** ▶

파쇄	1차 발효	압착
포도즙 추출	마쎄라씨옹(Maceration)/ 알코올 생성	발효액 분리

[파쇄]

적포도를 깨트리고 포도즙을 추출하고 포도줄기와 과경을 제거하는 공정이다.

수확한 포도

옛날 고전적 방식

현대 기계적 방식

[1차 발효]

전통방식은 1차 발효를 오크통에서 수행하였으나 지금은 온도 조절과 세척이 쉬운 스테인리스통을 사용한다. 발효에 의해 온도가 상승하면 포도 껍질의 적색이 더 잘 묻어나오지만 너무 온도가 높으면 와인의 향미가 나빠져서 온도 조절이 쉬운 스테인리스통이 오크통보다 발효 온도를 조절하기가 훨씬 수월하다. 마쎄라씨옹(Maceration) 작업은 상층부에 부유물인 캡(Cap)을 부수어 발효액에 가라앉히는 작업으로 포도의 적색과 탄닌을 잘 우러나오게 하는 작업이다.

프랑스 몽펠리에 포도주 박물관의 1차 발효조

[압착]

1차 발효가 끝나면 포도즙을 제외한 포도껍질과 씨를 제거하는 공정으로 경우에 따라 와인의 탄닌 함량이 너무 높으면 탄닌 함량이 낮은 다른 포도즙과 혼합하여 탄닌 등 와인 특성을 조절한다.

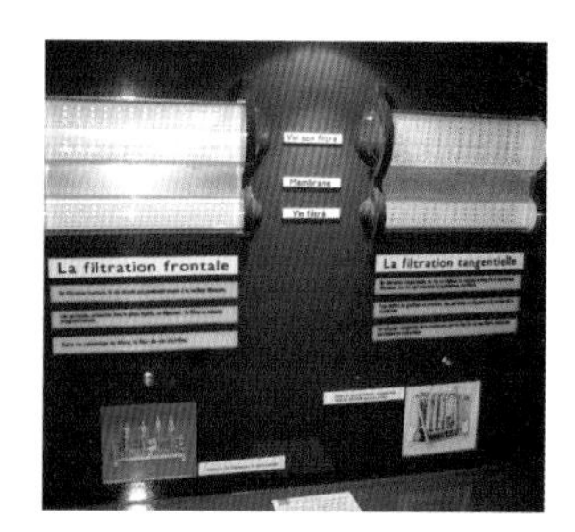

프랑스 몽펠리에 INRA 연구소 소속 와인박물관에 전시된 포도즙 필터

▶ **2차 발효** ▶ **숙성** ▶ **병제품**

2차 발효	숙성	병제품
말로락틱 발효	오크통 숙성 침전물 제거	

[2차 발효]

2차 발효는 사과산을 젖산과 이산화탄소로 전환시키는 공정이다. 젖산이 생성되면 와인의 맛을 순화시키며 장기 저장이 가능하게 된다.

프랑스 몽펠리에 소재 양조장의 발효조

[숙성]

고가의 와인 숙성은 대체로 오크통에서 진행된다. 오크통에서 바닐라 향과 나무 탄닌 향이 우러나오며 정기적인 테이스팅을 거쳐 장기 숙성된다.

와인을 오래 정치하며 밑바닥에 침전물이 가라앉게 되며 달걀흰자나 점토를 넣어 침전 속도를 가속화하기도 한다. 와인을 병입하기 전에 필터를 사용하기도 한다.

와인 침전에 사용되는 점토

[병입]

와인을 병입하면 코르크가 안정화될 때까지 산화와 오염으로부터 안전하게 된다. 병입된 와인은 코르크가 잠길 정도로 눕혀서 보관한다.

병입된 와인

잔에 따른 레드 와인

프랑스 몽펠리에 소재 양조장

프랑스 몽펠리에 소재 양조장 와인 저장소

프랑스 몽펠리에 소재 양조장 설립자와 와인 테이스팅

02
화이트 와인

최근 들어 화이트 와인의 소비가 증가하고 있다. 그 이유는 화이트 와인은 탄닌 함량이 낮아 떫지 않고 신맛이 있으며 알코올 농도가 높지 않을 뿐만 아니라 향이 매우 좋기 때문이다. 따라서 화이트 와인은 생선요리나 양념이 짙지 않은 육류요리에 잘 어울린다. 화이트 와인은 주로 청포도를 사용하지만 적포도를 사용하기도 한다.

화이트 와인 | 청포도 또는 적포도를 압착한 포도즙(껍질과 씨를 분리)을 발효해서 생산

1. 즙 짜기

화이트 와인은 포도껍질과 씨를 제거해야 한다. 청포도를 파쇄한 다음 압착기에 넣고 짠다. 포도즙은 1차 발효조로 옮기고 나머지 찌꺼기(포도껍질과 씨)는 제거한다. 또한 포도즙을 포타슘 메타바이설파이트(Potassium Metabisulfite) 100ppm을 처리하여 부패균의 생성을 억제한다. 청포도의 산도는 0.9%, pH는 3.2~3.8이 적당한데 총 산도가 낮으면 주석산을 첨가하고 산도가 너무 높으면 물을 첨가하여 산도를 낮춘다. 포도의 당도가 낮으면 설탕을 첨가하여 보당(Chaptalization)하여 당도를 23% 정도로 높인다.

2. 1차 발효

포도즙에 효모를 접종하여 발효시킨다. 접종 후 24~48시간이 지나면 발효가 시작되는데, 대략 15~20℃에서 약 2주일 후면 당도가 거의 사라져 드라이한 와인이 된다.

화이트 와인 1차 발효 | 공기가 있는 상태에서 진행되는 발효로 효모가 포도 대부분의 당분을 알코올로 변환시킨다.

3. 2차 발효(혐기성 발효)

레드 와인 제조보다 낮은 15~20℃에서 서서히 8주 정도 발효시키면 화이트 와인의 신선함과 향이 유지된다. 이때 발효조는 와인을 가득 채워 공기의 공간을 최소화하여 산소에 의한 산화를 방지한다. 레드 와인과 마찬가지로 발효조에 공기 차단 장치(Air Lock)를 하여 발효 과정 중에 생성되는 탄산가스는 방출시키고 외부의 공기는 차단한다. 이때 포도즙에 다시 접종된 말로락틱 발효균에 의해 포도즙에 들어 있는 사과산이 젖산으로 변하는 말로락틱 발효(Malolactic Fermentation)가 진행된다.

화이트 와인 2차 발효 | 공기가 없는 상태에서 진행되는 발효로, 1차 발효에 미량 남아 있는 당을 모두 알코올로 변환시켜 좀 더 드라이한 와인을 만들며, 포도즙에 들어 있는 사과산을 젖산으로 변환시키는 말로락틱 발효가 진행된다.

4. 청징과 숙성

레드 와인과 마찬가지로 약 3주 정도 지나 발효조에 퇴적물이 형성되면 상층부의 깨끗한 와인을 새로운 발효조로 옮겨 청징(Racking)을 한다. 또한 레드 와인과 마찬가지로 겨울에는 3일 정도 저온 처리하면 와인에 들어 있는 주석산이 결정화된다. 약 2주일 경과 후 발효조를 기울여 주석산 결정과 침전물을 제거한다.

5. 병입

청징이 끝난 와인은 마이크로 필터로 다시 여과하여 병에 담는다. 대략 병입 후 1년이 지나면 마실 수 있고 3년까지 보존해도 품질이 유지된다. 레드 와인과 마찬가지로 발효조와 와인병 모두 포타슘 메타바이설파이트(Potassium Metabisulfite) 50~200ppm을 처리하여 부패균의 생성을 억제한다.

화이트 와인 제조 공정

파쇄	▶	압착	▶	1차 발효	▶
포도알갱이 파쇄		포도즙 추출		알코올 생성	

[파쇄]

청포도를 깨트리고 포도즙을 추출하는 공정이다. 포도줄기와 과경을 남겨두면 오히려 포도즙을 잘 흘러나오게 할 수 있다. 간혹 적포도를 사용하여 화이트 와인을 제조하게될 때 포도알갱이를 깨트리면 색소가 흘러나오기 때문에 대부분 전체 포도를 압착하여 주스만을 얻는다.

[압착]

화이트 와인은 대부분 모두 압착하여 주스를 생산한다. 파쇄된 포도는 일단 차갑게 하여 포도즙이 야생효모에 의한 발효가 진행되지 않도록 한다. 와인을 압착할 때 너무 강하게 하면 포도줄기가 으깨져 이상한 향미가 형성되기 때문에 부드럽게 압착하는 것이 무엇보다도 중요하다. 현대에는 압착기로 압력을 조절하여 최고 품질의 주스를 얻고 있다. 압착된 주스는 통을 기울여 상등부에 있는 주스만을 발효조로 옮겨 남아 있는 일부 포도껍질, 포도줄기, 과경 등은 통의 밑바닥에 남겨둔다.

▶ 프랑스 몽펠리에 INRA 연구소 소속 와인박물관에 전시된 포도즙 필터

[1차 발효]

대부분 고가의 화이트 와인은 오크통에서 발효하지만 요즈음은 온도 조절이 수월한 스테인리스통을 이용하여 발효를 진행한다. 낮은 온도에서 오랜 시간 발효를 진행하면 과일 향이 유지되며 대부분의 당은 모두 알코올로 변한다. 발효가 끝난 다음에도 발효조 바닥에 있는 죽은 효모 침전물을 그대로 방치하여 효모 침전물에서 효모 향 등이 와인으로 전달되게 한다.

▶ 2차 발효

말로락틱 발효

[2차 발효]

2차 발효는 레드 와인과 마찬가지로 톡 쏘는 신맛을 순화시키는 공정으로 사과산을 젖산과 이산화탄소로 전환시킨다.

▶ 숙성

청징
오크통 숙성

[숙성]

2차 발효가 끝난 와인은 일단 필터, 원심분리기 또는 점토를 넣어 침전시키는 방법으로 청징(Clarification) 공정을 수행한다. 청징 공정은 2차 발효에서 남을 수 있는 효모를 제거하여 지나친 젖산과 이취 생성을 방지한다. 또한 청징된 와인을 -4℃로 냉각하여 주석산이 결정화되면 상기의 방법으로 다시 제거하여 화이트 와인의 청징 공정을 마무리한다. 청징 공정이 끝난 와인은 즉시 병입하거나 오크통에 넣어 숙성한다.

▶ 프랑스의 오래된 오크통

▶ 병제품

[병입]

일단 병을 깨끗하게 소독하여 부패 미생물이 없도록 한 다음 경우에 따라 매우 고운 필터를 통과시킨 와인을 병입하여 유통시키거나 보관한다.

▶ 병입된 와인

▶ 잔에 따른 화이트 와인

03 로제 와인

로제 와인은 레드 와인으로 만들며, 로제 와인의 선홍색은 적포도의 껍질에서 우러난 색이다. 로제 와인은 맛이 가볍고 향이 좋으며 차게 해서 마시면 화이트 와인과 유사하다. 미국 등에서 로제 와인의 선호도가 증가하는 추세이며 모든 음식에 잘 어울린다.

만드는 방법은 처음에는 레드 와인과 비슷하나 착즙 후에는 화이트 와인 생산법과 같다. 포도를 수확한 다음 과경을 제거하고 포도를 파쇄한 후 레드 와인과 마찬가지로 효모를 접종하여 발효를 시킨다. 포도즙(Must)에 알코올이 생성되면 포도껍질에서 색소가 침출되어 색깔이 진해지기 시작한다. 따라서 매 시간마다 주스를 채취하여 색깔을 확인하여 원하는 색깔이 되면 포도껍질을 걸러낸다. 발효액의 주스는 발효 시간이 1~2일로 짧아 색소와 탄닌의 추출이 적어 연분홍색이며 떫지 않고, 화이트 와인에 비해 향이 우수하다. 걸러진 주스는 계속해서 화이트 와인 생산과 마찬가지로 저온에서 발효시키며 2차 발효(사과산/젖산 발효)시키지 않는다.

샤토 드 페슬레스 로제 당주
(Chateau de Fesles Rose d'Anjou)

로제 와인은 생산된 지 1~2년 내에 소비해야 한다. 국제 와인 산업체에서는 오래전 레드 와인과 화이트 와인을 혼합하여 로제 와인 만드는 방법을 승인하였다. 하지만 독일 등 일부 국가는 이런 방법을 불법으로 규정하고 전통적인 방법으로 로제 와인을 생산한다.

로제 와인 | 처음에는 레드 와인 만드는 방법과 유사하나 발효 후 착즙 후에는 화이트 와인 제조법과 같다. 레드 와인과 마찬가지로 효모를 접하여 발효시키며 발효액에 알코올이 생성되어 포도껍질에서 색소가 침출되어 원하는 색깔이 되면 바로 포도 주스를 걸러낸다. 이후 발효를 계속해서 진행시키고 2차 발효는 하지 않는다.

04
발포성 와인/샴페인

프랑스 사람들은 와인과 샴페인에 관해서는 자존심이 강하다. 프랑스는 국제식품규격위원회(Codex) 회의에서 프랑스 샴페인 지역의 발포성 와인(Sparkling Wine)만을 샴페인(Champagne)이란 단어를 사용할 수 있도록 했다. 따라서 법적으로 프랑스 샴페인 지역에서 만들어지는 발포성 와인만이 샴페인으로 통용되고 다른 나라에서 만들어지는 발포성 와인은 명칭이 다르다. 스페인에서는 까바(Cava), 이탈리아에서는 스푸만테(Spumante), 독일에서는 젝트(Sekt)라 부른다.

동 페리뇽(Dom Perignon)

동 페리뇽(1639~1715)은 프랑스 샹파뉴 지방 오비레 수도원의 베네딕트 수도사였다.
수도원의 와인 저장 책임자로 여러 가지 포도를 블렌딩하는 등의 독창적인 와인 제조연구를 수행하였다. 동 페리뇽은 1차 발효 중 추운 겨울 날씨로 효모들이 잠자고 있다가 따뜻한 봄이 되면 잠자던 효모들이 활동을 재개해 남은 당분을 급격히 발효시키고 탄산가스를 만들어 병 내부의 가스 압력을 견디지 못해서 터지는 일들을 관찰하였다. 이를 통해 오늘날의 샴페인을 개발하는 데 결정적인 역할을 한다.

1. 발포성 와인/샴페인의 발견

발포성 와인/샴페인은 17세기 후반 동 페리뇽(Dom Perignon) 수도사가 발견하였다. 프랑스 북부 지역에 겨울이 빨리 오던 해였다. 추운 날씨 때문에 병입한 와인의 효모 활동이 거의 멈추어 발효가 진행되지 않다가 그 다음해 유난히 봄이 빨리 오고 온도가 급상승하였다. 이로 인해 병입한 와인에 효모 활동이 증가하여 병 내에 이산화탄소가 급격히 생성되어 병이 깨지게 된 것이다. 많은 사람들은 이러한 현상을 두려워하였으나 동 페리뇽 수도사는 깨진 병에 남아 있던 와인의 맛을 보니 달콤하고 액 사이에서 공기방울이 올라오는 현상을 보고 신기해 하며 꾸준히 연구하여 오늘날과 비슷한 발포성 와인/샴페인을 만들어낸 것이다.

2. 발포성 와인/샴페인의 제조 방법

발포성 와인/샴페인은 주로 화이트 와인으로 만들지만 때로는 레드 와인을 이용하기도 한다. 품종은 청포도품종에서는 샤르도네와 리슬링 그리고 적포도품종으로는 피노 누아가 적합하다. 일반적으로 향과 맛이 진하지 않고 발포성 와인/샴페인에 녹아 있는 탄산과 결합하여 쓴맛을 내지 말아야 하고 페놀 함량이 낮고 탄닌 성분이 적어 떫은맛이 없어야 한다.

발포성 와인/샴페인 제조에서 1차 발효는 화이트 와인과 동일하며 좋은 발포성 와인/샴페인을 만들기 위해서는 일단 좋은 화이트 와인을 만드는 것이 가장 중요하다. 알코올 농도는 10~11%, pH는 3.1~3.3, 그리고 총 산도는 0.7~0.9%가 적당하다.

1차 발효가 끝나면 탄산가스를 발생시키기 위한 2차 발효가 필수적이다.

첫 번째, 전통적인 방법은 완성된 와인에 당과 효모를 첨가하여 오랜 기간 서서히 병 안에서 생성된 탄산가스로 충전시킨다. 따라서 탄산가스 발생을 위하여 1L의 포도주당 24g 정도의 설탕을 첨가한다. 설탕은 미리 와인에 녹여 시럽 형태로 첨가한다. 3~6주면 발효가 끝나며, 6~12개월이 지나면 효모가 없어지고 자가분해(Autolysis)하여 샴페인에 효모 향이 첨가된다. 이렇게 생산된 발포성 와인/샴페인을 '이 병 안에서 발효했음(Fermented in this bottle)'이라고 라벨에 표시한다. 이 경우 발효가 끝나면 효모가 찌꺼기처럼 남아 있기 때문에 이를 제거해야 한다. 사멸한 효모를 효과적으로 제거하는 방법은 병을 서서히 40~80°로 회전시키며 최종에는 눕힌 각도를 90°로 하는 것이다. 이렇게 3주 정도에 걸쳐 효모찌꺼기를 모으는 작업을 리들링(Riddling)이라고 한다. 병의 입구로 모인 효모찌꺼기를 제거하기 위해 병의 입구를 얼린 후 병 마개를 열고 효모를 제거하게 되는데, 이러한 작업을 디스골징(Disgorging)이라 한다. 효모를 제거하면 병 밖으로 나온 와인만큼 기존 와인 또는 설탕 용액으로 보충해 주는데, 이러한 처리를 도시지(Dosage)라 한다.

두 번째, 앞의 방법과 동일하게 만들지만 효모찌꺼기를 제거하기 위해 최종 단계에서 병에 든 와인을 압력 탱크에 부은 후 여과막으로 효모찌꺼기를 걸러내고 다시 병에 담는 방법이다. 주로 북미에서 사용하고 있으며, '압력 병 안에서 발효했음(Fermented in the bottle)'으로 표시한다.

세 번째, 와인의 2차 발효를 병에서 하지 않고 발효조에서 하는 방법이다. 와인을 발효 탱크에 부은 후 탱크 안에 당과 효모를 첨가하여 탄산가스를 와인에 충진시킨 후 다시 병에 담는 방법으로 '대량 생산 공정(Bulk process)'으로 표시한다.

발포성 와인/샴페인 1차 발효	발포성 와인/샴페인 2차 발효
양질의 화이트 와인을 만드는 1차 발효와 동일하게 효모가 포도 대부분의 당분을 알코올로 변환시킨다.	거품을 생성하는 공정으로 설탕을 첨가하여 발효시켜 이산화탄소가 생성되게 한다.

리들링(Riddling), 디스골징(Disgorging), 도시지(Dosage)
- 리들링(Riddling) : A형의 경사진 나무 판대기에 구멍을 내어 병을 거꾸로 넣고 병돌리기 과정을 통해서 찌꺼기를 병목에 모아 제거하는 방법으로, 프랑스어로 르미아즈(Remuage)라고 한다. 현대에는 지로팔레트(Gyropalette)라는 기계를 이용한다. - 디스골징(Disgorging) : 병목에 모인 찌꺼기를 제거하기 위해 영하 20℃의 염화칼슘용액에 병을 거꾸로 세워 병목을 얼려 찌꺼기를 제거하는 방법으로, 프랑스어로 데고르즈망(Degorgement)이라고 한다. - 도시지(Dosage) : 샴페인의 찌꺼기를 제거한 부분에 와인을 채워 보충하고 감미샴페인을 원하면 설탕물을 첨가하는 과정을 뜻하며, 프랑스어로 도시지(Dosage)라고 한다.

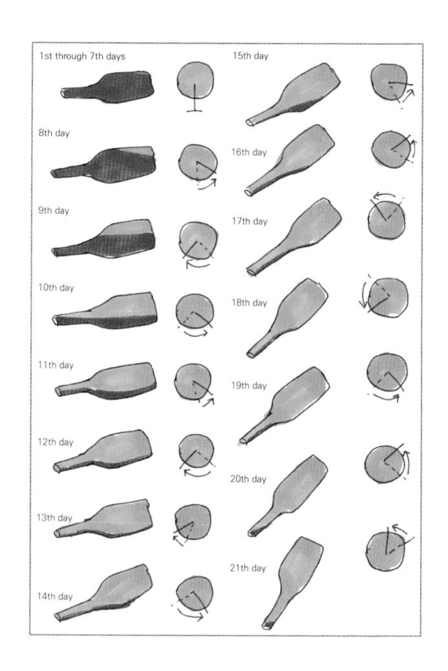

병목에 모인 샴페인 찌꺼기 이미지

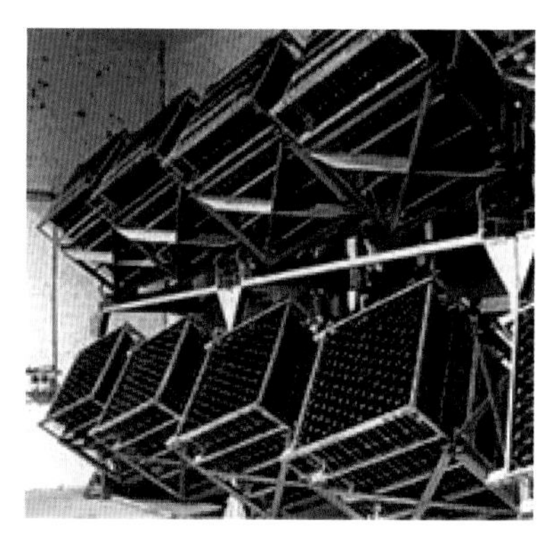

자이로펠릿(Gyropallette) 샴페인 생산에 사용되는 장비로 병 안에서 2차 발효가 일어나는 전통적인 방법

목의 찌꺼기를 제거하는 나무 판대기 푸피트르(Pupitre)

3. 발포성 와인/샴페인의 단맛 선택

발포성 와인/샴페인의 단맛(Sweetness) 정도는 라벨에 표시되어 있다. 가장 드라이한 것은 브뤼트(Brut) 또는 네이처(Nature)로서 당도가 1.5% 이하이며, 중간

단 것은 쎅(Sec) 또는 드미 쎅(Demi-sec)으로 당도가 2~4%이며, 가장 단 것은 두(Doux)이며 당도가 6% 이상이다.

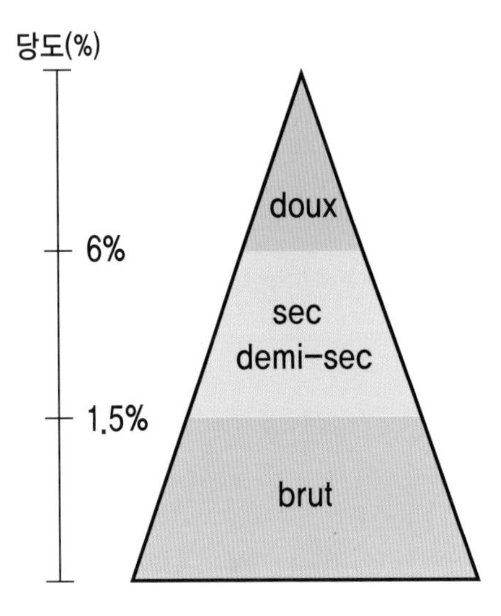

05 와인병, 코르크 마개, 오크통 제조

1. 와인병

햇빛의 차단을 위해 주로 갈색병을 사용한다.

2. 코르크 마개

코르크는 와인병을 완벽하게 차단해 주는데, 그 이유는 코르크 자체는 와인맛에 영향을 주지 않으며 최소한의 산소만 통과시켜 주기 때문이다. 그러나 코르크 마개가 와인을 완벽하게 지켜주지는 못한다. 코르크의 가격은 품질과 길이에 따라 다른데, 주로 0.1~0.75달러 정도이다. 코르크는 코르크 참나무(Quercus Suber)의 껍질에서 수확하는데, 이 나무는 지중해의 따뜻한 나라들에서 자란다. 그중 포르투갈(Portugal)이 코르크의 가장 큰 수출국이다. 코르크 참나무가 25~30년이 되면 첫 번째 껍질을 벗길 수 있으며, 다시 껍질을 벗기는 데 10년 정도의 기간이 소요된다. 대략 150년 정도 된 코르크 참나무가 있다면 대략 11번 정도 껍질을 벗

긴 나무일 것이다. 코르크는 주로 나무의 죽은 세포로 구성되어 있는데, 코르크 속은 질소로 충진되어 있어 물과 공기를 완벽하게 차단해 준다. 대개 $1cm^3$에 3,000~4,000개의 죽은 세포로 구성되어 있다. 따라서 코르크를 통해서는 산소가 통과할 수 없으며 단지 코르크 마개와 병목 사이의 미세한 틈새로 산소가 통과할 수 있다. 따라서 좋은 품질의 코르크는 훨씬 차단성이 좋다. 품질이 좋은 코르크는 탄력성이 좋아 병목을 완벽히 차단해서 산소가 들어갈 수 없게 한다.

3. 오크통(참나무통)

오크통은 와인을 숙성할 때 가장 빈번하게 사용되는 용기이다. 전 세계적으로 300여 종의 참나무가 있지만 단지 몇 종류의 참나무만 오크통으로 제작할 수 있다. 유럽에서는 Quercus Sessilis, Q. Robur 및 Q. Penduncolator 3종류만 사용되며, 미국에서는 북미 자생종인 흰참나무(Q. Alba)만 오크통으로 제조된다. 오크통은 와인이 숨을 쉴 수 있도록 일정한 양의 산소를 공급하게 되는데, 이로 인해 와인은 좀 더 부드러워지고, 조화를 이루고 또 복잡성을 부여한다. 레드 와인은 오크통 안에서 숙성되지만 화이트 와인의 경우는 와인의 신선함(Freshness)을 잃게 된다. 레드 와인은 오크통에서 높은 페놀류 성분에 의해 산소의 산화를 견디고 잘 숙성된다. 나무통을 조립하여 만들 때 오크통을 불에 굽는 과정(Toasting)이 있다. 오크통의 내부를 불로 그을리면 참나무의 그을린 성분이 와인으로 침출된다. 참나무 내부를 더 많이 그을릴수록 그을린 성분이 와인으로 침출된다. 레드 와인의 경우 참나무의 그을린 성분이 와인에 침출되면 와인의 탄닌과 나무의 탄닌이 섞이게 되어 와인을 부드럽게(Softens) 만들면서 오래 저장할 수 있게 해주며, 와인의 색깔을 안정화시킨다. 또한 레드 와인의 탄닌의 향을 달게 하며 그 외에 바닐라 향, 볶은 커피 향, 삼나무 향을 형성시킨다.

오크통 숙성은 비싼 나무의 가격과 가공비 및 8~18개월에 달하는 숙성 기간 등으로 매우 비싼 공정이다. 실제로 오크통은 보통 개당 300~600달러로 비싼 편이며, 그것은 와인 한 병당 1~2달러 정도의 생산비를 올리는 비싼 가격으로 환산된다. 따라서 신세계 대륙의 와인은 오크통 숙성 외에 인공적으로 나무 향을 첨가하는 방법을 사용한다. 인공적인 나무 향은 나무 조각(Chips)이나 나무 톱밥을 불로 그을려 와인 저장 탱크에 넣어도 같은 효과를 얻을 수 있다. 오크통 대신에 참나무 조각을 사용함으로써, 오크통에 담아 숙성시키고 있는 남프랑스의 카베르네 소비뇽이나 샤르도네의 생산 가격을 40% 정도 낮추어, 도매 가격을 기준으로 볼 때 병당 6~10달러까지 가격을 낮출 수 있게 된다. 그러나 프랑스에서는 와인 숙성에 인공적인 나무 향을 첨가하는 방법이 법으로 금지되어 있다.

10~15분 정도 그을린 참나무

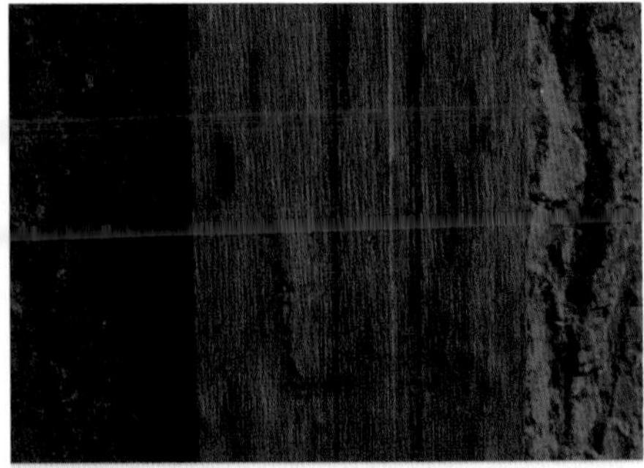

15~20분 정도 그을린 참나무

프랑스 몽펠리에 INRA 연구소 소속 와인박물관에 전시된 와인 오크통 만드는 방법

PART 4

와인 시음과 아로마

01 와인 테이스팅 기구

1. 와인 잔

와인 잔은 와인의 종류에 따라 형태나 크기가 다르다. 샴페인 잔은 샴페인의 이산화탄소가 오래 남아 있어야 상쾌한 감을 느낄 수 있기 때문에 잔의 목이 작고 오목한 것이 좋다.

Bordeaux Grand Cru
보르도 그랑크뤼

Burgundy Grand Cru
버건디 그랑크뤼

Hermitage
에르미따쥐

Zinfandel,
Chianti Classico
진판델, 키안티 클라시코

Montrachet
몽라쉐

Bordeaux White
보르도 화이트

Sauternes
소테른

Vintage Champagne
빈티지 샴페인

Champagne
샴페인

Water
물

Cognac X.O
꼬냑 X.O

2. 와인 오프너와 액세서리(Wine Opener and Accessories)

- 코르크 집게(Cork Pliers)
- 캡슐 커터(Capsule Cutter)
- 스크루형 따개(Screw Pull)
- 버틀러 프렌드(Butler's Friend)
- 레버 스크루 따개(Lever Screw Pull)
- 웨이터 프렌드(Waiter Friend)
- T-모델(T-Model)
- 지그재그(Zigzag)
- 코르크 제거기(Cork Remover)

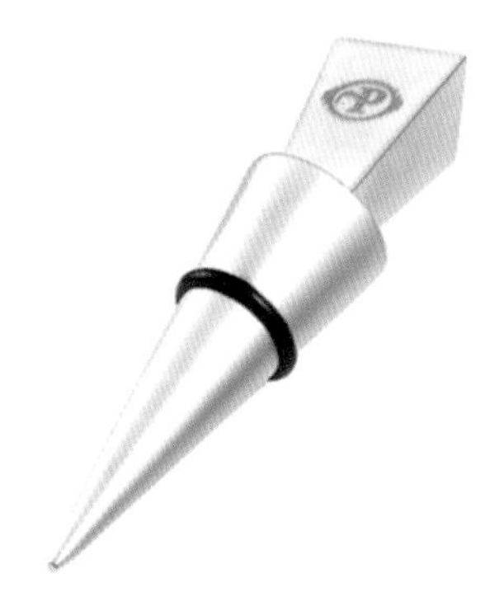

Wine Stopper

Wine Pourer with Stopper

Corkscrew

Wine Preservation Tools

Rabbit Wine Openers

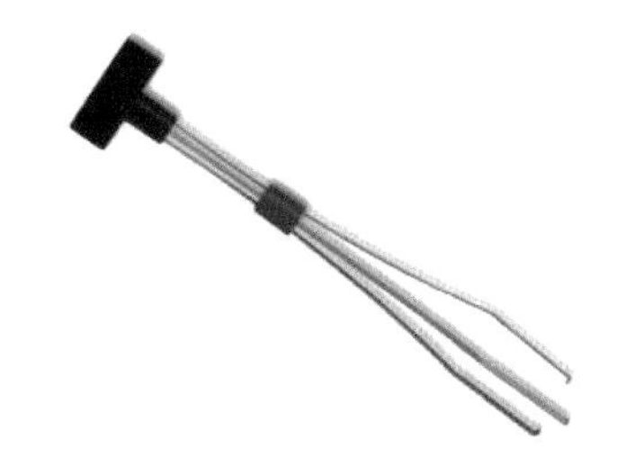

Cork Remover

Wine Charms

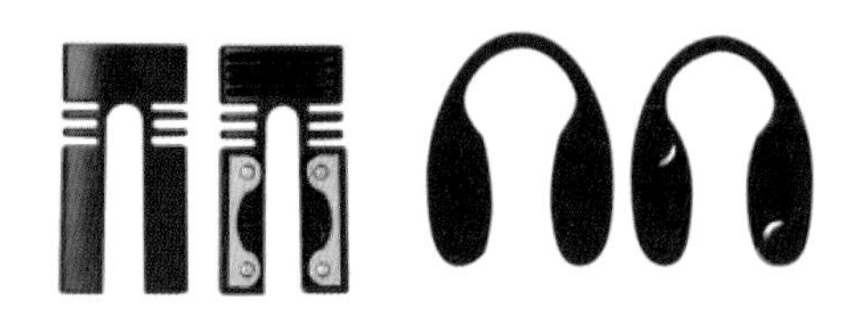

Two-Blade Foil Cutter

3. 와인 디캔터(Wine Decanter)

프랑스 몽펠리에 INRA 연구소 소속 와인박물관에 전시된 다양한 디캔터

Vinum Magum
비늄 매그넘 디캔터

Ultra Single
울트라 싱글 디캔터

Ultra Magnum
울트라 매그넘 디캔터

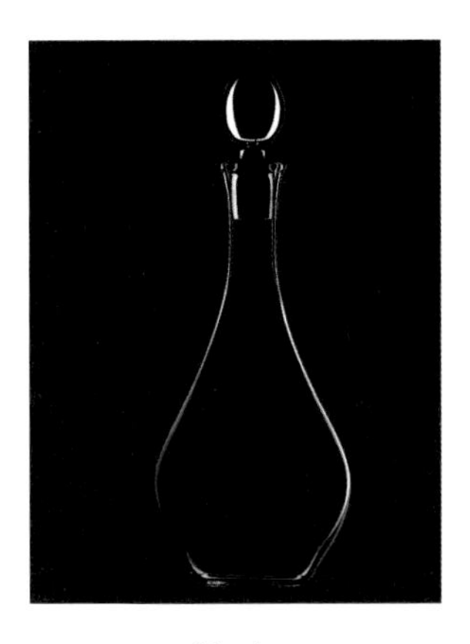

Single
싱들 디캔터

Sommelier Magnum
소믈리에 매그넘 디캔터

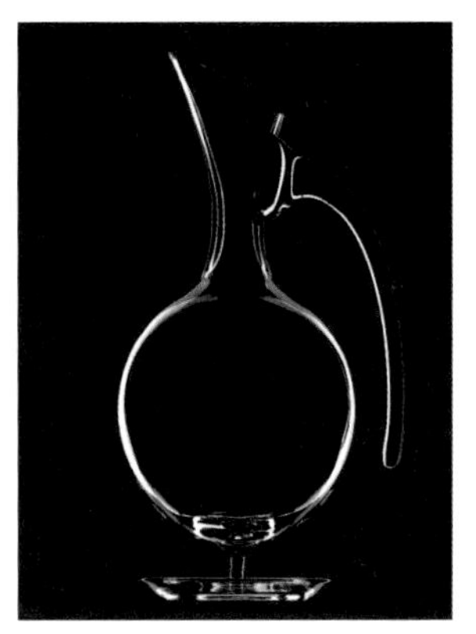

Pomerol Single
포므롤 싱글 디캔터

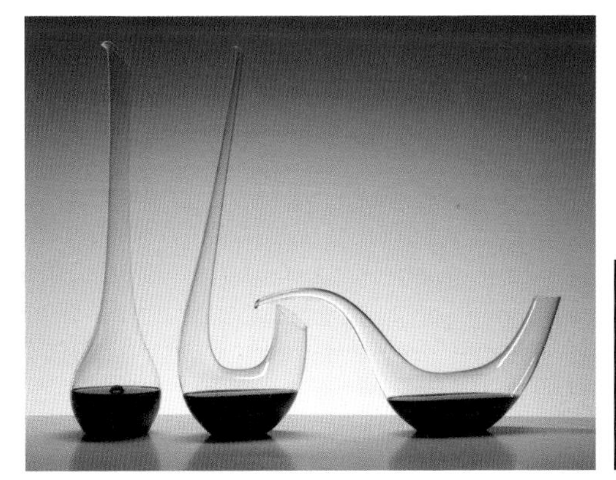

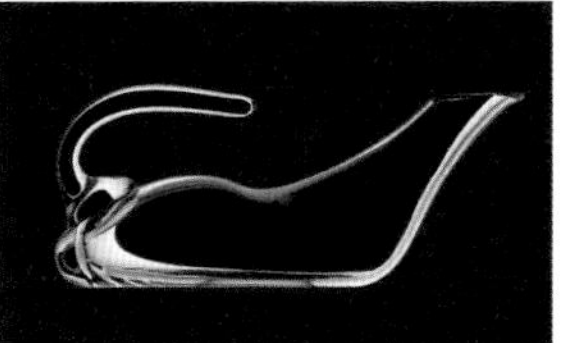

그 외 여러 가지 디캔터

4. 와인 디캔터와 장비(Wine Decanter and Accessories)

- 클레이 와인쿨러(Clay Wine Cooler)
- 디캔팅 바스켓(Decanting Basket)
- 디캔팅 펀넬(Decanting Funnel)

와인 온도계

와인쿨러

02
와인 시음(Tasting Wine) 준비

1. 와인 잔

와인 잔은 세제를 완전히 씻어내고 탈수 건조하여 깨끗한 것이어야 한다. 와인 잔은 종류와 동일한 개수로 준비하며 한번 시음한 잔은 다시 사용하지 않는 것이 기본이다. 동일한 잔으로 다른 종류의 와인을 마시면 이전에 마셨던 와인의 잔재가 남아 있어 다음 와인의 향과 맛에 영향을 주기 때문에 바람직하지 않다.

2. 와인의 외관

프랑스 몽펠리에 INRA 연구소 소속 와인박물관 시음대

1) 투명도(Clarity)

와인은 맑고 깨끗해야 한다. 와인이 투명하지 못하면 냄새나 맛이 비정상인 경우가 있다.

2) 와인의 눈물(Tear)

와인 잔을 흔들었다가 가만히 두면 잔 주위에 눈물 방울과 같이 와인이 흐르게 되는데, 이 현상은 와인에 있는 알코올이 증발하기 때문이다. 와인의 알코올 농도가 높을수록 눈물방울이 더 커진다.

3) 침전물(Crystal)

와인병 밑에 모래와 같은 결정 침전물이 생긴다. 특히 저온 보관된 화이트 와인에서 많이 나타나는데, 그 이유는 와인에 들어 있는 주석산이 침전된 것으로 전혀 무해하다. 하지만 와인을 따를 때 잔에 들어가지 않도록 주의하여야 한다.

3. 와인의 색깔(Color)

각각의 잔에 같은 양의 와인을 따르고 잔을 들어 약간 기울인 다음, 흰색 배경으로 잔 끝부분의 색도를 관찰한다.

1) 화이트 와인

색깔의 진한 정도는 거의 무색에 가까운 색부터 숙성 기간이 길어서 갈색에 가까운 색이 된 것까지 다양하다. 무색(Colorless)이 되는 경우는 화이트 와인의 원료인 포도가 미숙성 상태에서 수확된 경우에 해당된다. 연한 녹황색(Light Yellow-Green)의 경우, 포도에 엽록소가 함유되어 있기 때문에 주로 기온이 낮은 지방에서 생산된 식사용 와인에서 나타난다. 연한 황색(Light Straw Yellow)은 식사용 드라이한 화이트 와인의 전형적인 색깔이다. 약간 진한 황색(Medium Yellow Through Light Gold)은 단맛 화이트 와인(Sweet White Wine)으로 레잇 하베스트(Late Harvest)나 귀부 와인(Noble rot)의 특징적인 색이다. 일반 와인이 오랜 기간 저장되어도 약간 진한 황색이 된다. 갈색(Brown)은 식후 와인으로서 쉐리(Sherry) 등의 색깔이다. 만일 일반 화이트 와인이 갈색이면 와인 제조 공정 도중 산소에 의해 산화된 것으로, 좋지 않은 냄새가 나기도 한다.

2) 레드 와인

레드 와인은 분홍색부터 진한 적색까지 다양하게 분포되어 있다. 분홍색(Pink)은 로제 와인이며, 진한 자주색(Dark Purple)은 최근에 생산된 와인이거나 비성숙 와인이다. 연한 적색(Light Red)은 일반적으로 가벼운 와인이다. 중간 적색(Medium Red)은 대부분 테이블 레드 와인의 전형적인 색깔이다. 진한 적색(Dark Red)은 포트 와인이거나 늦게 수확한 포도로 제조된 와인이다. 적갈색(Red-Brown)은 병 속에서 장기간 저장된 와인이며, 만약 완전히 갈색(Brown)으로 변했다면 레드 와인의 수명이 끝난 것이다.

03
와인 아로마/냄새/맛 (Wine Aroma/Odor/Taste)

1. 와인 아로마(Wine Aroma)란?

와인의 아로마란 엄밀히 말하자면 포도 고유의 향으로, 잔에 따르면 즉시 올라온다. 신선한 과일, 꽃, 풀 등의 다양한 향을 말한다. 그리고 와인의 아로마는 포도나무가 자라난 자연적인 조건과 문화를 반영하며, 매혹적인 풍미와 수천 수만 가지의 다양성은 호기심을 불러일으킨다. 같은 포도나무라도 자라난 토양, 지형적인 위치, 성분 등에 의해서 와인의 아로마가 다양하게 나타난다. 그 외 일조량, 풍량, 강수량 등의 요소도 영향을 준다. 따라서 각 나라마다 다른 스타일의 개성적인 아로마를 가진 와인이 생산되는 것이다.

> 와인 아로마는 포도나무가 자라난 토양, 기후는 물론 환경, 시간 등 여러 가지 복합적인 작용으로 만들어진 것이다.

2. 와인 아로마 테스트 방법

와인을 따른 후 잔을 여러 번 회전시킨 후 코를 집어 넣어 1~2회 깊은 숨을 쉬어 냄새를 맡는다. 와인에 포함된 휘발성 물질의 양은 와인의 약 0.1%로 매우 적지만, 이 적은 양이 와인의 특성과 품질을 결정하는 매우 중요한 요인이다. 와인의 평가는 70% 이상이 향기에 의해 결정되며 냄새는 여러 가지로 분류된다. 따라서 와인 냄새를 알려면 와인을 마실 때 가능하면 화장품을 바르지 말아야 한다. 나쁜 냄새(Off Odors)는 와인 향 이외의 냄새로서 미생물, 산화물질 생성, 화학물질 및 흙의 오염에 의해 발생된다. 과일 향(Fruit Aroma)은 각 포도품종이 가지고 있는 특유한 향이다. 향기(Bouquet)는 포도에는 없는 향으로, 와인 발효 중에 부가적으로 생기는 향이다. 발효 향(Fermention Bouquet)은 효모에서 발생되는 향이고, 오크통 숙성 향(Oak-aged Bouquet)은 와인을 오크통에서 숙성할 때 참나무에서 우러나오는 물질에 의해 만들어내는 향기이다. 병향(Bottle Bouquet)은 와인을 병에 넣어 숙성할 때 만들어지는 복합 향기이며, 샴페인 향기(Champagne Bouquet)는 전통 방법으로 샴페인을 생산할 때 샴페인에서 효모와 결합되어 나는 향기이다. 만일 일반 화이트 와인이 갈색이면 와인 제조 공정 도중 산소에 의해 산화된 것으로, 좋지 않은 냄새가 나기도 한다.

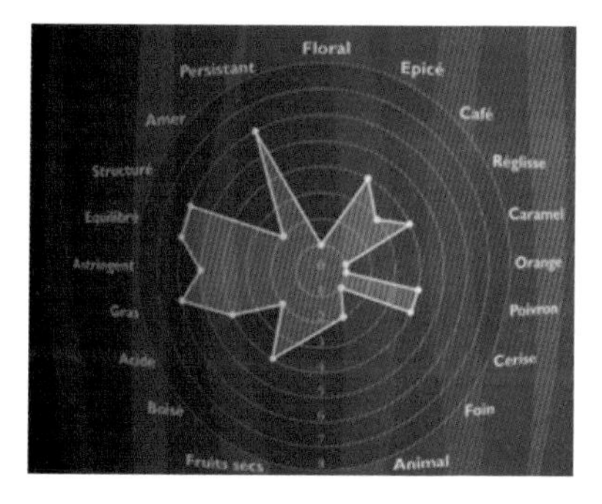

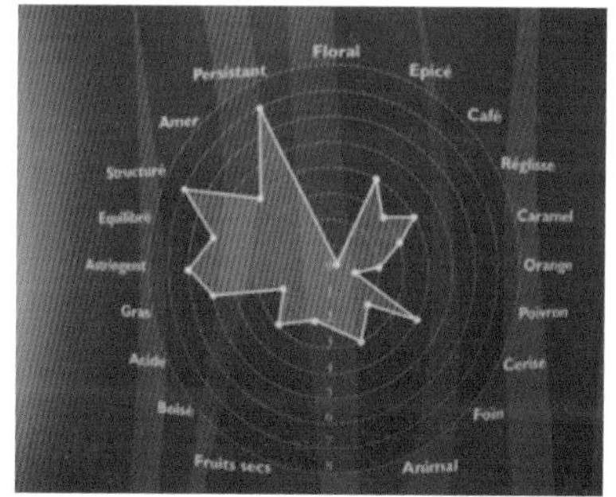

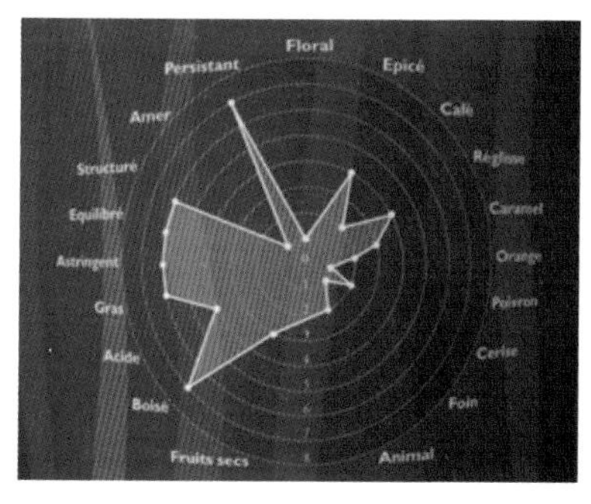

선발된 와인의 특성을 아로마 휠(Aroma Wheel)로 묘사한 그림

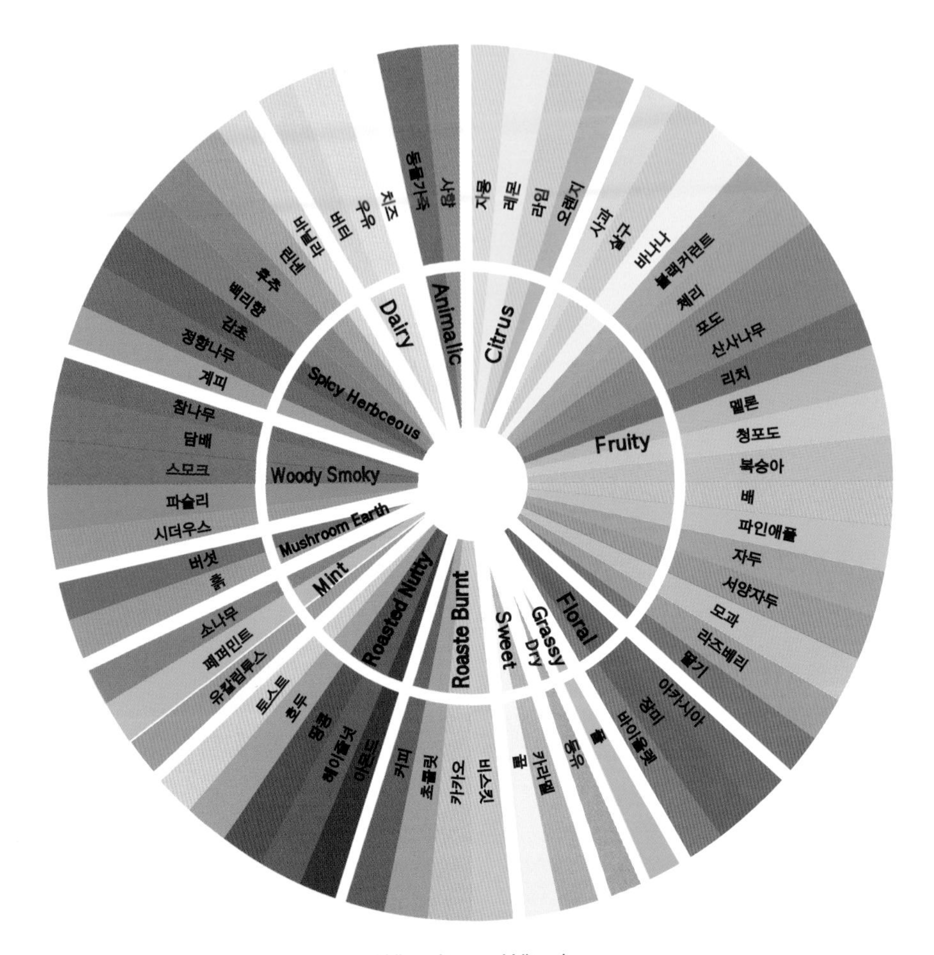

Wine Aroma Wheel

3. 맛(Taste)

입에 소량의 와인을 넣은 후 입속에서 굴리면서 혀의 모든 부분에 고루 퍼지도록 하여 여러 가지 맛을 보도록 한다. 약간 시간을 끌면 와인이 데워져서 더욱 깊은 맛을 느낄 수 있다. 그런 다음 입으로 숨을 서서히 들이켜고 코로 내쉬면 와인의 향을 맡을 수 있다. 입과 코로 느끼는 맛과 향을 향미(Flavor)라고 한다.

1) 산도(Acidity)

신맛은 혀의 양 측면에서 감지한다. 와인의 신맛은 청량감을 주고 포도주 저장에도 도움을 준다. 신맛은 신맛이 부족한 경우(Flat), 적당한 신맛(Tart) 그리고 지나친 신맛(Green)으로 표시된다. 신맛은 산의 종류와 양에 의해 결정된다. 포도에 들어 있는 사과산(Malic Acid)은 날카로운 신맛 그리고 말로락틱 발효(Malolactic Fermentation)에 의해 만들어진 젖산은 부드러운 신맛이다.

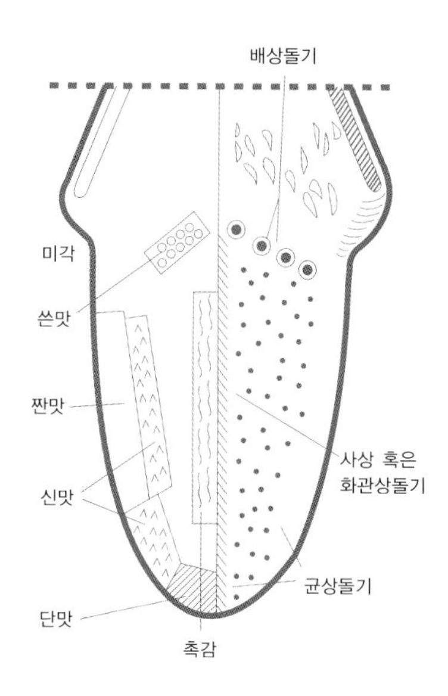

혀의 모양과 부위별 맛 인식표

2) 단맛(Sweetness)

단맛은 혀 앞쪽에서 감지한다. 단맛은 단맛을 거의 느끼지 않는 드라이(Dry), 낮은 단맛(Low), 중간 단맛(Medium), 높은 단맛(High), 약간 지나치게 단맛(Sweetish), 너무 지나치게 달아서 싫을 정도의 단맛(Cloying)으로 표시된다. 와인에 들어 있는 단맛은 당의 종류와 양에 의해 결정되는데, 과당은 상큼하고 깔끔한 단맛이며 설탕은 묵직한 단맛을 준다.

3) 균형(Balance)

포도의 신맛과 단맛이 적당한 균형을 이룬 경우 균형이 맞았다고 한다. 신맛이 지나치게 많거나 적으면 불균형(Unbalance)하다고 한다.

4) 쓴맛(Bitterness)

쓴맛은 혀의 뒤쪽에서 감지한다. 햇와인에서 흔히 나타나는 맛으로 숙성 기간 중 없어진다.

5) 떫은맛(Astringency)

와인에 함유된 탄닌(Tannin)이 주 원인이며, 떫은 정도에 따라 스무스(Smooth), 러프(Rough), 베리 러프(Very Rough)로 표현한다.

6) 바디(Body)

입에서 느끼는 가득한 느낌 또는 중후한 느낌을 말한다. 바디는 주로 알코올 함량과 참나무 추출물질의 양과 관계가 있다.

- Thin/Watery : 보편적인 가벼운 느낌을 주는 와인이다.
- Low Body : 전형적인 드라이 와인을 말하며 당도가 낮은 화이트 와인 또는 로제 와인이 여기에 속한다.
- Medium Body : 당도가 낮은 테이블 와인이 여기에 속한다.
- Full/High/Heavy Body : 진한 맛의 레드 와인이나 스위트 와인이 여기에 속한다.

향기, 그리고 향미의 차이

✓ **향기(Aroma)**
전적으로 후각에 의존된 것으로 사람의 코는 수천 가지의 냄새를 식별할 수 있다. 와인의 다양한 향기 물질이 후각을 자극하여 신경 세포를 통해 사람의 뇌에서 고유의 향기 물질을 구분하게 된다.

✓ **맛(Taste)**
전적으로 미각에 의존된 것으로 사람의 혀는 기본적으로 쓴맛, 신맛, 짠맛 그리고 단맛을 구분하게 된다. 마신 와인의 다양한 맛 물질이 미각을 자극하면 신경 세포를 통해 사람의 뇌에서 고유의 맛을 구분하게 된다.

✓ **향미(Flavor)**
전적으로 후각과 미각이 혼합된 것으로 소량의 와인을 입속에 넣은 후 돌리면 혀의 모든 부분에 고루 퍼지고, 동시에 숨을 쉬면서 자연스럽게 후각을 통해 냄새를 느끼게 된다.

4. 와인 맛보는 순서

1) 화이트 와인 → 레드 와인

2) 달지 않은 와인 → 단 와인

3) 햇와인 → 묵은 와인

4) Low Body 와인 → Full Body 와인

화이트 와인 품종에 따른 맛의 약함에서 진함의 순서
리슬링 → 피노 그리지오 → 슈냉 블랑 → 소비뇽 블랑 → 피노 그리 → 샤르도네

레드 와인 품종에 따른 맛의 약함에서 진함의 순서
가메이 → 피노 누아 → 템프라니뇨 → 산지오베제 → 메를로 → 진판델 → 카베르네 소비뇽 → 네비올로 → 시라/쉬라즈

5. 와인 테이스팅에 영향을 미치는 요소

1) 온도

와인의 맛을 결정짓는 가장 중요한 요소는 마시는 와인의 온도이다. 모든 식음료는 마시는 온도가 매우 중요하며 와인과 맥주의 경우는 이것이 결정적인 역할을 한다. 좋아하는 온도는 개인에 따라 차이가 있으며 추천 온도는 다음과 같다.

· 발포성 와인과 화이트 와인 : 7℃

· 달지 않은 와인, 로제 와인(Rose Wine), 가벼운 레드 와인 : 10℃

· 식사용 레드 와인 : 15℃

2) 공기

와인병의 마개를 열어두면 시간에 따라 맛이 달라지는데, 그 이유는 외부의 공기가 들어와 산화작용을 시작하기 때문이다. 장기 숙성형 와인의 경우, 병 마개를 열어둔 후 1~2시간 지난 다음 시음하면 맛이 더 좋아진다. 이런 경우에 와인이 열린다고 말한다. 따라서 장기 숙성형 와인의 경우 디캔팅을 한 후에 마시는 것이 관례이다. 하지만 오랫동안 와인병 마개를 열어두면 와인이 산화되어 와인의 신선한 천연향이 감소하게 된다. 일단 병 마개를 연 와인은 산소가 많이 유입되었기 때문에 코르크 마개를 거꾸로 해서 막은 다음 냉장고에 넣고 일주일 안에 마신다. 냉장고에서 꺼낸 후 온도가 다시 15℃ 정도될 때 마시면 된다.

디캔팅하는 모습

맛의 과학	냄새의 과학
와인의 맛을 나타내는 성분들은 혀의 표면에 분포되어 있는 미뢰(taste buds)로 알려진 수십 개의 미각 세포들이 모여서 형성된 미각 수용기의 일부분과 접촉하여 화학적인 자극을 일으킨다. 발생된 화학적인 자극은 세포의 전위차를 일으켜 일정 수준을 넘게 되면 미뢰에 연결된 미각 신경섬유를 통해 뇌에 전달되며 뇌는 '어떤 맛'으로 인식한다.	와인의 냄새를 가진 성분이 후각의 상피세포에 널리 분포된 접수체 세포(receptorcells)와 상호작용하여 에너지를 형성하며, 이 에너지가 다시 증폭되어 신경섬유를 통해 뇌에 전달되면 뇌는 '어떤 냄새'로 인식한다.

04
와인 평가

1. 와인 평가사(Wine Panelist)

우리가 매일 먹고 마시는 음료와 주류의 원료배합비와 혼합은 식품학의 관능검사자에 의해 만들어진다. 특히 와인과 위스키는 매우 노련한 관능검사요원에 의해 평가되고, 선발되고, 혼합된다. 노련한 와인 관능검사자는 통계학의 이론을 기초로 하여 미리 계획된 조건하에 훈련된 패널의 주 감각기능(시각, 후각, 미각)을 이용하여 와인의 외관, 풍미 등 관능적 요소들을 평가하고 이를 제품의 품질 및 소비자 기호도 조사까지 미치는 영향을 조사하게 된다. 따라서 직업적 관능검사자는 코와 혀의 감각을 유지하기 위해 맛과 향이 강한 음식은 피하며 무리한 키스도 금한다. 대부분의 음료 및 주류 식품회사들은 선천적으로 맛과 향의 구분이 뛰어난 사람을 선발하여 전문 관능검사자로 양성하게 된다. 일반적으로 관능검사자 직업은 보수가 매우 높고 은퇴 시기가 다른 직업에 비해 훨씬 느린 편이다.

2. 와인 평론가(Wine Analyst)

1) 로버트 파커 주니어(Robert Parker Jr.)

전 세계에서 제일 유명한 와인 평론가는 단연 로버트 파커 주니어(Robert Parker Jr.)이다. 로버트 파커는 1987년 한국 여자아이를 입양하여 한국사람들에게 좋은

로버트 파커 주니어(Robert Parker Jr.)

인상을 심어주었으며 그 이후 한국을 자주 방문하고 있다. 1947년 미국 태생으로 미국 메릴랜드 대학에서 법학을 전공한 변호사로서 1960년대 후반 여자친구를 만나러 프랑스에 가서 와인이 콜라보다 싸다는 이유로 6주 동안 매일 와인을 마시게 된 것이 계기가 되어 프랑스 여행에서 돌아온 후 변호사를 그만두고 와인 평론가의 길을 걷게 되었다. 로버트 파커는 1970년대 후반부터 와인에 대한 본격적인 평가를 시작했으며, 1978년부터 내기 시작한 '와인 에드버켓(The Wine Advocate)'이라는 와인 평가책은 다수의 와인 소비자들의 필독서로 자리를 잡았다. 로버트 파커가 매긴 점수로 와인의 가격이 좌지우지될 정도로 그의 영향력은 실로 절대적이다.

로버트 파커는 1982년 보르도 와인 테이스팅에서 1982년산 와인이 세기적인 최고의 빈티지가 될 것이라고 예측했는데, 당시 많은 와인 전문가들은 그의 의견에 동의하지 않았지만, 결국 그의 예상은 다른 전문가와 달리 적중했다. 또한 로버트 파커는 블라인드 테이스팅을 통해 와인에 사용된 포도품종, 빈티지, 심지어 생산자까지 맞히는 우수한 후각, 미각, 기억력으로 더욱 유명해졌다. 모든 와인들은 사전 정보가 전혀 없는 상태에서 로버트 파커와 그의 평가팀이 함께 블라인드 테이스팅을 하는데 와인의 색, 향기, 맛 그리고 여운, 밸런스, 숙성의 잠재력 등을 종합적으로 보고 점수를 낸다. 일단 로버트 파커 포인트가 90점을 넘으면 그 와인은 날개를 단 듯 순식간에 판매되며 그 점수가 2~3년 이상 지속적으로 유지되면 그 와인의 가치는 더욱 높아진다.

로버트 파커는 1993년 미테랑 대통령으로부터 국가 유공 훈장을 받았고, 1998년에는 요리업계의 아카데미상이라 할 수 있는 제임스 비어드상을 수상하였다. 또한 1999년 시라크 대통령으로부터 프랑스 최고의 영예인 레종 도뇌르 훈장을 수여받았다. 지금까지 그는 부르고뉴, 론 밸리의 와인, 파커의 와인 구매자 가이드 등 총 13권의 책을 저술했다.

2) 젠시스 로빈슨(Jancis Robinson)

영국의 가장 영향력 있는 와인 평론가로 와인 평론은 물론 와인 관련 서적을 출판한 저자로도 유명하다. 젠시스 로빈슨은 옥스퍼드 대학에서 수학과 철학을 전공하였으며, 1975년 와인 & 스프릿 잡지에서 편집 보조로 일을 하며 와인과 관련된 글을 쓰기 시작하였다. 1984년 와인 무역에 종사하지 않는 사람으로는 처음으로 매스터 어브 와인(Master of Wine)이 되었다.

와인 백과사전이라고 할 수 있을 정도로 세계적으로 알려진 와인 서적인 ' The Oxford Companion to Wine'과 'The World Atlas of Wine'을 통해 세계적 명성과 영향력을 갖춘 최고 평론가이다. 또 다른 세계적인 와인 평론가 로버트 파커와의 상반된 와인 평가로 언론의 주목을 받기도 했다. 로버트 파커는 보르도 쌩 떼밀리옹의 그랑 크뤼 와인 샤토 파비(Ch. Pavie) 2003년산을 극찬했지만 젠시스 로빈슨은 최악의 점수를 준 것이다. 대부분의 와인 평론가는 젠시스 로빈슨의 평이 정확하다고 했다.

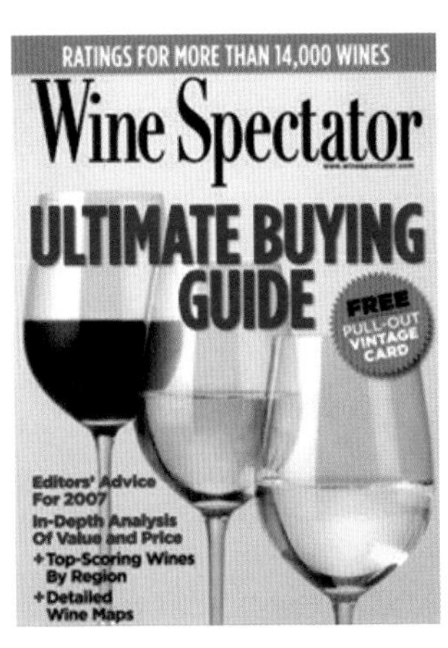

와인 잡지 — 와인 스펙테이터

1995년 BBC 텔레비전 방송의 10가지 에피소드를 DVD로 담은 젠시스 로빈슨의 와인 코스는 전 세계에서 큰 인기를 얻고 있다. 1999년 디캔터 잡지에서 '1999 Woman of the Year'상을 받았고 2003년 영국 여왕에게서 대영제국훈장(OBE)을 받았다. 현재 파이낸셜 타임지의 칼럼을 매주 쓰고 있으며, 영국 여왕의 와인 셀러에 조언을 하고 있다. 그 외에 영국 항공 British Airways의 와인 컨설턴트로도 일했다.

와인 잡지 — 디캔터

Flavor
in
Wine

PART 5

구세계 와인

01
프랑스

1. 프랑스 와인의 개요

1) 프랑스 와인 특징

프랑스는 동쪽의 대서양, 서쪽의 라인강, 남쪽의 지중해, 북쪽의 영국해협과 북해가 맞닿은 육각형(L'Hexagone)의 모양으로 서로 다른 기후와 지형에서 다양한 와인을 생산하는 전 세계 와인의 교과서라고 할 수 있는 최고 산지이다. 기원전 6세기 로마로부터 발달된 양조기술이 프랑스 남부 마르세유 인근의 지중해 연안으로 전래되었다. 로마제국이 무역을 장려하며 와인문화가 발달되고 로마의 멸망 후 교회의 수도승이 포도생산과 양조를 발전시켰다. 프랑스는 와인 소모량이 가장 많은 나라이며 생산량이 이탈리아 다음으로 많은 세계적인 와인 생산국이다. 프랑스는 포도품종과 토양과 기후의 다양성의 영향으로 한 지역과 다른 지역이 확연히 구분되는 독특한 특성을 가진 와인을 생산하고 있으며 서부 유럽의 중심지로 접근이 용이하고 와인을 운송하기 쉬워 무역에 좋은 지리적 조건을 갖추었다. 프랑스는 16세기 말에 유럽의 국가들이 종교전쟁으로 혼란스러운 시기에 앙리 4세가 낭트 칙령을 내려 신앙의 자유를 인정하며 르네상스를 꽃피우게 되었고 풍부하고 다양한 식자재로 식문화가 발달되어 화려한 궁정문화를 꽃피우게 되었다. 프랑스의 식문화가 발달되면서 와인은 음식을 동반하는 최고의 음료로 현대 정찬테이블 문화의 근간이 되었다.

2) 프랑스 와인 등급

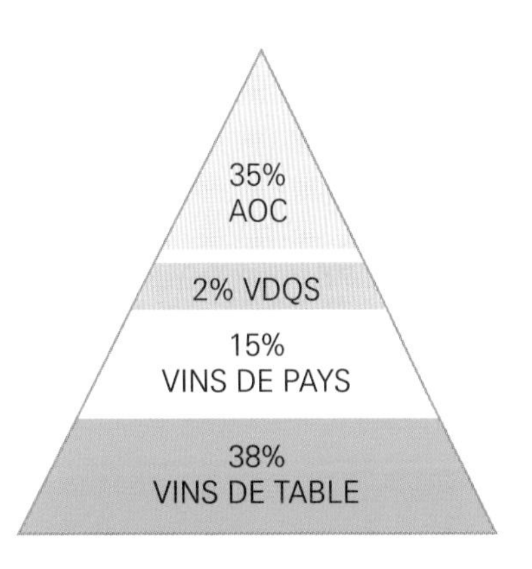

프랑스 와인은 오랜 기간 체계적으로 정비된 제도를 가지고 있다. 19세기 말에 유럽을 초토화시킨 필록세라 병충해로 포도밭이 전멸하고 가짜 와인이 범람하자 전통적으로 유명한 산지의 명성을 보호하고 품질을 보존하기 위해 포도 재배 지역의 지리적 경계가 구분된다. 1935년 세계 최초로 국가 전체의 각 산지별로 품질을 관리하는 AOC(Appellation d'Origine Controlee 원산지 명칭 통제) 제도를 확립하였다. 프랑스 와인은 AOC 등급, VDQS 등급, Vin de Pays, Vin de Table 등급으로 분류된다.

- AOC(Appellation d'Origine Controlee) 등급 : 최상위 등급으로 포도 재배지역의 지리적 경계와 명칭, 품종, 재배방법, 제조방법, 단위면적당 수확량의 제한, 알코올 함유량까지 엄격한 규정을 정하고 기준에 맞는 와인에만 그 지역 명칭을 사용할 수 있다. 전체 생산량의 약 35%를 차지하며 와인의 산지는 Applellation + (산지명) + Controlee 로 표기한다.
- VDQS(Vin Delimite de Qualite Superieure) 등급 : '우수한 품질의 와인'이라는 뜻으로 1949년에 제정되었으며 프랑스 와인의 2% 정도를 차지하며 AOC 등급보다 덜 엄격하지만 생산지역, 품종, 생산량, 알코올 함유량, 제조방법 등을 규정한다.
- Vins de Pays(지방 와인) 등급 : 지방의 와인이라는 뜻으로 엄격한 제도적 규제가 없이 산지와 품종 정도의 제한을 받는 등급으로 전체 생산량의 15%를 차지한다.
- Vins de Table(일상주) 등급 : 프랑스 와인의 40% 정도를 차지하며 여러 지역의 포도나 와인을 블렌딩하여 생산하며 원산지 표기를 하지 않는 와인이다.

3) EU의 새로운 와인등급

2009년 9월 1일 유럽연합(EU)은 유럽이 하나의 시장으로 확대되며 유럽 각국의 공통된 등급을 신설하게 된다. 국가별로 기존의 등급을 인정하면서 공통적인 3가지의 등급으로 분류하였다.

- AOP(Appellation d'Origine Protegee) : AOC 등급보다 강회된 조건으로 와인의 품질을 강화하고 균일한 품질을 유지시키는 목적을 갖는다.
- IGP(Indication Geographique Protegee / Protected Geographical Indication) : VDQS와 Vin de Pays 등급이 통합되었으며 지역적인 규제를 강화하여 지역의 특징을 담는다.
- Sans Indication Geographique / Without Geographical Indication) : 가장 하위의 Vin de Table 등급의 와인으로 품종, 생산방법에 대한 제한이 거의 없는 일상주로

예를 들면 프랑스 생산와인(Vin de France) 또는 유럽연합 와인(VCE)으로 표기한다.

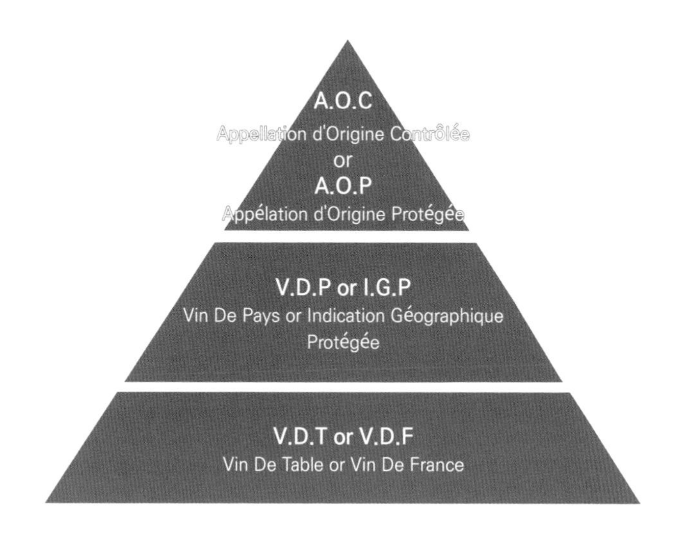

| 프랑스 와인 용어 |

brut	샴페인의 매우 드라이	doux	샴페인의 달콤함
cave	와인 보관 창고	etiquette	와인 레이블
chateau	성(城)이라는 뜻으로 포도 재배에서 양조까지 생산하는 포도원	monopole	단일 포도밭
climat	다른 밭과 개성이 다른 포도밭구획	pettiant	약발포성 와인
clos	삼면이 벽으로 둘러싸인 포도밭	sec	샴페인의 드라이
crement	샹파뉴 외의 지방에서 샴페인 방식으로 만든 스파클링 와인	sepage	품종
cru	자라다라는 뜻으로 고유성과 잠재력을 가진 포도원	terroir	산지의 토양, 기후, 지형 등 자연적 특성
cuvee	한 통 가득이라는 뜻으로 샴페인을 처음 압착한 맑은 즙	vin blanc	화이트 와인
demi-sec	샴페인의 미디엄 드라이	vin rouge	레드 와인
domaine	작은 규모의 포도원	vin rose	로제 와인

2. 보르도(Bordeaux)

보르도는 프랑스 남서부 아끼뗀 지방의 대서양 연안에 위치한다. 보르도는 멕시코 만류와 대서양의 영향으로 온난한 기후를 가지고 있으며 북극과 적도의 정중앙에 놓인 세계 최고의 와인 산지이다. 포도밭 면적은 약 123,000ha로 프랑스 포도 재배지역의 14%를 차지하는 가장 큰 산지이다.

보르도 와인은 팍스 로마나를 건설하고 무역을 장려하며 와인 산업이 발전하게 된다.

1152년 보르도가 있는 아끼텐 공국의 엘리노어 공주가 훗날 영국의 헨리 1세가 되는 앙리 쁠랑따즈네와 결혼하며 보르도는 3세기 동안 영국의 영토가 되어 영국으로 보내는 와인 생산과 판매 유통을 독점하며 번영을 누리게 된다.

영국과의 피비린내 나는 백년전쟁의 승리로 1453년 보르도는 다시 프랑스에 귀속된다. 19세기가 되어 보르도는 북유럽 최고의 와인 산지가 되었고 산업혁명 이후 자유 무역사상으로 와인 산업의 번영을 가져온다. 1855년 나폴레옹 3세가 파리 만국 박람회를 기해 그랑 크뤼 등급체계를 만들어 보르도 와인 산업은 더욱 발전하게 된다.

보르도의 어원은 Au bord de l'eau로 물가라는 뜻으로 가론강과 도르도뉴강 그리고 수많은 지류들로 다양한 지질적, 지리적 조건을 가지고 있으며 랑드의 거대한 숲이 바람을 보호한다.

모자이크와 같은 토양의 다양성으로 단일와인 생산지로는 가장 다양한 종류의 와인을 생산하고 있다. 보르도는 좌안에는 강의 퇴적물로 자갈이 많고 배수가 많은 토양의 메독(Medoc), 그라브(Graves)와 소테른(Sauternes) 산지가 있다. 우안에는 진흙과 석회질 성분이 많은 쌩 떼밀리옹(St. Emilion), 포므롤(Pomerol), 프롱작(Fronsac) 등의 산지가 있다. 보르도의 와인은 묵직하고 오래 숙성시켜 시간이 흐를수록 깊은 맛을 가진 와인을 생산하여 '와인의 왕'이라고 한다. 프랑스의 총 362 AOC 산지 중에 보르도에 65개의 AOC 산지가 있다.

1) 품종

보르도의 와인은 일반적으로 각기 다른 품종, 포도밭, 테루아에서 생산한 포도를 블렌딩하여 서로의 단점을 보완하고 각기 다른 특징을 결합하여 상승효과를 내며 특성과 개성이 있는 다양한 와인을 생산하는 정교한 블렌딩의 예술을 보여준다.

(1) 레드품종

카베르네 소비뇽(Cabernet Sauvignon) : 레드 와인의 황제라고 하며 온화하고 건조하며 메독과 그라브의 자갈이 많은 포도밭을 선호한다. 기후적응력이 좋으며 포도알이 작고 씨앗이 많다. 껍질이 진하고 두꺼워 탄닌이 풍부하고 복잡 미묘하며 향미가 많고 힘찬 품종이다.

메를로(Merlot) : 진흙과 석회질 토양에서 잘 자라며 섬세하고 우아하고 유연함을 지닌 조생종으로 서늘한 토양을 좋아하여 쌩 떼밀리옹과 포므롤에서 잘 자란다. 진한 색상으로 풍부한 아로마와 부드러운 탄닌과 아로마가 풍부하여 부드러움을 만드는 품종이다.

카베르네 프랑(Cabernet Franc) : 섬세한 아로마와 생동감을 가진 품종으로 메를로와 카베르네 소비뇽의 균형을 이루는 품종으로 주로 쌩 떼밀리옹 지역에서 재배된다.

(2) 화이트품종

- 소비뇽 블랑(Sauvignon Blanc) : 서늘한 기후와 해양성 기후의 영향을 받는 척박한 토양에서 잘 자라며 색이 연하고 산도가 높아 상큼하며 감귤류의 과일향과 풀향기가 많아 아로마가 풍부하고 산미가 뛰어난 드라이 화이트 와인을 생산한다.
- 쎄미용(Semillon) : 산미가 강하지 않고 복숭아 향기를 가져 부드럽고 달콤하여 황금색의 귀부병이 발생하는 성질로 소테른과 바르삭에서 달콤한 귀부 와인을 생산하는 품종이다. 황금색의 살구와 복숭아 향을 지니며 섬세하고 알

코올과 아로마가 뛰어나다.

• 뮈스카델(Muscadelle) : 산도가 낮고 특유의 사향향과 꽃향을 지녔으며 진흙 토양이 잘 맞아 부패되는 것을 방지한다.

2) 산지

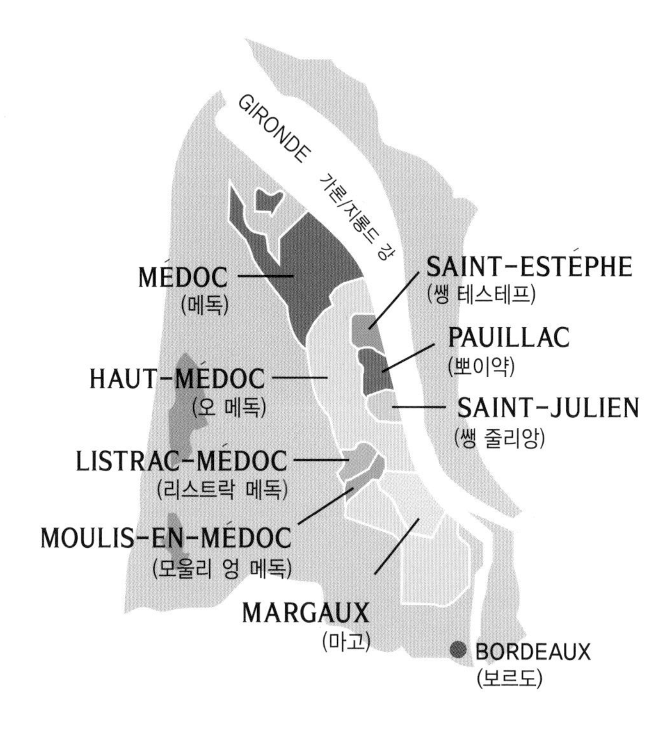

(1) 메독(Medoc)

지롱드강의 퇴적물로 쌓인 조약돌과 자갈이 많아 배수가 잘 되고 남쪽을 바라보는 산등성이에 포도나무가 있어서 낮에 열을 흡수하였다가 밤에 방출하여 복합적인 맛의 와인을 생산하는 최고의 그랑 크뤼 레드산지이다. 아로마가 많고 짙은 루비색을 띠고 무게감이 있으며 우아한 와인으로 카베르네 소비뇽이 주품종으로 메를로, 카베르네 프랑, 쁘띠 베르도, 말벡 등을 블렌딩한 레드 와인을 생산한다. 메독은 보르도 북부 대서양 어귀의 낮은 지대인 바 메독(Bas Medoc)과 남쪽의 약간 높은 지대인 오 메독(Haut Medoc)으로 분류되는 그랑 크뤼 와인이 생산된다. 오 메독의 최고급 와인을 생산하는 AOC 산지는 생 테스테프(St. Estephe), 뽀이약(Paullac), 줄리앙(St. Julien), 리스트락(Listrac), 모울리(Moulis), 마고(Margaux) 마을이 있다.

① 그랑 크뤼 등급(Grand Crus Classe)

1855년 공식 품질등급으로 분류된 등급으로 1등급 샤토 오브리옹을 제외하고 총 61개의 샤토 중에서 60개는 메독에서 생산된다.

▶ 일등급 샤토(Premiers Crus) - (5개와 AOC 마을명)

샤토 오 브리옹 Chateau Haut-Brion Pessac(Graves)

샤토 라피트 로칠드 Chateau Lafite-Rothschild(Pauillac)

샤토 라투르 Chateau Latour(Pauillac)

샤토 마고 Chateau Margaux(Margaux)

샤토 무통 로쉴드 Chateau Mouton-Rothschild(Pauillac)

▶ 2등급 샤토 Second Growths(Deuxiemes Crus) - (14개와 AOC 마을명)

샤토 브랑 깡뜨냑 Chateau Brane-Cantenac(Margaux)

샤토 꼬스 데스투르넬 Chateau Cos d'Estournel(Saint-Estephe)

샤토 뒤크르 보까이유 Chateau Ducru-Beaucaillou(Saint-Julien)

샤토 뒤포르 비방 Chateau Durfort-Vivens(Margaux)

샤토 그루오 라로즈 Chateau Gruaud-Larose(Saint-Julien)

샤토 라스콤브 Chateau Lascombes(Margaux)

샤토 레오빌 바르통 Chateau Leoville-Barton(Saint-Julien)

샤토 레오빌 라스 까스 Chateau Leoville-Las Cases(Saint-Julien)

샤토 레오빌 푸아페레 Chateau Leoville-Poyferre(Saint-Julien)

샤토 몽로즈 Chateau Montrose(Saint-Estephe)

샤토 피숑 롱그빌 바론 Chateau Pichon-Longueville-Baron(Pauillac)

샤토 피숑 롱그빌 꽁떼스 라랑드 Chateau Pichon-Longueville, Comtesse de Lalande (Pauillac)

샤토 로장 가씨 Chateau Rauzan-Gassies(Margaux)

샤토 로장 세글라 Chateau Rausan-Segla(Margaux)

▶ 3등급 샤토 Third Growths(Troisiemes Crus) - (14개와 AOC 마을명)

샤토 보이드 깡뜨낙 Chateau Boyd-Cantenac(Margaux)

샤토 깔롱 세귀르 Chateau Calon-Segur(Saint-Estephe)

샤토 깡트냑 브로운 Chateau Cantenac-Brown(Margaux)

샤토 데스미라이 Chateau Desmirail(Margaux)

샤토 디쌍 Chateau d'Issan(Margaux)

샤토 페리에르 Chateau Ferriere(Margaux)

샤토 지스쿠르 Chateau Giscours Labarde(Margaux)

샤토 키르완 Chateau Kirwan(Margaux)

샤토 라그랑즈 Chateau Lagrange(Saint-Julien)

샤토 라 라귄 Chateau La Lagune(Haut-Medoc)

샤토 라고아 바르통 Chateau Langoa-Barton(Saint-Julien)

샤토 말레스코 쌩 떽주페리 Chateau Malescot Saint-Exupery(Margaux)

샤토 마르퀴 달렘 베케르 Chateau Marquis d'Alesme-Becker(Margaux)

샤토 팔메르 Chateau Palmer(Margaux)

▶ 4등급 샤토 Fourth Growths(Quatriemes Crus) - (10개와 AOC 마을명)

샤토 베이슈벨 Chateau Beychevelle(Saint-Julien)

샤토 브라네르 뒤크뤼 Chateau Branaire-Ducru(Saint-Julien)

샤토 뒤아르 밀롱 로칠드 Chateau Duhart-Milon-Rothschild(Pauillac)

샤토 라퐁 로쉐 Chateau Lafon-Rochet(Saint-Estephe)

샤토 라 투르 까르네 Chateau La Tour-Carnet(Haut Medoc)

샤토 마르키 드 떼름 Chateau Marquis-de-Terme(Margaux)

샤토 푸제 Chateau Pouget(Margaux)

샤토 프리외레 리쉰 Chateau Prieure-Lichine(Margaux)

샤토 쌩 피에르 Chateau Saint-Pierre(Saint-Julien)

샤토 딸보 Chateau Talbot(Saint-Julien)

▶ 5등급 샤토 Fifth Growths(Cinquiemes Crus) – (18개와 AOC 마을명)

샤토 바타이 Chateau Batailley(Pauillac)

샤토 벨그라브 Chateau Belgrave(Haut-Medoc)

샤토 까망삭 Chateau d Camensac(Haut-Medoc)

샤토 깡뜨메를 Chateau Cantemerle(Haut-Medoc)

샤토 클레르 밀롱 Chateau Clerc-Milon(Pauillac)

샤토 코스 라보리 Chateau Cos-Labory(Saint-Estephe)

샤토 크로아제 바즈Chateau Croizet-Bages(Pauillac)

샤토 달마약 Chateau d'Armailhac(Pauillac)

샤토 도작 Chateau Dauzac(Margaux)

샤토 뒤 테르트르 Chateau du Tertre(Margaux)

샤토 그랑 퓌이 뒤카스 Chateau Grand-Puy-Ducasse(Pauillac)

샤토 그랑 퓌이 라코스트 Chateau Grand-Puy-Lacoste(Pauillac)

샤토 오 바주 리베랄 Chateau Haut-Bages-Liberal(Pauillac)

샤토 오 바타이 Chateau Haut-Batailley(Pauillac)

샤토 렝슈 바즈 Chateau Lynch-Bages(Pauillac)

샤토 린치 무사스 Chateau Lynch-Moussas(Pauillac)

샤토 페데스클로 Chateau Pedesclaux(Pauillac)

샤토 퐁테 까네 Chateau Pontet-Canet(Pauillac)

(2) 그라브(Graves)

메독 남부의 가론강 좌안에 위치하며 포도원의 드넓은 소나무 숲이 악천후에서 포도밭을 강한 바람과 여름의 더위로부터 보호하는 화이트 와인 산지이다. 그라브는 자갈이라는 뜻으로 가론느강으로 휩쓸려온 자갈, 모래, 조약돌이 많은 토양을 가지고 있다. 이 지역의 화이트 와인은 기품이 있고 부드러우며 힘이 있다. 생기있고 신선한 소비뇽 블랑과 부드러운 힘을 지닌 쎄미용으로 과일향과 꽃향이 어울려 아로마와 신선함이 조화를 이룬다. 풍부하고 깊은 아로마가 있다. 레드 와인은 1970년 대 중반부터 생산량이 크게 증가하였으며 품종은 메독과 같은 카베르네 소비뇽, 메를로 등을 블렌딩한 구조감있고 향이 풍부하다. 뻬삭 레오냥(Pessac-Leognan) AOC에서 생산하는 보르도 그랑 크뤼 1등급 샤토 오브리옹(Ch. Haut Brion)이 있다.

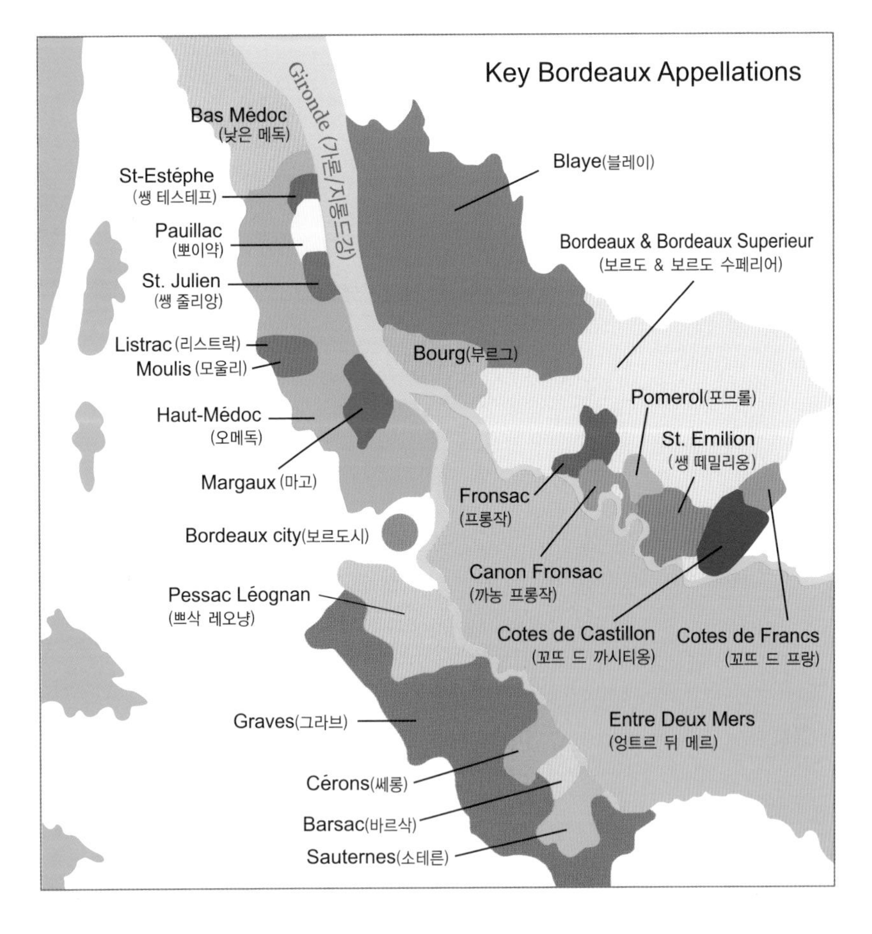

① 그라브 크뤼 클라세(Cru Classé de Graves) 등급

그라브 등급으로 1953년과 1959년 두 차례의 시행령에 의해 승인되었다. 그라브 크뤼 등급의 와인은 뻬삭 레오냥(Pessac-Léognan) AOC로 1987년에 분류되었다. 그라브 크뤼 클라세 와인은 레드 와인 13개, 화이트 와인 10개로(레드 와인과 화이트 와인을 동시에 얻은 7개) 총 16개의 샤토가 알파벳순으로 순서가 정해진다.

▶ 레드 와인 : 13개와 마을명

샤토 부스코 Chateau Bouscaut(Cadaujac)

샤토 카르보니유 Chateau Carbonnieux(Leognan)

샤토 피우잘 Chateau de Fieuzal(Leognan)

샤토 오바이 Chateau Haut-Bailly(Leognan)

샤토 오브리옹 Chateau Haut-Brion(Pessac)

샤토 라 미숑 오브리옹 Chateau La Mission-Haut-Brion(Talence)

샤토 라투르 오브리옹 Chateau Latour-Haut-Brion(Talence)

샤토 라투르 마르티약 Chateau Latour-Martillac(Martillac)

샤토 말라르틱 라그라비에르 Chateau Malartic-Lagraviere(Leognan)

샤토 올리비에 Chateau Olivier(Leognan)

샤토 파프 끌레망 Chateau Pape-Clement(Pessac)

샤토 스미스 오 라피트 Chateau Smith-Haut-Lafitte(Martillac)

도메인 드 슈발리에 Domaine de Chevalier(Leognan)

▶ 화이트 와인 : 9개와 마을명

샤토 부스코 Chateau Bouscaut(Cadaujac)

샤토 카르보니유 Chateau Carbonnieux(Leognan)

샤토 라투르 마르티약 Chateau Latour-Martillac(Martillac)

샤토 말라르틱 라그라비에르 Chateau Malartic Lagraviere(Leognan)

샤토 올리비에 Chateau Olivier(Leognan)

샤토 쿠엥 Chateau Couhins(Villenave d'Ornan)

샤토 쿠엘 루르통 Chateau Couhins Lurton(Villenave d'Ornan)

샤토 라빌 오 브리옹 Chateau Laville-Haut-Brion(Talence)

도메인 드 슈발리에 Domaine de Chevalier(Leognan)

(3) 소테른과 바르삭(Sauternes & Barsac)

점토가 미세하게 섞인 석회질 하층토의 위에 자갈로 구성된 토양이다. 보르도 남부의 가론강과 쎄롱강이 만나는 습기가 많고 안개가 많은 지역에 보트리스 시네리아 곰팡이(Botrytis Cinerea)로 생산하는 귀부(貴腐, Noble Rot) 와인 생산지이다. 보트리스 시네리아는 회색빛 곰팡이가 포도껍질을 공격하여 껍질에 미세한 구멍을 낸다. 더운 낮시간에 포도알의 수분이 증발하며 껍질이 쭈그러들며 건조하게 되고 내부의 당분과 향미는 그대로 남아 당도가 높고 향이 풍부해진다. 귀부병에 걸린 귀부포도는 손으로 과숙성된 포도알을 선별수확하여 발효시켜 생산하므로 꿀과 같은 달콤한 맛과 견과류, 복숭아, 살구, 망고 등의 복합적인 풍미를 지닌다. 쎄미용을 주품종으로 소비뇽 블랑과 블렌딩하여 잔류 당분이 많고 산의 균형을 이루며 여운이 길고 장기 보관할 수 있는 진한 황금색의 달콤한 화이트 와인 산지이다. 샤토 디켐(Ch. d'Yquem)으로 포도나무 한 그루에서 한 잔의 와인을 생산하는 세계 최고의 귀부 와인을 생산한다. 귀부 와인은 당분이 많아 100년 넘게 보관할 수 있는 잠재력을 가졌으나 까다로운 기후조건으로 단위면적당 생산량이 1ha에 생산량 15hl로 그랑 크뤼 1등급 포도원의 35~45hl보다 아주 적다.

소테른/바르삭 그랑 크뤼 클라세 등급(Grand Cru Classe) : 1855년 스위트 화이트 와인을 생산하는 26개의 샤토에 등급을 부여했다.

특등급(Premier Cru Superieur) : 1개

샤토 디켐 Chateau d'Yquem(Sauternes)

1등급(Premiers Crus) : 11개와 마을명

샤토 클리 Chateau Climens(Barsac)

샤토 클로 오 페라게이 Chateau Clos Haut-Peyraguey(Bommes)

샤토 쿠테 Chateau Coutet(Barsac)

샤토 귀로 Chateau Guiraud(Sauternes)

샤토 라포리 페라게이 Chateau Lafaurie-Peyraguey(Bommes)

샤토 라투르 블랑슈 Chateau Latour-Blanche(Bommes)

샤토 라보 프로미 Chateau Rabaud-Promis(Bommes)

샤토 드 렌 비노 Chateau de Rayne-Vigneau(Bommes)

샤토 리우섹 Chateau Rieussec(Fargues)

샤토 시갈라 라보 Chateau Sigalas-Rabaud(Bommes)

샤토 쉬뒤로 Chateau Suduiraut(Preignac)

2등급(Deuxiemes Crus) : 14개

샤토 다르슈 Chateau d'Arche(Sauternes)

샤토 부르스테 Chateau Broustet(Barsac)

샤토 까이유 Chateau Caillou(Barsac)

샤토 두아지 다엔 Chateau Doisy-Daene(Barsac)

샤토 두아지 뒤부로카 Chateau Doisy-Dubroca(Barsac)

샤토 두아지 베르딘 Chateau Doisy-Vedrines(Barsac)

샤토 필로 Chateau Filhot(Sauternes)

샤토 라모스 데스퓌욜 Chateau Lamothe-Despujols(Sauternes)

샤토 라모스 귀나르 Chateau Lamothe-Guignard(Sauternes)

샤토 드 말르 Chateau de Malle(Preignac)

샤토 드 미라 Chateau de Myrat(Barsac)

샤토 네락 Chateau Nairac(Barsac)

샤토 로메르 뒤 에요 Chateau Romer-du-Hayot(Fargues)

샤토 쉬오 Chateau Suau(Barsac)

(4) 쌩 떼밀리옹(St. Emilion)

이름의 유래는 기적을 체험한 성자 에밀리옹(Saint Emilion)이며 도르도뉴강의 온화한 해양성 기후로 여름은 길고 무더우며 가을은 길고 포근하다. 신생대에 형성된 점토성 진흙 성분의 석회질 토양과 자갈과 모래가 덮인 토양으로 다양한 토양이 구성되어 색이 진하고 숙성이 잘 되고 우아한 구조감과 섬세하고 부드러운 탄닌이 있는 메를로를 주품종으로 카베르네 프랑을 블렌딩하여 생산하는 레드 와인 생산지이다. 보르도의 가장 오랜 산지로 1999년 유네스코의 세계인류문화유산으로 등록되었다.

① 쌩 떼밀리옹 그랑 크뤼 등급(Saint Emilion Grand Cru Classé)

1955년에 등급이 정해지고 약 10년마다 등급 심사를 해 1969년, 1985년, 1996년, 2006년, 2012년, 2022년에 등급심사를 하고 재분류가 이루어져 A급과 B급으로 분류된 프리미에 그랑 크뤼 클라세와 그랑 크뤼 샤토로 분류한다. 2022년 심사에서 등급평가 기준에 불만을 가진 그랑 크뤼 1등급 A급의 샤토 오존(Chateau Ausone), 샤토 슈발 블랑(Chateau Cheval-Blanc), 샤토 앙젤뤼스(Chateau Angelus)가 등급참여를 포기하였다.

▶ 그랑 크뤼 1등급 A급 Premiers Grands Crus Classés – A

샤토 파비 Chateau Pavie

샤토 피작 Charteau Figeac

그랑 크뤼 1등급 B급 Premiers Grands Crus Classés – B

샤토 보 제부르 베코 Chateau Beau-Séjour Bécot

샤토 보세주르(뒤포 라가로스) Chateau Beauséjour(Duffau-Lagarrosse)

샤토 벨에어 모나지 Chateau Bélair-Monange

샤토 까농 Chateau Canon

샤토 까농 라 가펠리에 Chateau Canon la Gaffeliere

샤토 라르시스 뒤카스 Chateau Larcis Ducasse

샤토 파비 마켕 Chateau Pavie Macquin

샤토 트로플롱 몽도 Chateau Troplong-Mondot

샤토 트로테베이유 Chateau Trottevieille

끌로 포르테 Clos Fortet

라 몽도트 La Mondotte

(5) 포므롤(Pomerol)

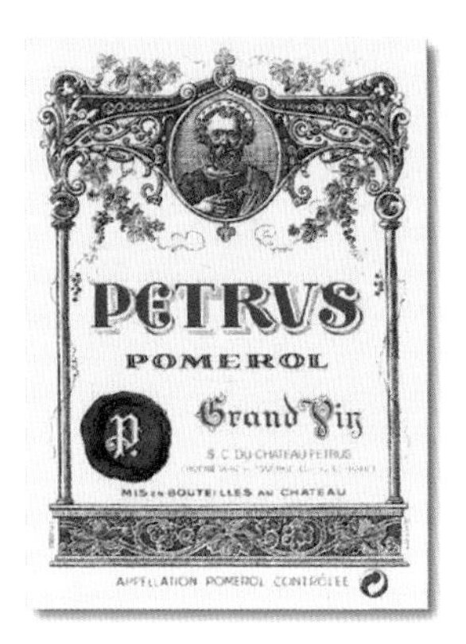

쌩 떼밀리옹 서북쪽의 도르도뉴강 우안에 위치한 보르도의 약 800ha 면적에서 보르도 최상급의 와인을 생산하는 규모가 아주 작은 산지이다. 포므롤에는 산화철이 섞인 점토질 토양과 자갈이 섞인 토양의 성분이 비가 오면 점토가 물을 흡수하고 빠르게 부풀어 오르고 건조할 때 점토가 축적한 물을 배출하여 포도나무가 마르지 않게 돕는 매우 특별한 토양에서 쇠찌거기라고 하는 산화철 성분이 개성이 뚜렷한 와인의 특징을 만든다. 주품종은 메를로이며 와인의 색은 짙고 깊은 색상을 지녔다. 송로버섯, 제비꽃 향이 담긴 섬세하고 강하며 벨벳과 같은 부드럽고 탄닌이 풍부한 최고가 레드 와인을 생산한다. 메를로 품종을 가장 잘 표현하며 소량의 카베르네 프랑과 블렌딩한다. 2차 세계대전 이후에 유명세를 얻었으며 포도원의 규모가 작아

희소가치가 많아 귀하고 비싼 와인을 생산한다. 소규모로 고품질 와인을 생산하여 보르도 최고가의 페트루스(Petrus)가 생산된다. 포므롤에는 공식적인 등급분류는 없으며 소비자의 평가를 중시한다.

① 포므롤의 유명 샤토

페트뤼스 Petrus

샤토 보르가르 Chateau Beauregard

샤토 르봉 파스퇴르 Chateau Le Bon Pasteur

샤토 세르탕 드 메이Chateau Certan de May

샤토 클리네 Chateau Clinet

샤토 가젱 Chateau Gazin

샤토 오산나 Chateau Hosanna

샤토 라 꽁쎄이엉트 Chateau La conseillante

샤토 라 크루아 드 게 Chateau La Crois de Gay

샤토 라 그라브 아 포므롤 Chateau La Grave a Pomerol

샤토 라 뿌앙트 Chateau La Pointe

샤토 라 프로비당스 Chateau La Providence

샤토 레글리제 클리네 Chateau l'Eglise-Clinet

샤토 렝클로 Chateau l'Enclos

샤토 레방질 Chateau l'Evangile

샤토 라플레르 Chateau Lafleur

샤토 라플레르 가젱 Chateau Lafleur Gazin

샤토 라 플레르 페트뤼스 Chateau La Fleur Petrus

샤토 르 게 Chateau Le Gay

샤토 네넹 Chateau Nenin

샤토 쁘띠 빌라주 Chateau Petit Village

샤토 트로투누아 Chateau Trotanoy

르 펭 Le Pin

뷔유 샤토 세르탕 Vieux Chateau Certan

3. 부르고뉴(Bourgogne)

프랑스 동부의 부르고뉴 지방은 보르도와 함께 와인의 양대산맥이라 하는 최고의 산지이다. 포도 재배의 역사는 기원전 시저가 갈리아를 정복한 갈로 로만시대에 시작되었다. 와인은 수도회와 봉건 귀족에 의해 양조기술이 번성하게 되었다. 프랑스 혁명이 일어나고 모든 포도밭이 몰수되고 소규모로 분할되어 현재의 상태로 나누어진다. 포도밭의 규모가 작아서 직접 양조를 하지 않고 포도 재배업자들이 포도나 와인을 사서 양조하여 병입하는 네고시앙(Negociants)의 역할이 중요하다.

부르고뉴는 중세 프랑스 동부의 공국으로 게르만족에 속한 부르군트족(Burgundians)이 지배한 곳으로, 부르고뉴는 영어로 버건디(Burgundy)라고 한다. 1678년 프랑스가 부르고뉴를 합병하였다.

고급 레드 와인 산지 중에 가장 북쪽에 위치하여 혹독한 겨울은 한랭하고 빙결기가 잦으며 춥고 여름에는 고온인 준대륙성 기후에도 불구하고 남쪽을 바라보는 언덕에 위치한 포도밭이 햇빛을 충분히 받아 섬세하고 풍부한 아로마를 가진 와인을 생산한다. 토양은 화강암, 화산암, 편마암, 편암 등으로 구성된 지층 위에 점토와 석회질 토양의 해양 퇴적암으로 이루어져 있다. 부르고뉴는 포도원의 규모가 아주 작은 단위로 이루어져서 동일한 마을과 포도원이라도 다양성을 지니고 있어서 보르도의 1/3에 불과한 면적임에도 개성을 나타내며 84개의 AOC 산지가 모자이크와 같은 다양함을 나타낸다. 서늘한 기후에 익숙

부르고뉴는 보르도와는 달리 단일품종으로 와인을 생산하는 산지이다. 영국인들이 대서양 연안에 위치한 보르도 와인을 즐겨 마신다면 프랑스 왕실과 귀족은 파리의 남부에 위치한 부르고뉴 와인을 즐겨 마셨다.

한 레드품종 피노 누아와 화이트품종 샤르도네로 단일품종의 와인을 생산한다.

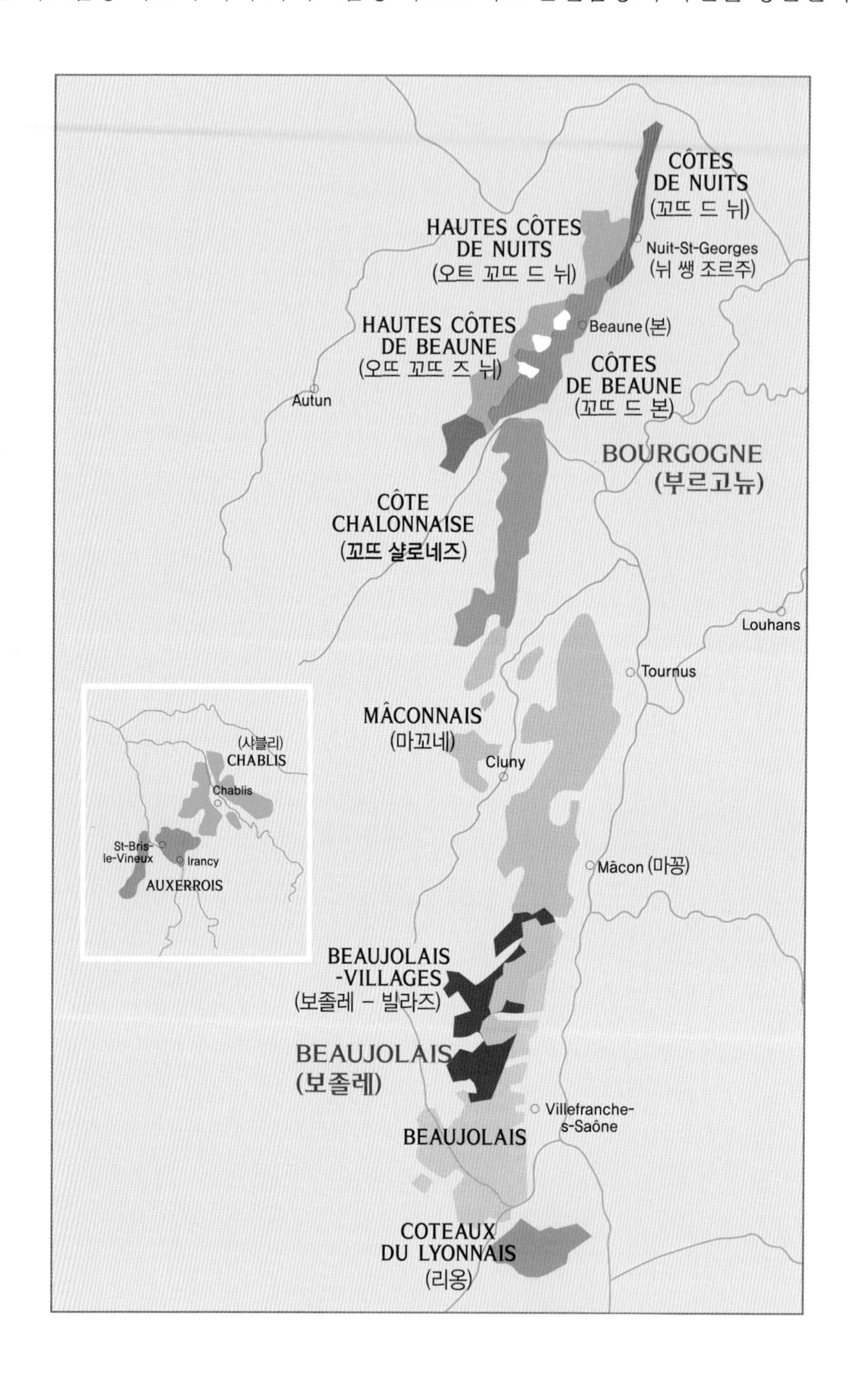

1) 품종

(1) 레드품종

- 피노 누아(Pinot Noir) : 포도알이 촘촘하게 붙어 검은 솔방울이라는 뜻으로 서늘한 기후와 석회질토양에서 잘 자라며 실크와 같은 부드러운 탄닌이 우아하고 힘있고 여운이 긴 장기숙성 와인을 생산한다.
- 가메이(Gamay) : 가볍고 부드러우며 마꼬네와 보졸레의 가벼운 레드 와인을 생산하는 과일 향이 많은 품종이다.

(2) 화이트품종

- 샤르도네(Chardonnay) : 뛰어난 적응력으로 세계에서 가장 많이 재배되는 화이트 품종으로 황금색을 띠며 산미와 우아한 여운과 아몬드 등의 견과류와 훈연향의 감칠맛이 풍부한 대표적인 부르고뉴 화이트 품종이다.
- 알리고테(Aligote) : 수확량이 많으며 가볍고 드라이하며 활기찬 식전주로 적합하며 브즈롱(Bouzeron)과 부르고뉴 알리고테에서 생산한다.

2) 부르고뉴의 등급

- 그랑 크뤼(Grand Crus) : 전 생산량의 1.5%로 명성과 품질이 좋은 포도밭으로 샤블리에 1 개가 있고 꼬뜨 도르(Cote d'Or)에 32 개 포도밭이 있다.
- 일등급(Premier Cru) : 전 생산량의 10%로 독특한 품질과 우아한 개성을 지닌 600여 개의 포도밭으로 마을명과 포도밭의 이름을 붙여 표기한다.
- 마을명칭(Villages) : 전 생산량의 34%로 입지 조건이 좋고 일관되게 양질의 와인을 생산하는 마을 이름이 표기된다.
- 광역 명칭(Regionales) : 전 생산량의 54.5 %로 부르고뉴 전역의 포도재배 지역에서 생산되는 지방단위 와인이다.

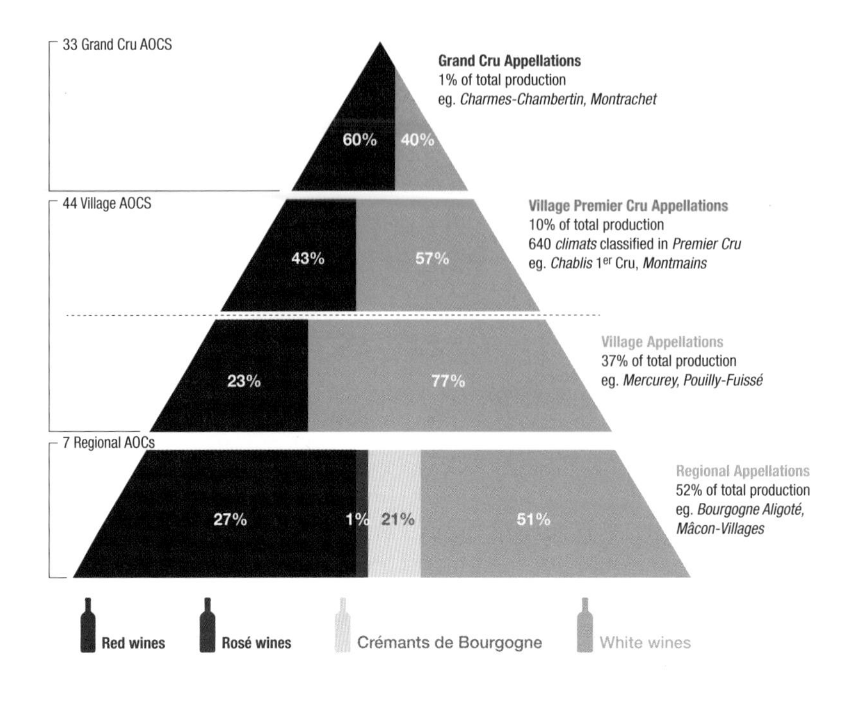

- 네고시앙(Negociant) : 포도 재배에서 양조까지 샤토에서 이루어지는 보르도와 달리 포도밭의 규모가 작은 부르고뉴에서는 포도나 와인을 사서 대규모로 와인 양조, 병입, 판매를 하는 네고시앙의 역할이 매우 중요하여 부르고뉴 와인은 네고시앙의 이름을 보고 선택한다.
- 도메인(Domaine) : 와인 생산업자를 뜻하며 소규모의 가족 단위로 운영하는 포도원이다. 발효 전 주스나 완성된 와인을 네고시앙에게 판매하거나 직접 판매하기도 한다.

3) 산지

(1) 샤블리

부르고뉴의 가장 북쪽에 위치하여 겨울 한파의 영향을 받으며 봄철 서리의 위험이 있는 화이트 와인만 생산한다. 중세 시대부터 유명한 와인 산지로 시토 수도사에 의해 와인 산업이 발달되었다. 쎄렝(Le Serein)강 양안의 언덕에 일조량이 풍부하고 서늘한 기후로 화이트 와인만 생산한다. 화석토와 점토와 석회석이 혼합된 쥐라기 시대의 키메리지앙(Kimmeridgien)이라는 독특한 토양이다. 토양 안에 작은 굴(Exogyra Virgula) 껍질의 화석이 많아 미네랄이 풍부하여 우아하고 과일향이 많고 산미가 있어 해산물과 어울린다. 샤르도네 품종으로 초록색 색조를 가진 연노란색의 세계 최고 드라이 화이트 와인을 생산한다.

② 샤블리의 등급

- 샤블리 그랑 크뤼(Chablis Grand Cru) : 최고의 등급으로 7개의 포도밭에서 최저 알코올 도수 11도의 장기 숙성이 가능하며 풍미와 아로마가 있는 와인이 생산된다.

  샤블리 그랑 크뤼 포도밭 : 부그로(Bougros), 프뢰즈(Preuse), 레끌로(Les Clos), 발뮈르(Valmur), 그르누이(Grenouilles), 보데지르(Vaudesir), 블랑쇼(Blanchot)
- 샤블리 일등급(Chalblis Premier Cru) : 품질이 우수한 와인으로 최저 알코올 도수는 10.5도의 5년 이상 숙성 가능한 와인이다. 유명 산지로 보르아(Beauroy), 꼬뜨 드 레셰(Cote de Lechet), 레 푸르노(Les Fourneaux), 몽떼드 또네르(Montee de Tonnerre), 멜리노(Melinots), 몽멩(Montmains)이 있다.
- 샤블리(Chablis) : 강한 구조감을 가지고 있으며 여운이 오래 남는다. 상쾌하며 과일 향이 많은 와인으로 병입 후 3~5년 숙성시키는 가볍고 신선한 와인이다.
- 쁘띠 샤블리(Petit Chablis) : 전체 생산량의 6%를 차지하며 생기있고 가볍고 신선하다. 미네랄향, 과일향이 많고 가격대비 품질이 좋은 와인이다.

(2) 꼬뜨 드 뉘(Cote de Nuit)

부르고뉴 그랑 크뤼 등급의 와인을 생산하는 꼬뜨 드 뉘와 꼬뜨 드 본은 꼬뜨 도르(Cote d'Or, 황금의 언덕)라고 한다. 꼬뜨 드 뉘는 주로 레드 와인을 생산하는 명성이 있는 산지로 부르고뉴의 샹젤리제라고도 하는 최고급 산지이다. 무게감이 있고 견고하며 복합미가 있는 기품있는 다양한 와인이 그랑 크뤼 포도밭에서 세계 최고의 레드 와인을 생산한다.

마을명 Villages	그랑 크뤼 포도밭 Grand Crus
마르산네와 픽생 (Marxannay & Fixin)	
제브리 샹베르탱 (Geverey Chambertin)	샹베르탱(Chambertin) 샹베르탱 끌로드 베즈(Chambertin Clos de Beze) 샤름므 샹베르탱(Charmes Chambertin) 마죠예르 샹베르탱(Mazoyere Chambertin) 제브리 샹베르탱(Geverey Chambertin) 샤펠로 샹베르탱(Chapelle Chambertin) 리오프 샹베르탱(Griotte Chambertin) 라트르시에르 샹베르탱(Latricieres Chambertin) 마지 샹베르탱(Mazis Chambertin) 루쇼트 샹베르탱(Ruchottes Chambertin)
모레이 쌩 드니 (Morey St. Denis)	클로 르 타르(Clos de Tart) 클로 쌩 드니(Clos St, Denis) 클로 드 라 로슈(Clos de la Roche) 본 마르(Bones Mares) 클로 드 램브레이(Clos des Lambrays)
샹볼 뮈지니 (Chambolle Musigny)	뮈지니(Musigny) 본 마르(Bonne Mares)
부조(Vougeot)	끌로 드 부조(Clos de Vougeot)
플라제 에세조 (Flagey Echezeaux)	그랑 제세죠(Grands Echezeaux) 에세죠(Echezeaux)
본느 로마네 (Vosne Romanee)	로마네꽁티(Romanee Conti) 라 로마네(La Romanee) 로마네 쌩 비방(Romanee St Vivant) 라 따슈(La Tache) 리슈부르(Richebourg) 라 그랑드 뤼(La Grande Rue)
뉘 쌩 조르주 (Nuit St. George)	프랑스 북서부 노르망디 지방에서 생산한 사과로 만든 브랜디의 산지이다.

(3) 꼬뜨 드 본(Cote de Beaune)

완만한 언덕이 이회암과 석회질층을 이루며 대륙성 기후의 영향을 받아 포도 숙성에 좋은 영향을 주는 요인이 된다. 그랑 크뤼 등급의 화이트 와인을 생산하는 산지이다. 유일하게 꼬르통(Cordon)은 그랑 크뤼 레드 와인을 생산하는 포도밭이다. 전체 생산량의 60%는 레드 와인이며 40%는 화이트 와인을 생산한다.

마을명 Villages	그랑 크뤼 포도밭 Grand Crus
라두아 세르니에 (Ladoix Serrigny)	꼬르통(Corton) 꼬르통 샤르마뉴(Corton Charlemagne)
알록스 코르통 (Aloxe Corton)	꼬르통(Corton) 꼬르통 샤르마뉴(Corton Charlemagne)
뻬르낭 베르쥴레스 (Pernand Vergelesse)	꼬르통 샤르마뉴(Corton Charlemagne)
사비니 레 본느 (Savigny les Beaune)	
쇼레 레 본 (Chorey les Beaune)	
본느(Beaune)	
뽀마르(Pommaro)	
볼네(Volnay)	
몽펠리(Monthelie)	
옥제뒤레스 (Auxey Duresses)	
쌩 로멩(St. Romain)	
뫼르소(Meursault)	
쌩 오벵(St. Aubin)	
뿔리니 몽라셰 (Puligny Montrachet)	몽라셰(Montrachet) 슈발리에 몽라셰(Chevalier Montrachet) 바타르 몽라셰(Batard Montrachet) 비엥브뉘 바따르 몽라셰(Bienvenue Batard Montrachet)
샤싼뉴 몽라셰 (Chassagne Montrachet)	몽라셰(Montrachet) 바타르 몽라셰(Batard Montrachet) 크리오 바타르 몽라셰(Criors Batard Montrachet)
상뜨네(Santenay)	

(4) 꼬뜨 샬로네즈(Cote Chalonnaise)

점토와 모래가 섞이 토양으로 레드와 화이트를 생산한다. 유명산지로 메르뀌레(Mercurey), 지브리(Givry), 뤼이이(Rully), 몽따니(Montagny), 알리코테를 생산하는 부즈롱(Bouzeron)이 있다.

(5) 마꼬네(Maconnais)

주로 화이트 와인을 생산하는 산지로 석회질 토양이 샤르도네의 섬세한 과일향을 지니고 있다. 가메이 품종으로 소량의 상큼한 레드 와인도 생산한다. 유명 산지로 뿌이 퓌쎄(Pouilly Fuisse), 뿌이 벵젤(Pouilly Vinzelles), 뿌이 로셰(Pouilly Loche), 쌩 베랑(Saint Veran), 비레 클레쎄(Vire-Clesse), 마꽁 빌라주(Macon Villages)가 있다.

(6) 보졸레

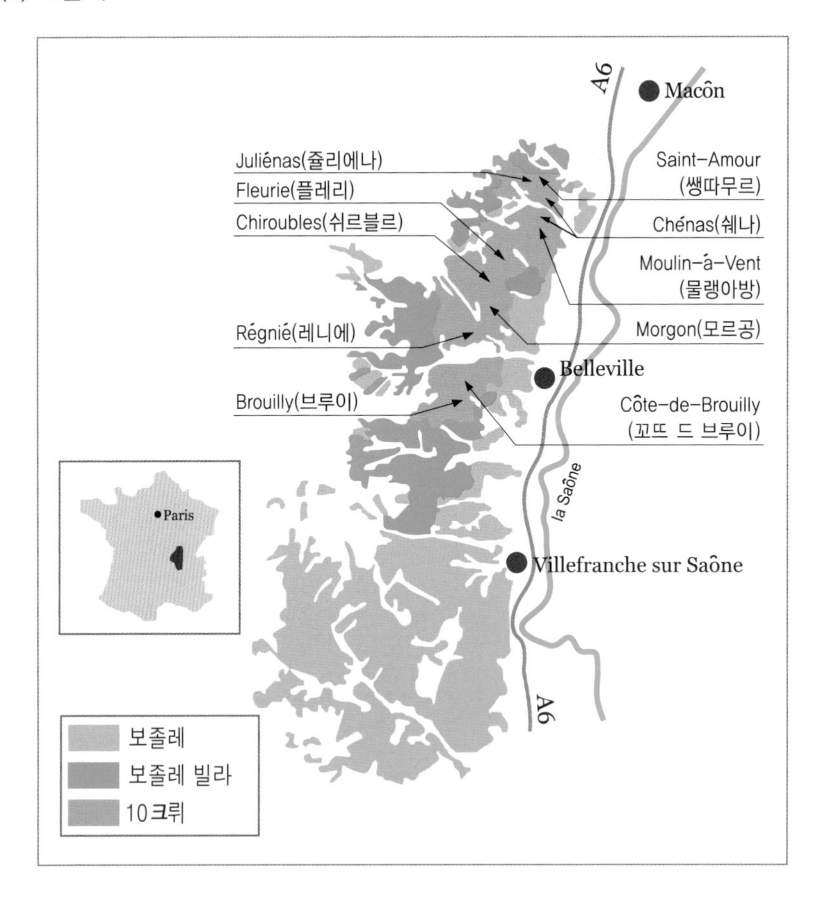

부르고뉴의 남부 지방으로 서쪽의 찬 바람과 보졸레 산맥의 습기찬 바람을 막는 언덕이 있는 온화한 지역에서 가메이(Gamay) 품종으로 와인을 생산한다. 1375년 부르고뉴를 통치하던 선량공 필립은 부르고뉴에서는 오직 피노 누아로만 와인을 만들도록 지시하였으나 보졸레에서는 피노 누아가 잘 자라지 못하여 변종인 가메이 누아로 와인을 생산하게 하였다. 화강암과 편암으로 이루어져 독특한 가볍고 상큼한 와인을 생산하며 99%는 레드를 생산한다. 보졸레 산지는 보졸레(Beaujolais), 보졸레 빌라주(Beaujolais Villages), 레 크뤼 뒤 보졸레(Les Crus du Beaujolais)로 분류한다.

① 보졸레의 등급

- 보졸레(Beaujolais) : 전체 보졸레 와인의 50%를 차지하며 꽃과 과일향을 느낄 수 있는 가볍고 숙성 기간이 짧은 가벼운 와인을 생산한다.
- 보졸레 쉬페리에르(Beaujolais Superieur) : 보졸레보다 알코올 함량이 높은 와인을 생산한다.
- 보졸레 빌라주(Beaujolais Villages) : 북부에 위치한 고급 와인을 생산하는 산지로 체리색의 화려하고 과일 향이 풍부한 와인을 생산한다.
- 크뤼 보졸레(Crus Beaujolais) : 북부의 최고급 10개 마을에서 묵직한 맛을 지닌 오래 보관할 수 있는 와인이 생산되며 햇와인 보졸레 누보는 생산하지 않는다.

② 보졸레 누보(Beaujolais Nouveau)

전통적으로 보졸레에서 생산하는 햇와인으로 그해에 수확한 포도로 가장 처음 생산해 마시는 와인이다. 2차 세계대전 당시에 전쟁을 피해 보졸레로 이주한 파리사람들이 햇와인의 맛을 잊지 못하자 죠지 뒤뵈프(Georges Duboeuf)의 마케팅으로 세계적으로 엄청난 인기를 얻게 되는 추수감사의 와인이 되었다. 해마다 11월 3번째 목요일 0시에 전 세계에서 동시에 출하하는 축제의 와인이다. 생산방법은 일반와인이 6개월 이상 숙성 후 병입시키는 데 비하여 탄산침지법이라는 탄소를 넣어 발효하여 2~3개월 만에 숙성시키는 와인이다. 장밋빛의 아름다운 색상과 과일 향미가 풍부한, 누구나 쉽게 즐길 수 있는 레드 와인으로 드물게 화이트 와인과 같이 차갑게 마신다.

4. 샹파뉴(Champagne 샴페인)

샹파뉴는 프랑스 와인 수출의 1/4을 차지하며 프랑스 와인 산지 중에 최북단의 가장 위도가 높은 곳에 위치한다. 토양은 대부분 백악질 토양으로 겨울이 춥고 봄에 서리가 내리는 산지이다. 와인을 병입하고 겨울이 빨리 오고 이듬해 봄에 날씨가 따뜻해지면 와인에 거품이 생긴다는 사실을 발견한다. 포도즙에 녹아 있는 효모가 발효하지 않고 겨울을 보내고 따뜻한 봄이 되면 효모가 활동을 시작한다.

2차 발효를 시작하여 포도즙의 당분을 알코올로 변화시키면서 부산물로 탄산가스를 오비에 수도원의 수도사 동 페리뇽(Dom Perignon, 1638~1715)이 병에 담은 것이다. 샹파뉴 포도 재배업자는 포도를 생산하고 샹파뉴 생산회사가 포도를 구입하여 양조 숙성을 하여 생산한다. 샹파뉴의 포도 생산은 기계 수확이 금지되어 있으며 매년 불규칙한 수확으로 여러 해에 걸쳐 생산된 포도를 섞어 생산한다. 일반 와인처럼 특정 빈티지로 만들어 생산연도가 표기되는 경우는 전체 생산량의 10% 정도의 고급 샴페인이다. 샹파뉴 지방은 전쟁의 통로에 위치하여 지하동굴이 발달되어 와인을 저장·숙성할 수 있는 지하창고가 발달되었다.

석회석 성분이 많아 온도를 서늘하게 하고 습도를 75~90%로 유지하며 샹파뉴를 숙성시킨다. 샹파뉴를 마시려면 물과 얼음을 채운 통에 6~8도로 30분 정도 차게 식힌 후 포일과 철사를 벗기고 병을 열 때는 한 손으로 병을 잡고, 다른 손으로 병마개를 고정시킨 채로 조심스럽게 병을 살짝 돌리면 쉽게 빠져 나온다. 샹파뉴는 가늘고 긴 플루트 잔에 마셔야 거품을 즐기며 마실 수 있다. 샹파뉴 지방에서 생산된 포도를 전통적인 방식으로 생산한 스파클링와인만 샹파뉴로 표기할 수 있다.

1) 샴파뉴 생산방식(Champagne Method, Traditional Method)

샴파뉴를 생산하는 포도는 반드시 손으로 수확하여 상처를 주지 않도록 수확한다. 포도를 압착할 때 너무 많은 탄닌과 원치 않는 요소가 발생하지 않도록 심하게 압착하지 않는다. 포도 4,000kg을 압착해서 처음 얻는 주스는 2,050리터 미만의 퀴베(Cuvee)와 두 번째 압착해서 얻는 따이유(Taille)는 500리터 미만으로 압착하여 총 2,550리터를 1차 발효시킨 와인을 블렌딩하여 샴파뉴의 스타일을 정한다. 샴파뉴의 압력이 6기압이 나올 수 있도록 설탕과 효모를 첨가하고 병에 넣고 2차 발효 과정을 거치면 효모가 당분을 알코올로 발효시키며 자연적으로 병 안에 탄산가스가 생성된다. 이런 발효 과정에서 효모의 찌꺼기 등이 침전물이 되면 제거하여 투명한 와인을 생산하기 위해 뿌삐트르(Pupitre)라는 나무판의 구멍에 병을 거꾸로 세워 서서히 병을 수직으로 세우며 병 돌리기(Remuage) 과정으로 침전물이 병목에 모인다. 병목 부분을 급속 냉각시켜 침전물을 제거(Degorgement)하며 일정량의 와인이 손실되어 다시 채워주는 과정(Dosage)에 샴파뉴의 스타일에 따라 설탕액(Liqueur d'expedition)

Cuvée and bottling dosage
1 2 3 4
Shipping dosage
5 6 7

1 Bottling
2 Bottle fermentation
3 Riddling by hand
4 Bottles are placed in riddling rack, nearly vertical at end of procedure
5 neck of the bottle is dipped into cold brine
6 Wine is separated from yeast, Frozen yeast deposit is removed
7 Bottle is corked

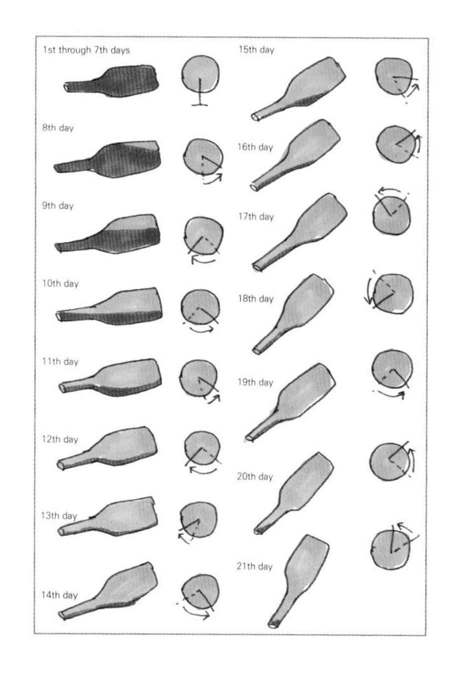

을 첨가하며 샹파뉴의 감미가 결정된다. 샹파뉴의 병목에 코르크를 압축하여 병을 봉쇄하고 안전을 위해 철사로 감고 오래 숙성시킨다.

(1) 품종

- 피노 누아(Pinot Noir) : 샹파뉴에 무게감과 강한 향미를 부여한다.
- 샤르도네(Chardonnay) : 섬세하고 경쾌한 향미로 샹파뉴의 상큼한 특징을 나타낸다.
- 피노 뫼니에(Pinot Meunier) : 강한 향미를 지니며 빨리 숙성하는 품종이다.

① 샹파뉴 스타일

- 블랑 드 블랑(Blanc de blancs) : 샤르도네 품종으로 생산
- 블랑 드 누아(Blanc de noirs) : 적포도로만 생산
- 프레스티지 퀴베(Prestige Cuvee) : 포도 압착 시에 나오는 최고 품질의 포도액
- 넌 빈티지(Non-Vintage) : 여러 빈티지 포도를 함께 블렌딩하여 생산
- 빈티지(Vintage) : 표기된 빈티지 포도로만 생산

② 샹파뉴의 감미 스타일(grams/liter of residual sugar)

- 브뤼트 Brut : 아주 드라이한 맛. 0-15g/l
- 엑스트라 쎅 Extra-sec : 드라이한 맛. 12-20g/l
- 쎅 Sec : 아주 약간 당도가 있음. 17-35g/l
- 드미 쎅 Demi-sec : 단맛. 33~50g/l
- 두 Doux : 강한 단맛. 50g/l

(2) 산지

- 몽타뉴 드 랭스(Montagne de Reims) : 샹파뉴의 수도 랭스(Reims)가 있는 북쪽 지역으로 적포도품종 피노 누아와 피노 뫼니에를 생산한다.

- 발레 드 라 마른(Valee de la Marne) : 마른(Marne)강이 흐르는 샹파뉴의 중심도시 에페르네(Epernay)가 있는 곳으로 피노 누아와 피노 뫼니에를 생산한다.
- 꼬뜨 데 블랑(Cote des Blancs) : 마른강 남쪽의 백포도품종 샤르도네를 생산
- 꼬뜨 드 세잔(Cote de Sezanne) : 샹파뉴의 남서쪽에서 백포도품종 생산
- 오브(Aube) : 샹파뉴의 남부 지역으로 피노 누아 생산

▶ 동 페리뇽(Dom Perignon, 1638~1715)

17세기 말 오빌레 수도원에서 와인을 생산하던 수도사 동 페리뇽의 이름에서 유래한 샴페인이다. 그는 위도가 높은 샹파뉴에서 추운 날씨 때문에 와인이 발효를 일찍 멈추었다가 봄이 되면 2차로 발효하며 발생하는 거품을 병에 담으며 "별을 마신 것 같다"고 했다는 일화는 유명하다. 그를 샴페인의 아버지라고 한다. 1832년 모엣샹동사에서 동 페리뇽 브랜드를 인수하여 최고급 샴페인의 대명사가 되었다.

▶ 뵈브 클리코 퐁사르뎅(Veuve Clicquot Ponsardin, 1777~1866)

1805년 27세의 젊은 나이로 남편을 잃고 가업을 이어받아 평생 최고급 샴페인 생산을 위해 노력한 여성이다. 1810년 처음으로 빈티지 샴페인을 생산하고 1816년 최초로 병을 거꾸로 세워서 찌꺼기를 병목에 모으는 뿌피트르라는 선반을 고안하여 2차 발효로 발생하는 효모 찌꺼기를 모으고(르미아즈 Remage) 침전물을 제거하여 맑고 투명한 샴페인을 만들게 하는 공을 세웠다. 1818년 완벽한 로제샴페인 양조방법을 개발하였다.

▶ The Grandes Marques(최고급 샴페인과 산지)

- Ayala /Ay
- Billecart-Salmon /Mareuil-sur-Ay
- Bollinger /Ay
- Canard-Duchêne /Ludes
- Deutz & Geldermann /Ay
- Heidsieck & Co.Monopole /Reims
- Charles Heidsieck /Reims
- Henriot /Reims
- Krug /Reims
- Lanson Père et Filles /Reims
- Laurent-Perrier /Tours-sur-Marne
- Moët et Chandon /Epernay
- Dom Perignon / Epernay
- G. H. Mumm /Reims
- Perrier-Jouët /Epernay
- Joseph Perrier /Châlons-sur-Marne
- Piper-Heidsieck /Reims
- Pol Roger /Epernay
- Pommery & Greno /Reims
- Ch. & A Prieur
- Loius Roederer /Reims
- Ruinart /Reims
- A Salon /Le Mesnil-sur-Oger
- Taittinger /Reims
- Veuve Clicquot-Ponsardin /Reims

5. 꼬뜨 뒤 론(Cote du Rhone)

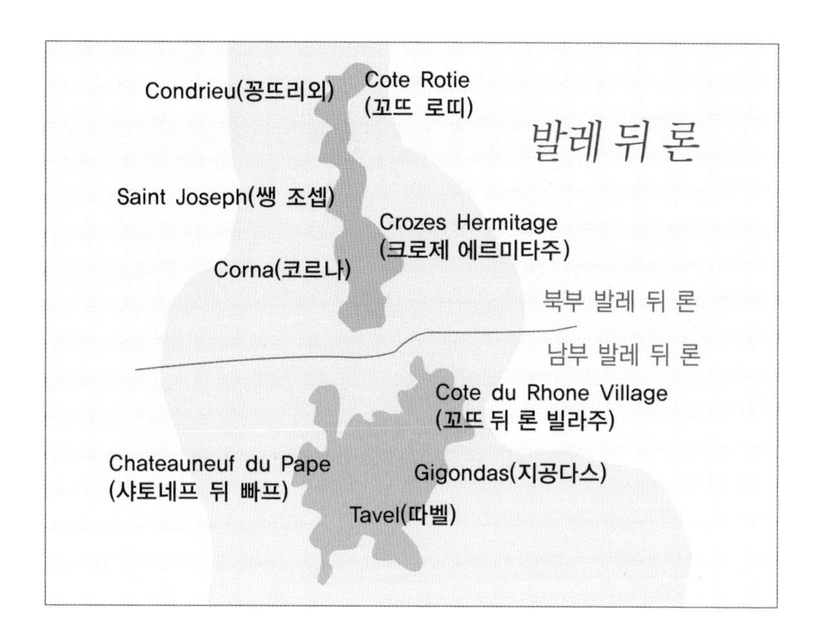

프랑스 최고의 공업도시 리옹(Lyon)에서 아비뇽(Avignon)까지 남쪽으로 흐르는 론강을 따라 펼쳐진 보르도 다음으로 큰 와인 산지이다. 포도재배의 전통은 기원전 700년에 그리스인과 에트루리아인에게 전래되었고 로마가 지배하며 포도밭을 조성하여 와인 산업이 발전하게 되었다. 론의 기후는 프랑스 남부의 지중해 연안에 위치하여 거의 비가 오지 않아 햇빛이 풍부하고 뜨거우며 겨울이 춥지는 않으며 생산량의 90%는 레드 와인이다.

포도의 색이 진하고 향이 풍부해 묵직하고 깊은 맛을 지닌 레드 와인을 생산한다. 특히 때때로 미스트럴(Mistral)이라는 차고 건조한 서북풍이 론강 계곡을 따라 북쪽에서 불어오는 강한 풍속이 수일간 지속되며 공기를 정화시켜 주고 더운 포도밭을 식혀주며 포도성장에 영향을 준다. 포도밭 표면을 덮고 있는 굵직한 돌멩이는 태양의 열로부터 뜨거워진 포도나무를 식혀주고 밤에는 열기를 간직했다가 열을 방사하여 포도나무를 보호한다.

북부 론의 포도밭은 비엔(Vienne)에서 발랑스(Valence)까지 론강가를 따라 펼쳐진 양안의 좁고 가파른 언덕에 위치하며 론강 유역에서 흘러나오는 충적토가 쌓인 화강암질 토양이다. 준대륙성 기후로 일조량은 많으나 남부보다 신선하고 아침 안개로 온화한 기후이다. 레드 와인은 시라를 단일 품종으로 색감이 뛰어나고 스파이시한 향이 있는 와인을 생산하며 화이트 와인은 비오니에, 루싼, 마르싼느 품종으로 생산한다.

남부 론의 포도밭은 몽뗄리마흐에서 아비뇽까지 계곡이 펼쳐지며 넓고 지중해 연안 쪽으로 완만한 경사지와 산간지역에서 포도가 재배된다. 뜨거운 태양과 여름의 가뭄이 많은 지중해성 기후에 건조하고 차가운 미스트럴로 인해 기상변화가 급격하다. 토양은 자갈이 많은 충적토, 백악질, 모래로 이루어져 있다. 레드 와인은 그르나슈를 주품종으로 무르베드르 등 품종을 블렌딩하며 화이트 와인은 비오니에, 루싼느, 마르산 등을 블렌딩한다. 론은 교통의 요충지로 와인 산업의 역동성과 양조기술의 다양성을 가지고 있다. 오랜 역사를 가진 곳으로 오랑쥬(Orange) 고대 극장, 아비뇽 유수 사건으로 유명한 교황청, 아비뇽의 다리와 같은 문화 유산을 지니고 있다.

1) 품종

허가받은 21개 품종 중에 선택한다.

(1) 레드품종

- 시라(Syrah) : 색이 진하고 짜임새가 있으며 제비꽃향, 후추, 가죽향을 지니며 오랜 숙성이 가능한 와인으로 북부 론의 대표 품종이다.
- 그르나슈(Grenache) : 십자군 전쟁으로 스페인에서 유입된 품종으로 세계에서 가장 널리 재배되는 품종으로 주로 지중해 연안에서 생산한다. 뜨거운 태양과 바람에 잘 견디는 남부 론의 대표 품종으로 힘차고 부드러운 와인을 생산한다.
- 생쏘(Cinsaut) : 레드 와인이나 로제 와인에 부드러운 풍미와 과일향을 제공하

는 품종이다.

- 무르베드르(Mourvedre) : 일조량이 많은 곳에서 잘 자라며 색감이 좋고 탄닌이 풍부하며 부케가 풍부한 와인을 생산한다.

(2) 화이트품종

- 비오니에(Viognier) : 생산이 까다롭고 수확량도 적은 편이라 1920년대부터 멸종위기를 맞았으나 1970년대에 론 북부 소수의 양조자들의 강한 의지와 노력으로 부활시킨 품종이다. 흰꽃, 꿀, 장미, 멜론, 살구, 복숭아의 향을 지닌다.
- 마르산(Marssanne) : 북부 론에서 단일품종으로 생산하거나 루산느와 블렌딩해서 양조되며 견과류, 허브, 들꽃향을 지닌다.

2) 북부 론 산지

- 꼬뜨 로띠(Cote Rotie) : 뜨거운 태양이 내리쬐는 지역이라 불타는 언덕이라는 뜻의 지명으로 강한 햇빛을 받으며 포도의 색깔은 짙어지고 농후한 향을 지닌 와인을 생산한다. 꼬뜨 부륀느(Cote Brune)에서 시라 품종의 포도로 섬세하고 깊은 향이 있는 와인을 생산하고 꼬뜨 블롱드(Cote Blonde)에서 비오니에 품종으로 가볍고 상쾌한 와인을 생산한다.
- 꽁드리에(Condrieu) : 비오니에 품종으로 화이트 와인을 생산하는 산지로 생산량은 작지만 아주 드라이하고 섬세하고 과일향이 독특한 방향을 지닌 와인을 생산한다.
- 샤토 그리에(Ch. Grillet) : 총면적이 2ha에 불과하지만 독창적인 AOC를 갖는 산지로 멸종 위기에 있던 비오니에 품종으로 최고의 황금색 화이트 와인을 생산한다.
- 에르미타주(Hermitage) : 십자군 전쟁에 참여한 기사 가스빠르 드 스테림베르크(Gaspard de Sterimberg)가 프랑스 남부 알비타의 이교도에게 저지른 참혹한 과거를 참회하기 위해 이 마을 암자(Hermitage)에 은거하며 와인을 생산하여

유명한 와인 산지가 되었다. 레드 와인은 시라 품종으로 생산하고 화이트 와인은 루싼느와 마르산으로 생산한다. 오랫동안 프랑스 궁정과 영국에서 큰 인기를 얻은 명품와인을 생산한다.

• 뻬레(St. Peray) : 론의 남부와 경계를 이루는 모래와 석회질과 자갈이 섞인 토양에서 루산느와 마르산 품종으로 샴페인 방식의 스파클링을 생산한다.

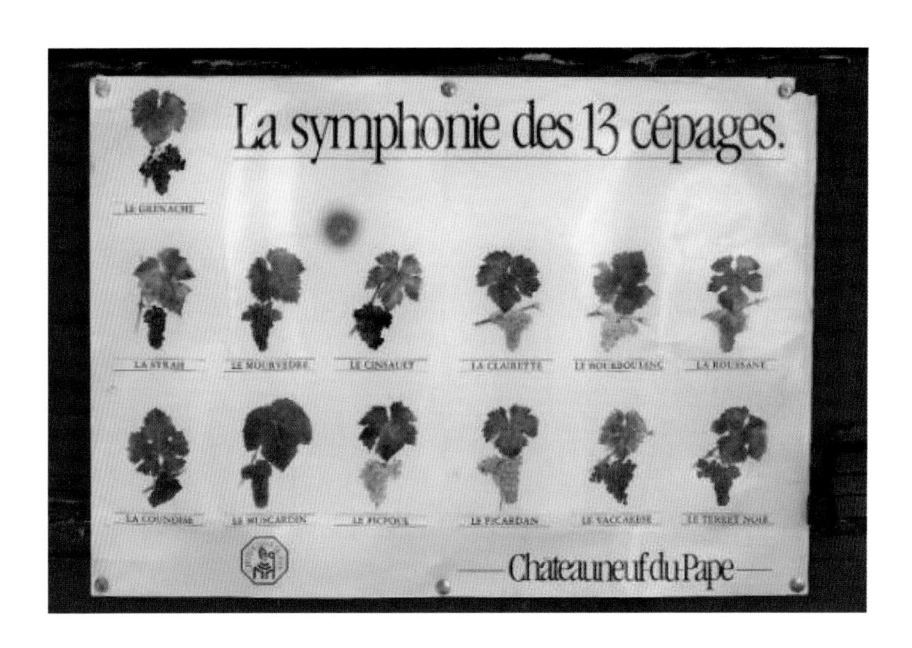

3) 남부 론 산지

- 샤토 네프 뒤 파프(Chateaunerf du pape) : '교황의 새로운 성'이라는 뜻으로 1309년 교황 클레멘트 5세가 아비뇽에 유배된 역사적인 장소이다. 포도밭에 유기질이 풍부한 점토질에 빙하 시대에 강 하류로 밀려온 크고 둥근 돌이 포도밭의 표면을 덮고 있어 미네랄과 스모크향이 풍부한 와인이 생산된다. 그르나슈를 주품종으로 무르베드르, 시라, 쌩소 등의 허가된 13품종을 블렌딩하여 주로 레드 와인을 생산하며 소량의 화이트 와인도 생산된다.
- 따벨(Tavel) : 프랑스 최고의 로제 와인을 그르나슈와 생쏘 품종으로 침용기간에 따라 다양한 색상의 제비꽃 향기와 과일향이 풍기는 로제 와인을 생산한다.
- 지공다스(Gigondas) : 그르나슈를 주품종으로 시라와 무르베드르 품종을 블렌딩하여 레드 와인을 생산하며 진하고 탄닌 성분이 많은 향신료향이 있다. 소량의 로제 와인도 생산한다.

6. 그 밖의 프랑스 와인들

1) 알자스(Alsace)

프랑스 북동부의 알자스는 서늘한 기후로 화이트 와인이 전체 생산량의 80% 이상을 차지한다. 로마가 서기 1 세기에 라인강 지역에 포도 재배 기술을 전파하며 와인 생산이 시작되었으며 중세에는 왕실에서 즐겨 마시는 와인을 생산할 정도로 발전하였으나 전쟁의 길목에 위치하여 마지막 종교 전쟁인 30년 전쟁(1618~1648)으로 황폐화되었다. 1차 세계대전 이후 품질 관리 정책을 채택하고 1945년 이후 재배 지역을 제한하고 엄격한 생산 규정을 적용하여 품질관리 정책을 강화했다.

알자스는 약 500만 년 전에 보쥬(Vosges)산맥과 포레 누아(Foret Noir)산맥이 붕괴된 지각 변동으로 지각변동으로 석회암, 화강암, 규토, 모래, 사암 등 수없이 많

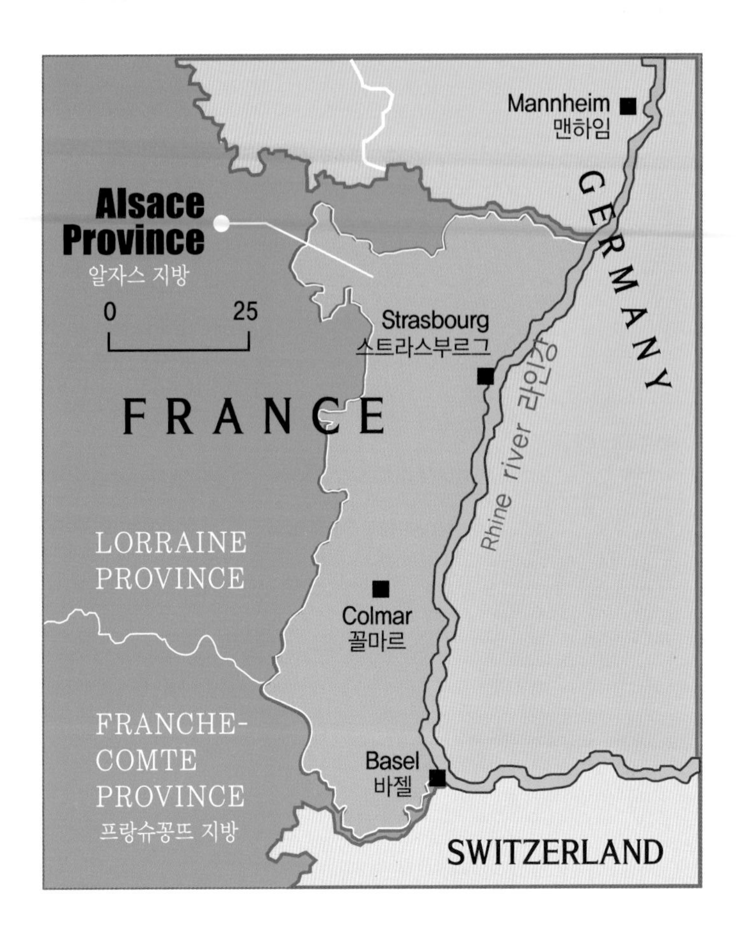

은 토양으로 구성된 모자이크 토양이다. 보쥬산맥의 차갑고 습한 북서풍으로부터 포도밭을 보호해 주고 남동쪽을 향한 언덕의 포도밭은 비가 적게 오는 매우 건조한 기후와 아주 예외적으로 풍부한 일조량의 혜택을 받으며 미세한 기후대를 형성한다. 겨울은 춥고 여름은 무척 덥고 가을은 좋은 날씨로 포도가 서서히 익어 좋은 포도를 수확할 수 있다.

알퐁스 도데의 <마지막 수업>으로 유명한 알자스는 게르만과 라틴문화가 교차한 지역으로 라인(Rhein)강을 사이로 독일과 국경을 이루며 끊임없이 분쟁이 일어난 지역으로 독일 문화의 영향을 많이 받은 곳이다. 알자스는 독일 같은 목이 긴 플루트 스타일의 병을 사용하며 재배하는 품종도 비슷한 화이트 산지이다. 차이점은 주로 스위트 와인을 생산하는 독일과 달리 잔당을 남기지 않고 드라이 화이트 와인을 생산한다. 특히 게부르츠트라미너 품종의 황금빛 색조를 지닌 장미향이 가득하고 스파이시하며 개성이 매우 뚜렷한 드라이 화이트 와인이 세계적으로 큰 인기를 얻고 있다. 늦게 수확한 포도로 생산한 늦수확 와인(Vendanges Tardives)과 곰팡이가 핀 포도알을 수확해 생산한 귀부 와인(Selection de Grand Noble) 등 농도가 짙고 뛰어난 감미가 있는 화이트 와인도 생산한다.

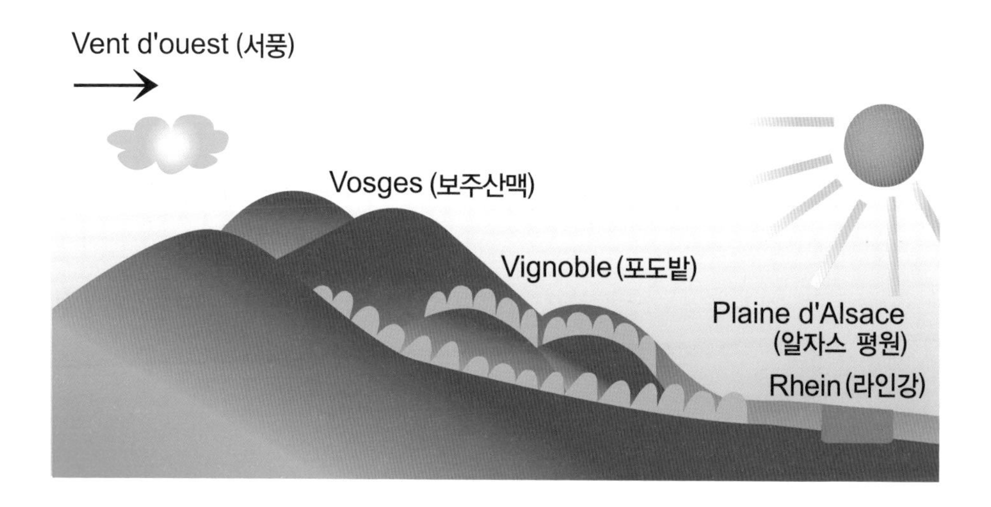

(1) 품종

- 레드 품종 : 피노 누아
- 화이트 품종 : 게부르츠트라미너(Gewurztraniner), 토케-피노그리(Tokay-pinot Gris), 리슬링(Riesling), 뮈스카 달자스(Muscat d'Alsace), 실바너(Slvaner), 피노 블랑(Pinot blanc)

(2) 알자스 와인 등급

① 알자스(Alsace) AOC

단일품종으로 생산하며 포도품종명을 라벨에 표기한다. 또한 플푸트 타입의 병에 넣어 판매한다. 여러 포도품종을 블렌딩했을 때 '에델즈위커(Edelzwicker)'라 표기한다.

② 알자스 그랑 크뤼 (ALSACE GRAND CRU) AOC

알자스 생산지역 중 토양, 수확량, 당분 함량 등 엄격한 기준과 규제를 받는 50개 마을에서 생산되며 품종은 게부르츠트라미너, 토케-피노그리, 리슬링, 뮈스카 달자스 4개 품종으로만 만든 화이트 와인이다. 라벨에는 포도품종, 빈티지, 특정 지역의 포도밭명을 표기한다.

③ 크레망 달자스(Cremant d'Alsace) AOC

샹파뉴 방식으로 2차 병숙성으로 생산한 스파클링 와인이다. 주포도품종으로 피노 누아, 리슬링, 샤르도네가 사용된다. 로제 크레망은 '피노 누아' 단일품종으로 생산한다.

2) 루아르(Val de Loire)

대서양에서 프랑스의 중앙까지 1,070km의 긴 루아르강 연안의 산지이며 로마시대부터 포도를 재배하기 시작했다. 아름다운 경관으로 왕과 귀족의 아름다운 고성으로 유명하다. 대서양의 영향을 강하게 받는 해양성 기후로 겨울이 따뜻하고 일조량이 풍부하고 온난한 기후로 숲과 전원의 멋진 경관으로 둘러싸인 지역에서 과일향이 향기롭고 진하지 않고 가볍고 신선한 와인을 생산한다. 지형은 대서양 연안의 루아르 서쪽에서 동쪽으로 갈수록 지대가 높아진다.

(1) 산지

① 낭뜨(Nantes)

대서양 기후의 영향을 받는 남쪽의 편암, 사암, 화강암, 침적 토양, 용암석 등으로 구성된 산지에서 가볍고 과일 향미가 있는 뮈스카데 품종의 본고장이다. 뮈스카데(Muscadet), 뮈스카데 쎄브르 에 멘느(Muscadet Sevre et Maine), 뮈스카데 꼬또 드라 루아르(Muscadet Coteaux de la Loire)에서 가볍고 섬세한 드라이 화이트 와인을 생산한다. 전통적으로 쉬르 리(Sur Lie) 방식으로 발효 후 생긴 효모 찌꺼기들의 침전물을 제거하지 않고 이듬해 봄까지 와인과 접촉시켜 향과 맛이 독특하며 발효 중 생성된 탄산가스가 톡 쏘는 신선한 맛을 형성한다.

② 앙주(Anjou)

꽃과 예술의 고장으로 석회질과 편암질 토양으로 로제 당주(Rose d'Anjou), 카베르네 당주(Cabernet d'Anjou), 로제 드 루아르(Rose de Loire) 등의 로제 와인으로 유명하다. 짙은 루비 색깔에, 산딸기 또는 제비꽃 향을 연상시키는 향취를 지닌 쏘뮈르(Saumur), 쏘뮈르 상삐니(Saumur Champigny)의 레드 와인도 생산한다.

③ 뚜렌(Touraine)

왕과 귀족이 르네상스를 꽃 피웠던 '프랑스의 정원'으로 부르는 지역이다. 대서양과 대륙의 영향을 받아 온화한 기후로 점토, 석회질, 진흙, 석회, 모래로 이루어져 있다. 드라이와 스위트 화이트 와인, 레드 와인, 스파클링 와인 등 다양한 와인을 생산한다. 보브레(Vouvray)와 몽루이(Montlouis) 같은 소비뇽 블랑과 슈냉 블랑 품종 등으로 생산하는 고품질 화이트 와인과 향미가 좋은 쉬농(Chinon), 부르괴이(Bourgueil), 쌩 니꼴라 부르괴이(St. Nicolas Bourgueil)의 레드 와인을 카베르네 프랑과 가메이 품종 등으로 생산한다.

④ 중앙지역

일조량이 가장 좋은 언덕의 루아르강 상류의 프랑스 정중앙부에 위치한다. 뿌이 퓌메(Pouilly Fume)의 석회질이 풍부한 토양에서 소비뇽 블랑 품종이 스파이시하고 과일향이 많은 프랑스 유명 화이트 와인을 생산한다. 쌍세르(Sancerre)는 화이트, 레드 로제 와인을 생산한다.

(2) 품종

- 레드품종 : 피노 도니(Pineau d'Aunis), 그롤로(Grolleau), 가메이(Gamay), 카베르네 프랑(Cabernet Franc), 꼬(Cot), 피노 누아(Pinot Noir)
- 화이트품종 : 슈냉(Chenin), 소비뇽 블랑(Sauvignon Blanc), 샤르도네(Chardonnay), 뮈스카데(Muscadet)

3) 남프랑스(Sud de France)

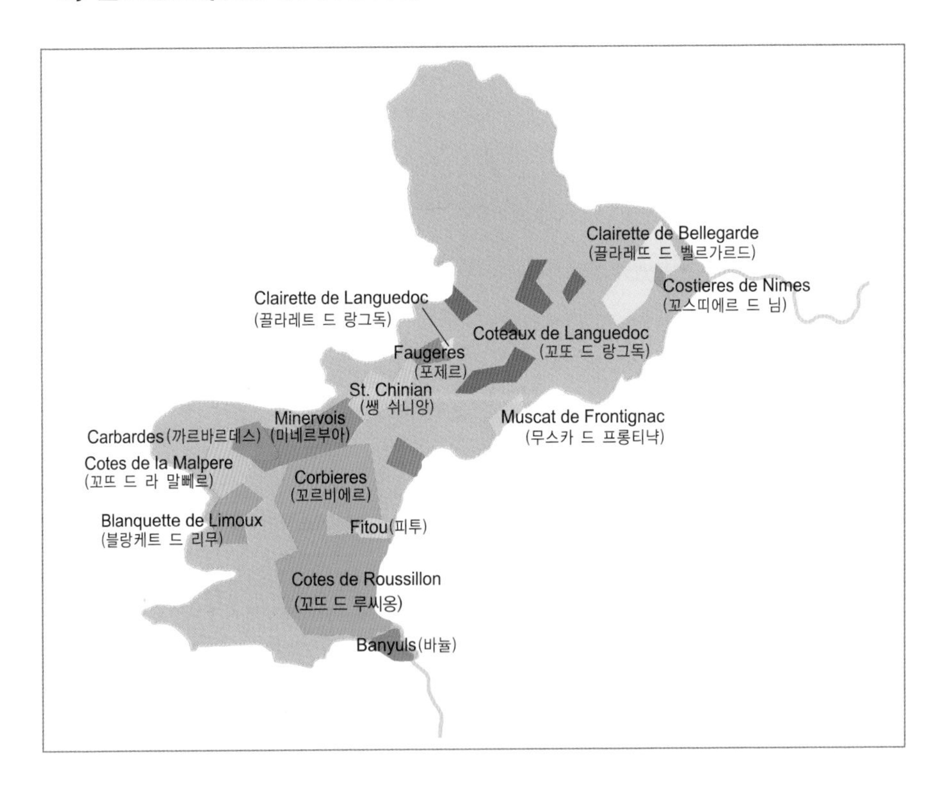

프랑스 남서부 지중해 연안의 몽펠리에(Montpelier)에서 스페인 국경에 이르는 랑그독(Languedoc)과 루씨옹(Roussillon)이 합쳐진 넓은 프랑스에서 포도재배 면적이 가장 넓은 지역으로 대중적인 와인을 생산한다. BC 5세기에 그리스인에 의해 최초로 포도밭이 시작되었고 BC 1세기에 로마에 의해 양조방법이 발달하게 되었다. 역사적으로 여러 문화가 혼합된 다양한 문화를 가진 지역이다. 고트족과 사라센의 침범으로 와인 산업은 위축되었으나 9세기 이후 교회에 의해 양조기술이 발달하였다. 17세기에 세트(Sete)항이 완공되어 내륙으로 통하는 운하가 건설되고 교역이 활발해지면서 와인 산업도 발달한다. 불규칙한 비와 고온 건조한 지중해성 기후를 가졌고 대서양, 피레네산맥 등 바람과 산과 물이 만나는 천혜의 자연조건을 갖는다. 토양은 편암, 붉은 석회질 토양, 자갈, 규토 등으로 포도나무에 다양한 영향을 준다. 남프랑스 와인은 대부분 뱅 드 빼이(Vins de Pay) 등급이 전체 생산량의 70%를 차지한다. 특히 랑그독 지방의 뱅 드 빼이 독(Vin de Pay d'Oc) 와인은 등급은 낮지만 단일품종으로 성공을 거두고 있으며 양질의 AOC 등급 와인도 생산된다. 레드 와인 생산량이 약 80% 이상이며 탄닌이 많고 마늘과 같은 양념이 진한 음식과 어울린다. 스페인 국경지대의 바뉼(Banyuls)에서 생산하는 천연 감미와인(VDN)이 유명하다.

(1) 품종

- 레드품종 : 카리냥(Carignan), 그르나슈(Grenache), 쌩소(Cinsault), 무르베드르(Mourvedre), 시라(Syrah)
- 화이트품종 : 그르나슈 블랑(Grenache Blanc), 마까뵈(Maccabeu), 뮈스카(Muscat), 부르블랭(Bourboulenc), 끌라레트(Clairette), 픽풀(Picpoul)

(2) 산지

- 꼬르비에르(Corbieres) : 남프랑스에서 가장 큰 산지로 95%가 레드 와인을 생산한다. 가장 흔한 품종은 카리냥이다. 산악지대의 석회암 점토질, 편암의 다양한 토양이다.

• 미네르브아(Minervois) : 꼬르비에르 북쪽의 로마시대부터 유명한 산지이다. 주로 카리냥, 쌩소 품종으로 무게감이 많은 레드 와인을 생산한다.
• 피투(Fitou) : 카리냥, 그르나슈 등의 품종으로 9개월 이상 숙성시켜 숲, 꽃, 향신료 등 풍부한 부케를 가진 레드 와인과 천연 감미와인 VDN을 생산한다.
• 꼴리우르(Colioure) : 스페인 국경지대의 지중해를 바라보는 편암으로 이루어진 토양에서 그르나슈 품종으로 잘 익은 과일향이 풍부한 레드와 로제 와인을 생산한다.

▶ 천연 감미와인(VDN, Vins Doux Naturels)

포도즙이 발효하는 도중에 전체 와인양의 5~15% 알코올을 첨가하여 발효를 막는 뮈따즈(mutage) 방법으로 효모의 활동을 정지시키고 발효가 중단되어 당분이 남는 알코올 도수 16~17도의 감미 와인이 생산된다. 남프랑스 최남단의 스페인 국경 바뉼(Banyuls)의 레드 VDN은 그르나슈 품종, 화이트 VDN은 뮈스카, 마까뵈 품종으로 생산한다. 와인의 침용기간에 포도즙 표면의 찌꺼기에 알코올을 첨가한다. 가벼운 스타일의 VDN은 외부 공기를 차단한 상태에서 양조하여 최초의 아로마를 간직하여 신선함을 즐길 수 있다. 향이 풍부한 VDN은 공기 접촉을 시켜 산화작용이 일어나는 상태에서 양조하여 진한 부케가 형성되면서 살구, 볶은 커피, 야생초의 꿀향, 초콜릿 등 색상, 향, 탄닌이 훨씬 풍부해지며 초콜릿과 매우 잘 어울리는 와인이다.

4) 프로방스(Provence)

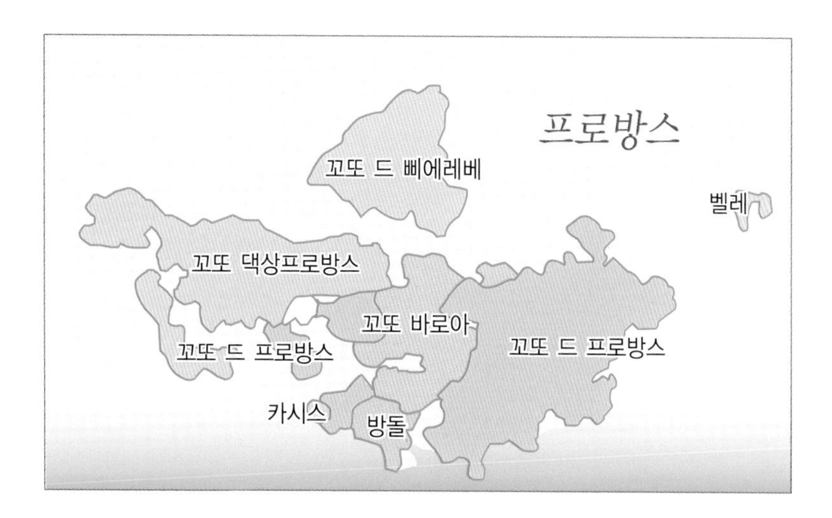

기원전 600년경부터 그리스인들이 와인을 생산한 지역으로 프랑스에서 가장 오래된 와인 산지이다. 기후는 연중 3,000시간의 일조량과 더운 여름의 지중해성 기후로 고온 건조하고 토양은 석회질, 사암, 편암, 진흙성 규토로 이루어져 있다. 알코올 도수가 높고 산미가 있고 상쾌한 와인을 생산하며 세계 최고의 로제 와인을 생산하는 산지이다. 더운 기후에 즐겨 마시는 로제 와인의 생산량은 전체의 70%이고 레드 와인은 25%, 화이트 와인은 5%이다. 특히 드라이하며 스파이시한 향을 지닌 방돌(Bandol)의 로제 와인이 유명하다.

(1) 품종

- 레드품종 : 그르나슈(Grenache Noir), 시라(Syrah), 쌩소(Cinsault), 카리냥(Carignan), 카베르네 소비뇽(Cabernet Sauvignon)
- 화이트품종 : 롤(Rolle), 위니 블랑(Uni Blanc), 끌라레트(Clairette), 쎄미용(Semillon)

(2) 산지

- 방돌(Bandol) : 지중해를 굽어보는 넓은 계단식 포도밭은 석회질의 척박하고

돌이 많은 토양에서 테라스식으로 생산된다. 강하고 압축된 느낌의 향과 짙은 색상의 힘찬 무르베드르 품종으로 최고 로제 와인을 생산한다. 프랑스의 가장 남쪽에 위치해서 '프로방스의 햇살과 대기가 들어 있다'고 프랑스인들이 말하는 태양의 빛과 열을 품고 농익은 포도로 생산한 와인이다.

- 꼬또 덱 썽 앙 프로방스(Coteaux d'Aix-En-Provence) : 무르베드르와 시라 품종으로 생산한 레드 와인이 짜임새가 있고 과일과 꽃향의 섬세한 부케를 지닌다. 로제 와인은 매우 힘차고 화이트 와인은 햇와인으로 가볍게 즐긴다.

5) 남서부(Sud Ouest)

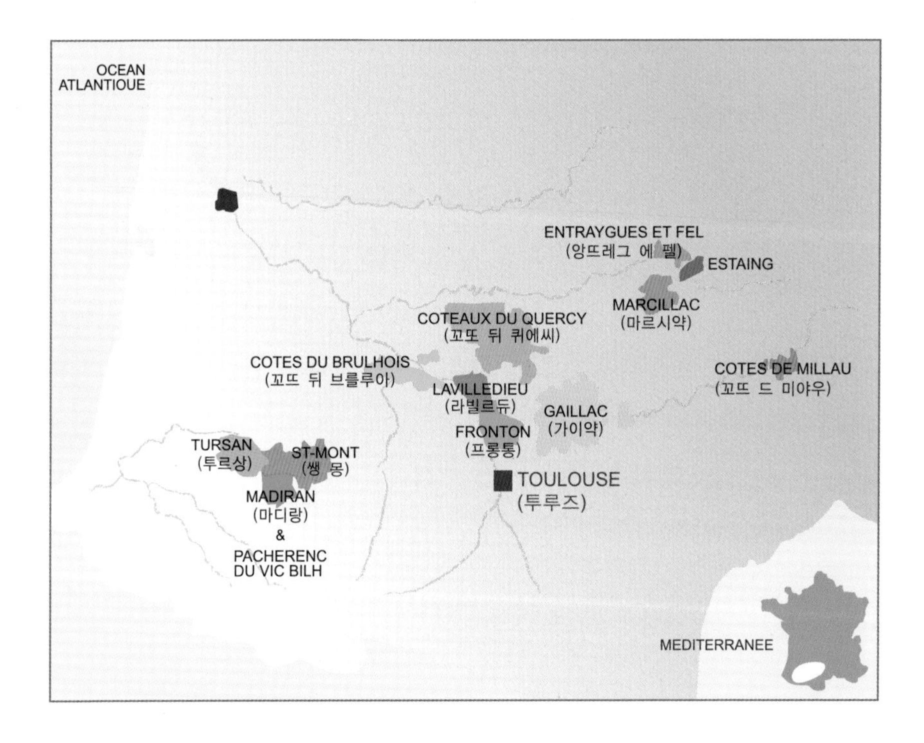

보르도 동쪽에서 가론강을 따라 뚜루즈(Toulouse)에 이르는 바스크(Basque) 문화의 영향을 받는 독특한 지역이다. 지리적으로 가까운 보르도 와인의 성격을 닮았지만 보르도의 명성에 가려져 주목을 덜 받는 산지이다. 1776년 뛰르고 칙령(Edit de Turgot)으로 프랑스에서 와인 운송법에 대한 자유가 선포되면서 보르도

와인에 대한 특권이 폐지되면서 경쟁력이 높아졌다. 대서양 기후의 영향으로 늦가을 수확기에 햇빛이 좋아 포도 숙성에 좋은 조건을 지닌다. 보르도 품종은 물론 전통 포도를 사용하며 주로 오크통 숙성을 하여 탄닌이 많은 레드 와인을 생산한다. 장기보관할 수 있고 무게감이 많으며 색감이 진해 영국인들이 검은 와인(Black wine)이라 한다. 유명산지로 베르쥬락(Bergerac), 몽바지약(Montbazillac), 마디랑(Madiran), 꺄오르(Cahors), 가이약(Gaillac), 쥐라송(Juracon)과 같은 산지가 있다.

(1) 품종

- 레드품종 : 카베르네 프랑(Cabernet Franc), 카베르네 소비뇽(Cabernet Sauvignon), 꼬(Cot), 뒤라(Duras), 페르(Fer), 메를로(Merlot), 네그레트(Négrette), 따나(Tannat)
- 화이트품종 : 아뤼피악(Arrrufiac), 바로크(Baroque), 쿠르뷔 블랑(Courbu), 랑 드 렐(Len de l'El), 그로 망셍(Gros Manseng), 쁘띠 망셍(Petit Manseng), 모작(Mauzac), 소비뇽 블랑(Sauvignon Blanc), 쎄미용(Semillon)

6) 쥐라(Jura)와 사부아(Savoie)

프랑스 동부 스위스 국경의 알프스 자락에 작은 면적을 차지하는 산지로 매우 독특한 와인을 생산한다. 쥐라의 포도밭은 대부분 250m 이상 언덕의 남동쪽을 향하며 사부아의 포도밭은 알프스 아래 경사진 면의 500m 이상 되는 고도에 위치하고 산과 바위와 호수가 주위를 에워싼 전형적인 대륙성 기후이다. 포도 숙성기인 여름과 긴 가을의 일조량이 매우 풍부하고 화강암, 진흙, 빙하의 충적토로 훌륭한 화이트 와인을 생산한다. 쥐라에서는 향이 많고 생산방법이 독특한 벵 죤(Vin Jaune)과 벵 드 빠이유(Vin de Paille) 같은 특수와인을 생산한다.

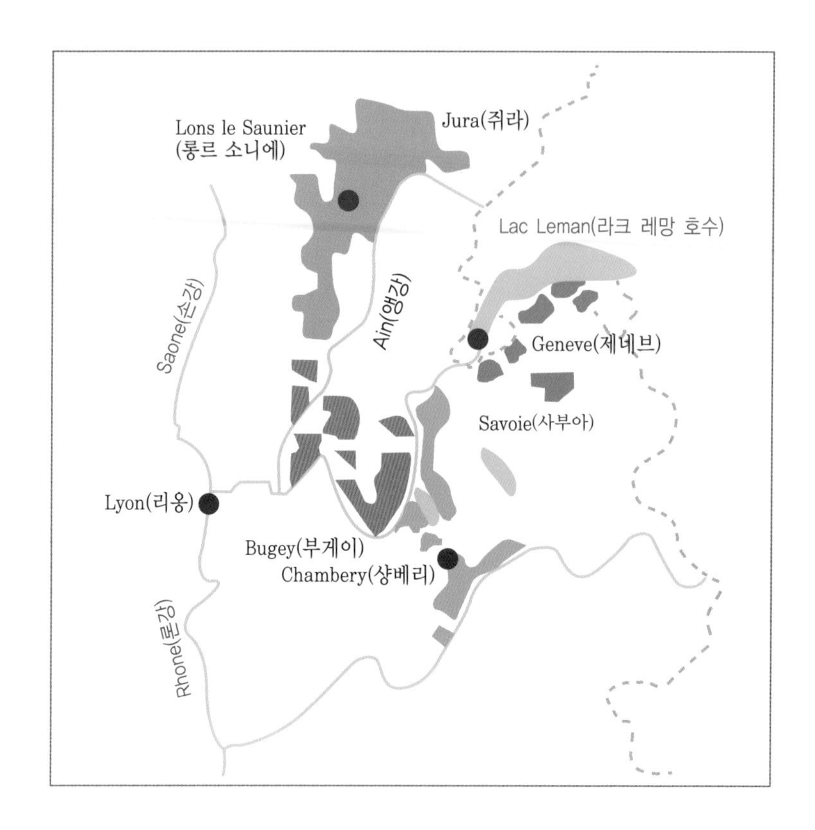

(1) 품종

• 레드품종 : 뿔사르(Poulsard), 트루쏘(Trousseau), 피노 누아(Pinot Noir)

• 화이트품종 : 사바냉(Savagnin), 샤르도네(Chardonnay), 피노 블랑(Pinot Blanc)

▶ 벵 죤(Vin Jaune, 노란 와인)

사바냉 단일품종으로 생산한 화이트 와인을 오크통에 가득 채우지 않고 6년 동안 숙성과 산화의 과정에서 표면에 효모막을 형성시켜 독특한 아로마(Yellow Taste)를 형성하며 황금빛의 노란 와인을 생산한다. 쉐리의 피노와 비슷한 성격을 가졌지만 주정을 첨가한 강화와인이 아니다. 50년 이상 장기 보관할 수 있는 와인으로 620ml의 클라블랭(Clavelin)이라는 독특한 모양의 병에 담긴다. 샤토 샬롱(Chateau Chalon), 아르부아 벵 죤(Arbois Vin Jaune), 고뜨 뒤 쥐라 벵 죤(Cotes du Jura vin Jaune), 벵 죤 드레투와르(Vin Jaune de L'Etoile)에서 생산한다.

▶ 벵 드 빠이유(Vin de Paille, 짚 와인)

포도를 짚 위에서 말려 수분을 증발시켜 약 3개월 정도 당도를 충분히 농축시킨 포도를 천천히 발효시켜 40~50g/l의 천연 당분을 함유한 디저트 와인을 생산한다. 점도가 높고 달콤하여 3~4년 정도 숙성시킨 와인이다.

02
이탈리아

1. 이탈리아 와인의 개요

1) 이탈리아 와인의 특성

이탈리아는 세계에서 와인을 가장 많이 생산하는 나라로 북부의 알프스 기슭부터 지중해 남부의 시실리까지 전 국토에서 포도가 재배된다. 그리스인들은 와인문화가 정착된 이탈리아 반도를 '와인의 땅(Oenotria)'이라고 불렀다. 이탈리아는 고대 로마가 2세기에 포도밭을 조성하기 전에 이미 에투스르칸과 그리스인 정착민이 와인을 생산한 유럽의 가장 오랜 산지이며 로마가 지중해 연안에 포도나무를 심으며 유럽의 와인 문화를 이룩한 와인 종주국이다. 로마인들은 술의 신인 바쿠스를 숭배하며 와인을 주요 상품으로 유럽 전역에 수출하였다. 초기의 와인은 토기로 만든 암포라에 저장하였고 중세에 오크통을 사용하며 복잡 미묘한 향미를 지닌 와인을 생산하게 된다. 이탈리아는 위도 10도에 걸친 기다란 국토에 산악지대가 많고 삼면이 바다로 둘러싸인 지중해 연안의 반도 국가로 지역별로 다양한 와인의 특징을 지닌다. 이탈리아의 와인 산업은 오랜 역사와 전통을 가지고 있었음에도 불구하고 알려지지 않았으나 1960년대에 들어서야 DOC 와인 법안이 통과되면서 높은 수준의 와인생산이 활발해졌다. 이탈리아 와인 산업은 과감한 투자와 노력으로 독창적인 생산방법과 다양한 품종을 가진 와인의 다양성이 알려지며 명성을 얻고 있다.

2) 이탈리아 와인등급

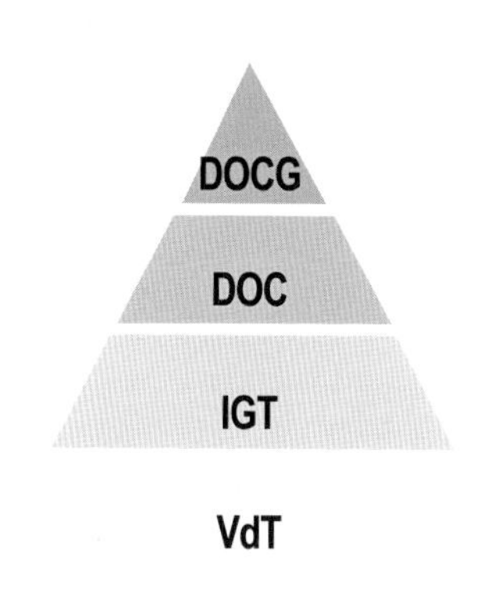

이탈리아 와인의 등급은 1924년부터 시도하였으나 1963년 '와인용 포도즙 및 와인의 원산지 명칭보호를 위한 법'으로 DOC 등급이 제정되어 원산지를 관리하고 각 지역의 지리적인 경계와 양조방법, 단위면적당 수확량, 포도품종, 양조방법, 최소 알코올 농도, 숙성기간 등을 규정한다. 1966년 가장 높은 DOCG 등급이 신설되어 2023년 기준으로 74개의 DOCG 산지가 있다.

IGT 등급은 1992년 고리아(Goria)법에 의해 프랑스의 뱅 드 페이(Vins de Pays)에 해당되는 와인등급으로 지정된다. 가장 낮은 등급의 VdT 와인은 일상적으로 소비하는 테이블 와인이다. 또는 이탈리아 토착품종으로 생산하지 않았을 때에는 품질과 상관없이 VdT 등급을 받는 슈퍼투스칸(Super Tuscan)과 같은 와인도 있다.

(1) D.O.C.G(Denominazione di Origine Controllata e Garantita)

(2) D.O.C.(Denominazione di Origine Controllata)

(3) IGT(Indicazione Geografica Tipica)

(4) VdT(Vino da Tavila)

| 이탈리아 와인 용어 |

annata	수확연도	riserva	규정보다 더 숙성
cantina	와인 저장고	seco	드라이
classico	오래된 산지	spumante	스파클링 와인
consorzio	품질보호협회	vino bianco	화이트 와인
dolce	스위트	vino rosato	로제 와인
frizzante	약발포성 와인	Vino rosso	레드 와인

2. 토스카나(Toscana)

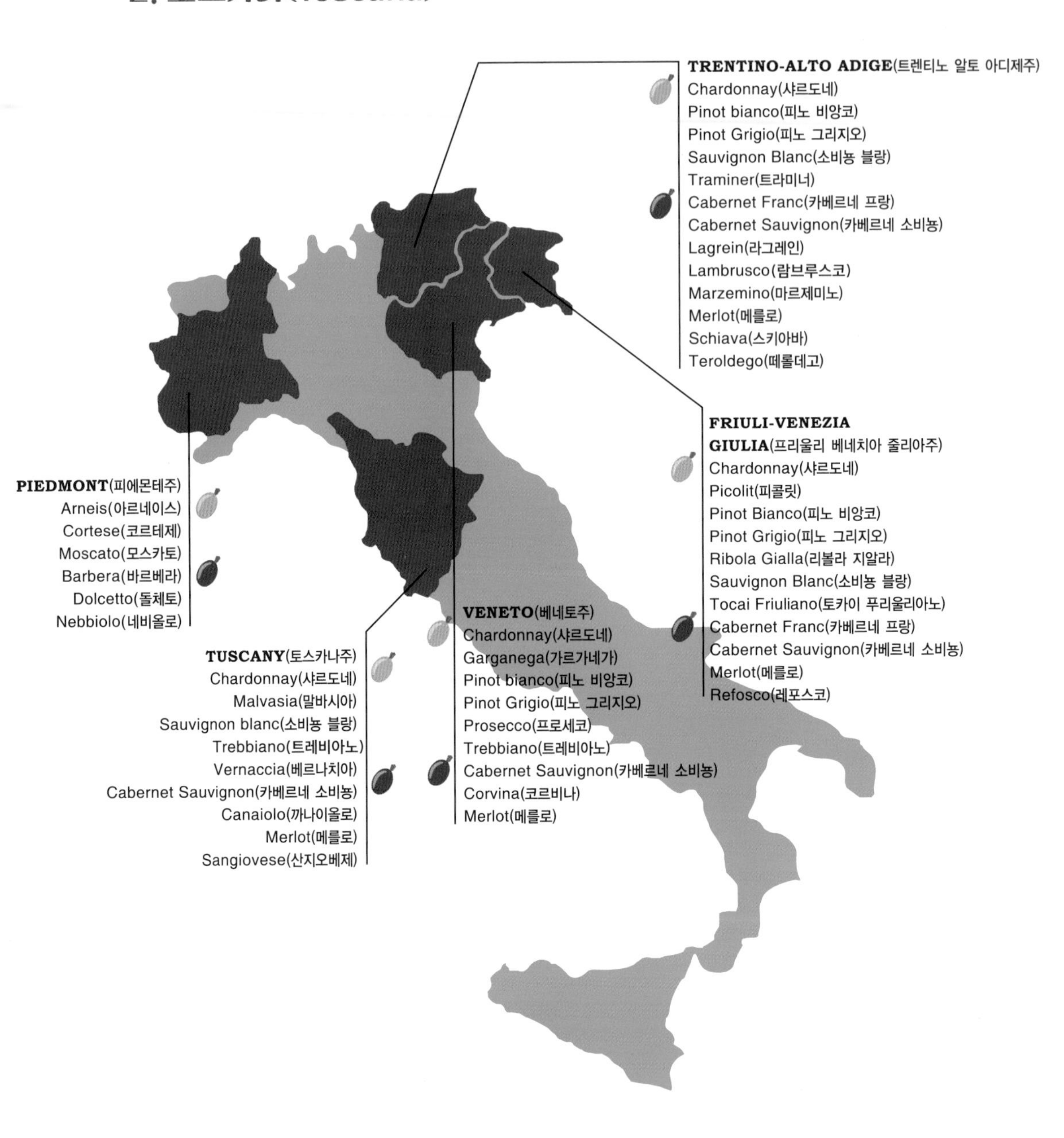

이탈리아 중서부의 언덕으로 이루어진 지역으로 중세 르네상스의 발상지이다. 피렌체의 시에나 지역에서 산지오베제 품종으로 생산한 키안티 산지로 유명하며, 배수가 잘 되고 모래와 석회석이 많은 토양에서 포도가 재배된다.

전통적인 와인은 물론 18세기부터 도입된 카베르네 소비뇽 품종으로 생산한 새로운 스타일의 슈퍼투스칸 와인이 최근 각광받고 있다.

1) 품종

- 산지오베제(Sangiovese) : 생장력이 매우 뛰어나며 가장 많이 생산되는 품종으로 특히 토스카나의 키안티를 생산하는 대표 품종으로 제우스의 피란 뜻을 지니고 있다. 석류빛의 미디엄 바디로 높은 산도와 풍부한 향을 지니고 있다.
- 말바시아(Malvasia) : 13세기에 베네치아인이 그리스에서 가져온 품종으로 당분이 높아 알코올 도수가 높은 와인을 생산하며 만숙종으로 아로마가 풍부하며 중부지방에서 많이 생산된다.
- 트레비아노(Trebbiano) : 중부지역에서 생산되는 대표 화이트 품종으로 토스카나의 트레비아강에서 유래한 품종으로 프랑스에서 위니 블랑이라고 한다.

2) 산지

- 키안티(Chianti) DOCG : 토스카나의 포도 재배에 지배적인 영향력을 갖고 있으며, 오랫동안 가장 중요한 이탈리아 와인이다. 키안티 와인은 이탈리아에서 생산량이 가장 많고 광범위하게 판매되는 와인이다. 피렌체에서 시에나 지역의 산지오베제와 카나이올로 등 적포도품종을 블렌딩하고 트레비아노와 말바시아 등 백포도품종을 소량 첨가하여 생산한다. 부드럽고 오래 보관할 수 있는 와인을 생산하기 위하여 발효가 끝난 와인에 약 10% 정도의 포도를 말린 즙을 첨가하여 느리게 재발효를 시킨다.
- 키안티 클라시코(Chianti Classico) DOCG : 오랫동안 키안티 와인을 생산한 산지로 1716년 이 지역을 통치하던 코스모 3세가 키안티 생산지로 지정한 오래된 산지이다. 이곳의 생산자 조합은 병목에 빨간색, 은색, 황금색(Chianti Nor-

male, Riserva, Vecchio)의 검은 수탉(Marchio Gallo)이 병목에 있다.

- 브루넬로 디 몬탈치노(Brunello di Montalcino) DOCG : 토스카나 남부 몬탈치노 지역의 해발 500미터가 넘는 화산토 토양의 언덕에서 산지오베제의 변종인 브루넬로 품종으로 생산되는 최고급 이탈리아 와인이다. 대단한 힘과 생명을 가진 레드 와인으로 매우 높은 가격에 팔린다. 비온디 산티 (Biondi Santi) 포도원에 의해 처음 생산되었으며 탄닌 함량이 높은 강한 레드 와인으로 4년 이상 숙성하여 풍미가 가득하다.
- 비노 노빌레 디 몬테풀치아노(Vino Nobile di Montepulciano) DOCG : 시에나 남동쪽 몬테풀치아노 지역 해발 250미터의 점토가 섞인 모래 언덕에서 생산된 와인이다. 귀족을 위한 와인을 생산한 지역이라는 뜻으로 교황이 정기적으로 즐겨 마셨다는 뜻에서 나온 이름이다. 산지오베제와 카나이올로 품종을 블렌딩하고 2년 이상 숙성시켜 가볍고 우아한 와인이다.
- 까르미냐노(Carmignano) DOCG : 피렌체 북서부에 위치하며 중세시대부터 와인을 생산한 지역이다. 1716년에 코스모 3세에 의해 보호해야 할 와인으로 지정된 특별한 와인이다. 산지오베제를 주품종으로 18세기에 도입한 카베르네 소비뇽과 소량의 트레비아노, 말바시아 등 백포도를 블렌딩하여 생산한다.
- 베르나차 디 산 지미냐노(Vernaccia di San Gimignano) DOCG : 지미냐노 언덕에서 베르나차 품종으로 생산한 화이트 와인으로 르네상스 시대부터 이탈리아 최고의 화이트 와인 산지이다.

▶ 슈퍼투스칸(Super Tuscan) 와인

이탈리아 와인의 명성을 드높인 와인으로 토스카나 남쪽의 볼게리 지방에서 프랑스 품종으로 정성을 기울여 소량의 고품질 와인을 생산했다. 금기시되어 있는 프랑스 품종을 사용하여 등급은 낮으나 가격은 최상으로 장인정신과 창조적 예술성과 희소성을 지닌 고급 와인을 뜻한다. 최초의 슈퍼투스칸 와인은 100% 프랑스에서 들여온 카베르네 소비뇽으로 생산한 사시카이아(Sassicaia)를 효시로 티냐넬로(Tignanello), 솔라이아(Solaia), 오르넬라이아(Ornellaia), 라 글로리아(La Gloria), 레디가피(Redigaffi), 솔렝고(Solengo), 마세토(Masetto) 등이 있다.

▶ 빈산토(Vin Santo) 와인

성스러운 와인이란 뜻으로 토스카나에서 트레비아노, 말바시아 품종을 포도나무에 매달아 건조시키거나 건포도처럼 쭈글거리며 수분이 증발한 포도를 압착하여 당분의 함량이 높고 풍미가 높은 포도즙을 통에 가득 채우지 않고 밀봉시켜 2~6년간 숙성시켜 마시는 디저트 와인이다.

3. 피에몬테(Piedmonte)

이탈리아 북서부의 알프스산 아래 위치하여 '산의 발'이라는 뜻을 지녔다. 스위스와 프랑스의 국경과 접해 있으며 알프스와 아펜니노산맥(Apennines)에 둘러싸여 있는 가파르고 서늘한 지역이다. 겨울에는 눈이 많이 오는 추운 날씨이고 여름은 덥고 건조하며 안개가 많이 끼는 지역이다. 포도밭은 대부분 랑게(Langhe)와 몬페라토 (Monferrato) 언덕에 위치한다. 최고의 생산지는 타나로강이 흐르는 알바(Alba) 마을 남쪽의 바롤로와 북쪽의 바르바레스코 지역으로 네비올로, 바르베라 품종의 최고급 레드 와인 산지가 있으며 아스티 지역에서 모스카토 품종의 스푸만테, 가비 지역에서 생산되는 코르테제 품종의 화이트 와인이 유명하다.

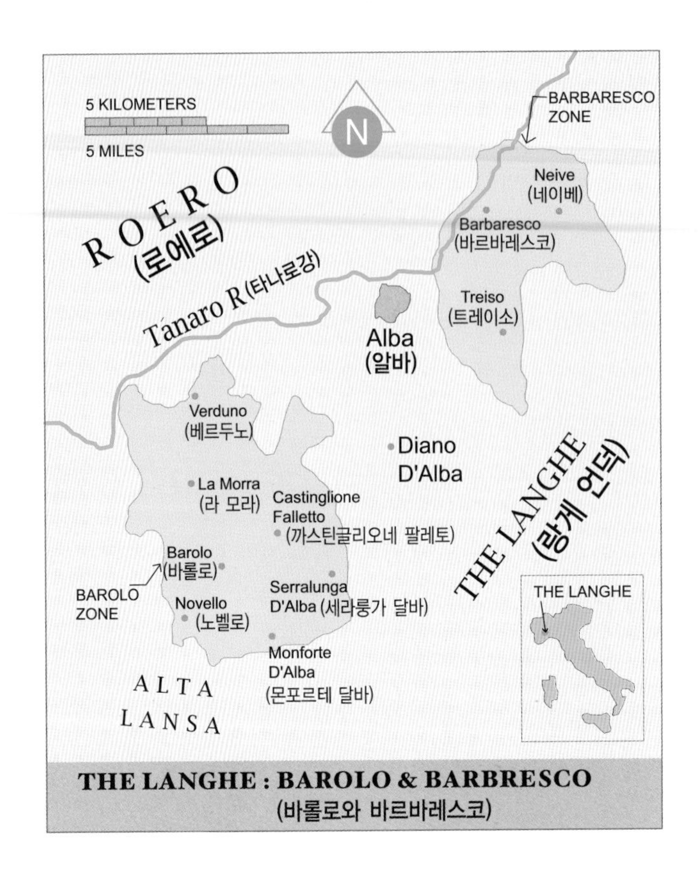

1) 품종

- 네비올로(Nebbiolo) : 안개 (Nebbia)라는 뜻에서 이름이 유래되었고 북부의 피에몬테와 롬바르디아에서 재배되는 품종으로 기후와 토양에 민감하고 까다로워서 주로 단일품종으로 생산한다. 풍부한 일조량과 건조하지 않은 토양에서 자라는 보랏빛이 약간 도는 적색의 매우 섬세한 향과 풍부한 탄닌을 지녔다.
- 바르베라(Barbera) : 피에몬테 레드 품종의 절반을 차지하며 단일품종 또는 블렌딩하여 생산한다. 진한 루비색의 풍부한 산미를 지녔으며 숙성하면 무게감을 지닌다.
- 모스카토(Moscato) : 그리스에서 온 화이트 품종으로 아로마가 매우 풍부하고 향미가 많으며 피에몬테의 아스티에서 많이 생산된다. 주로 상쾌하고 가벼운

발포성 와인이나 도수가 낮고 감미가 있는 약발포성 와인을 생산한다.

- 코르테제(Cortese) : 필록세라 전까지 피에몬테에서 가장 많이 생산한 화이트 품종으로 강한 생장력과 일조량이 좋은 경사면을 선호한다. 섬세한 가비 와인을 생산하는 품종으로 부드럽고 적당한 산도를 지닌다.

2) 산지

- 바롤로(Barolo) DOCG : 이탈리아 최고의 레드 산지로 중세에 이미 '와인의 왕이요, 왕들의 와인'이라고 칭한 와인이다. 탄닌이 많고 포도가 늦게 익어 생산하기 어려운 네비올로 품종으로 최소 3년간 숙성시키며 진하고 복합적인 향, 바이올렛 꽃, 바닐라 향의 견고하고 구조감 있는 와인을 생산한다.

- 바르바레스코(Barbaresco) DOCG : 1800년대 중반부터 네비올로 품종의 드라이 레드 와인을 생산하기 시작했다. 바롤로보다 빨리 익고 부드러워 '와인의 여왕'이라고 한다. 석류빛의 진하고 복합적인 향, 바이올렛 꽃, 에테르 향을 지니며 최소 2년간 숙성시킨다.
- 아스티(Asti) : 아스티 스푸만테(Asti Spumante), 모스카토 다스티(Moscato d'Asti) DOCG : 알바 북부의 아스티에서 모스카토 품종으로 생산하는 도수가 낮고 감미 있는 화이트 와인을 생산한다. 1차 발효만으로 거품 있는 발포주와 약한 발포성 와인을 생산하는 산지이다.
- 바르베라 다스티(Barbera d'Asti) DOCG : 바르베라 품종으로 아스티에서 생산하는 와인 산지이다.
- 브라케토 다퀴(Brachetto d'Acqui) DOCG : 브라케토 품종으로 생산한 감미와인으로 밝은 적보라의 생기있는 색상에 딸기향의 스위트 레드 와인과 스푸만테

와인을 생산한다.

- 가베 or 코르테제 디 가비(Gave or Cortese di Gavi) DOCG : 코르테제 품종만으로 생산하며 이탈리아 최고의 화이트 와인을 생산한다.
- 겜메(Ghemme) DOCG : 오랜 역사를 자랑하는 로마 시대의 포도밭이 조성된 지역으로 네비올로를 주품종으로 우바 라라 등을 블렌딩한 레드 와인을 생산한다.
- 가티나라(Gattinara Riserva) DOCG : 알프스의 영향을 받는 산지로 적어도 샤를마뉴 대제 시절부터 와인을 생산했다. 매우 역사가 긴 산지로 네비올로 품종의 개성을 표현하는 와인을 생산한다.

4. 베네토(Veneto)

이탈리아 북동부에 위치하는 가장 큰 와인 산지이다. 해마다 4월 첫째 주에 5일 동안 이탈리아 최고의 와인 전시회 빈이탈리(Vinitaly) 행사가 베로나에서 개최된다. 서쪽 가르다 호수 근처의 바르돌리뇨, 발폴리첼라, 소아베 지역에서 좋은 와인이 생산된다. 배수가 잘 되며 화산토, 모래, 자갈 등으로 이루어진 언덕에 포도밭이 있다. 주로 거품이 없는 드라이 화이트 와인, 향과 색이 진한 아마로네와 같은 레드 와인, 감미가 있는 디저트 와인 레초토, 거품이 있는 프로세코와 같은 스푸만테가 생산된다.

1) 품종

- 코르비나(Corvina) : 까마귀(Corvo) 또는 광주리(Corba)에서 유래되었으며 일조량이 풍부하고 충적토와 자갈이 많은 지역에서 잘 자라는 적포도품종이다. 베네토에서 론디넬라, 몰리나라 등의 품종과 블렌딩하여 진하고 붉으며 산미가 좋은 복합적인 아로마를 지닌 와인을 생산한다.

• 피노 그리지오(Pinot Grigio) : 산미가 뛰어나며 드라이 와인부터 귀부 와인까지 생산한다. 견과류 향, 꿀 향이 있으며 스파이시하다.
• 프로세코(Prosecco) : 베네토 북부 지역에서 생산되며 가볍고 상쾌한 스푸만테를 생산한다. 아로마가 진하고 과일 향이 풍부하다.
• 가르가네가(Garganega) : 소아베의 주요 화이트 품종으로 강한 과일 향과 아몬드 향을 지닌 긴 여운을 가진 품종이다.

2) 산지

• 레초토 디 소아베(Recioto di Soave) DOCG : 가르가네가를 주품종으로 하며 트레비아노 품종 등의 포도를 건조시킨 뒤 당분과 향미를 농축시켜 생산한 스위트 화이트 와인이다. 진한 황금빛으로 체리, 아몬드, 꽃향기를 담고 있는 부드럽고 감미가 높고 균형감을 이룬 디저트 와인을 생산한다.
• 소아베 수페리오레(Soave Superiore) DOCG : 가르가네가와 트레비아노 품종을 블렌딩하여 생산하는 거품 없는 드라이 화이트 와인이다. 볏짚색에 신맛이 있는 사과, 레몬, 꽃향기 등을 갖고 있는 균형감이 있고 산미가 높은 와인을 생산한다.
• 바르돌리노 수페리오레(Bardolino Superiore) DOCG : 생산량이 많은 지역으로 코르비나, 론디넬라, 몰리나라 품종으로 선명한 적보라색이며 산미가 있는 와인으로 산딸기 향이 난다. 적당한 탄닌을 지닌 부드럽고 가벼운 레드 와인과 진한 핑크의 키아레토(Chiaretto)를 생산한다.
• 아마로네 델라 발폴리첼라(Amarone della Valpolicella) DOCG : 베로나 북부에 위치한 언덕에 있는 포도밭에서 코르비나, 론디넬라, 몰리나라 품종으로 생산하는 진하고 강한 느낌을 주는 레드 와인이다. 일반적으로 아마로네라고 부른다. 포도를 건조시켜 농축된 향이 풍부하고 무게감을 가득 담은 가장 권위 있는 레드 와인이다.

5. 그 밖의 이탈리아 와인들

1) 롬바르디아(Lombardia)

이탈리아 북부의 산업이 발달된 지역으로 스위스와 국경을 접하고 있으며 인구가 많고 밀라노가 있는 곳이다. 알프스산맥에서 포강에 이르는 북부 이탈리아의 심장부인 곳이다. 적어도 품질이 우수한 와인을 생산하며 프란차코르타에서 샴페인 방식으로 이탈리아 최고 수준의 스파클링 와인을 생산한다.

(1) 산지

- 프란차코르타(Franchacorta) DOCG : 이탈리아에서는 오랫동안 병발효된 발포주로 선택된 포도밭에서 만들어진 와인에만 프란차코르타 DOCG 자격을 준다. 품종은 샤르도네, 피노 네로, 피노 그리지오, 피노 비앙코 등이다.

- 발텔리나 수페리오레(Valtellina Superiore) DOCG : 밀라노 동북쪽의 아다강이 위치한 서늘한 곳으로 로마시대 이전에 와인을 생산한 지역이다. 전통적으로 대부분 돌벽에 의해 유지되는 경사가 심한 계단식 포도밭으로 주로 네비올로 품종의 레드 와인을 생산한다.
- 올트레포 파베제(Oltrepo Pavese) DOC : 피노 네로 품종으로 생산량이 많으며 대량으로 밀라노, 제노바 레스토랑에서 판매된다. 바르베라, 우바 라라 등으로 생산하는 레드 와인과 모스카토, 말바시아, 피노 그리지오 등으로 화이트 와인을 생산한다.

2) 아브루쪼(Abruzzo)

이탈리아 중부의 로마 동쪽에 위치하며 아펜니노산맥의 영향으로 대륙성 기후이며 아드리아해로 흐르는 강과 주변의 산과 계곡으로 둘러싸인 구릉에서 포도를 생산한다.

- 몬테풀치아노 다브루쪼(Montepulciano d'Abruzzo) DOC : 이탈리아에서 가장 유명한 DOC 등급의 와인으로 몬테풀치아노 품종으로 생산하는 검은 과일, 나무, 허브 향 등의 신선한 과일향기 가득한 가성비 좋은 와인이다.

3) 풀리아(Puglia, Apuglia)

이탈리아 남동부에 위치하며 생산량이 2위인 지역으로 기원전 2000년부터 페니키아인들이 와인을 생산하던 오랜 산지이다. 네그로 아마로, 프리미티보, 몬테풀치아노 등의 품종으로 진한 레드 와인과 베르데카, 말바시아, 트레비아노 품종으로 화이트 와인을 생산한다.

(1) 산지

- 프리미티보 만두리아(Primitivo di Manduria) DOC : 프리미티보 품종으로 만두리아에서 생산한 진하지만 부드러운 레드 와인을 생산하며 큰 인기를 얻어 주목받는 와인이다.
- 카스텔 델 몬테(Castel del Monte) DOC : 우수한 로제 와인과 풀 바디드 레드 와인으로 숙성 후 좋은 특성을 표현한다.

4) 라치오(Lazio, Latium)

수도 로마가 위치한 곳으로 로마시대부터 와인을 생산한 지역이다. 화산성의 토양에 많은 햇빛 조사량을 갖춘 말바시아 트레비아노 품종은 신선하고 과일 향이 있으며 대부분의 음식과 잘 어울리는 화이트 와인을 생산한다.

(1) 산지

- 에스트! 에스트! 에스트! 디 몬테피아스코네(Est! Est! !Est! Di montefiascone) DOC : 트레비아노, 말바시아 등 백포도품종으로 생산하는 드라이 화이트 와인과 발포성 와인의 생산지이다.

5) 캄빠니아(Campania)

이탈리아 남동부의 나폴리와 소렌토가 있는 관광지로 베수비오 화산 지대와 아벨리노의 숲에서 생산되며 고대 그리스인들이 가져온 알리아니코와 같은 적포도품종과 피아노, 그레코 등의 화이트 품종으로 와인을 생산한다.

(1) 산지

- 타우라지(Taurasi) DOCG : 지중해성 기후의 영향을 받는 알리아니코 품종으로 색이 진하고 향이 가득한 레드 와인을 생산한다.
- 베수비오(Vesuvio) DOC : 전통 품종으로 화이트와 레드 와인을 생산하며 알코올 도수가 12도가 넘으면 베수비오 클스토의 눈물(Lacryma Christi del Vesuvio)로 표기한다.

6) 시칠리아(Sicilia)

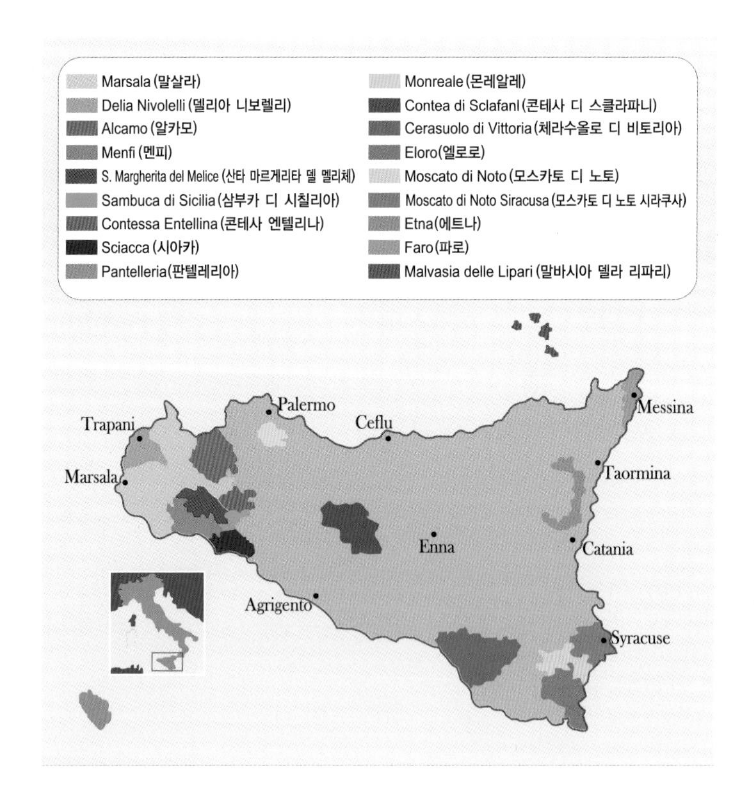

그리스인과 페니키아인이 기원전 800년부터 와인을 생산하였다. 지중해에서 가장 큰 섬으로 일조량이 풍부하고 건조하며 일교차가 심한 지역이다. 이탈리아의 다른 어느 지역보다도 많은 포도밭을 가지고 있으며 생산량은 3위이다. 가장 큰 산지는 말살라이고 주정 강화 와인을 생산한다. 레드 품종으로 네로 다볼라(혹은 칼라브리제), 네렐로 마스칼레세와 화이트 품종으로 인졸리아, 그레카니코 같은 고유품종과 샤르도네, 카베르네 소비뇽 같은 품종의 생산이 증가하고 있다.

(1) 산지

- 체라수올로 디 비토리아(Cerasuolo di Vittoria) DOCG : 시칠리아섬의 남부에서 프라파토, 네로 다보라 등으로 레드 와인을 생산하는 산지이다.
- 알카모(Alcamo) DOC : 화이트 와인과 레드 와인, 로제 와인, 스파클링 와인 등 다양한 종류의 와인을 다양한 전통 품종으로 생산하는 산지이다.
- 말살라(Marsala) DOC : 2 세기 전에 영국인에 의해 개발된 시칠리아를 대표하는 주정 강화 와인 산지이다. 드라이 와인에 농축된 포도 주스, 고농도 알코올을 첨가하여 17~19도의 진한 호박색 와인을 생산한다. 드라이와 스위트 등 다양한 종류가 생산된다. 요리와 시럽과 감미료의 향을 위해 사용한다.

03 스페인

1. 스페인 와인 개요

1) 스페인 와인 특성

세계에서 와인 생산면적이 가장 넓은 나라이다. 건조한 기후로 와인 생산량이 이탈리아, 프랑스에 이어 3위를 차지하는 스페인은 페니키아인이 BC 1100년경에 남부의 안달루시아 지역에서 포도재배와 양조를 시작하였다. 로마의 지배를 받으며 동북부 지역에서 발전된 로마의 양조기술을 전수받아 와인 산업이 발전하였으나 오랜 이슬람교도의 지배로 와인 산업은 위축된다. 13세기 북부에 가스띠야 레온의 기독교 왕국을 중심으로 와인 산업이 다시 부활된다. 1800년대 말에 유럽을 강타한 필록세라 병충해로 와인 산업의 위기를 겪던 보르도 양조자가 피레네산맥을 넘어 리오하 지역에서 와인을 생산하며 양조기술을 발전시키는 계기가 된다. 주로 레드 와인과 로제 와인이 생산되며 남부의 안달루시아 지방에서는 오랫동안 영국인의 사랑을 받는 주정 강화 와인 쉐리를 생산한다.

2) 스페인 와인등급

- 등급체계 : QWPSR(Quality Wine Produced in Specific Region), TW(Table Wine)로 분류한다.
- DO법(Denominacion de Origen) : 1986년 EU에 가입하며 EU 기준에 따른다.

- DOCa(Vinos con Denominación de Origen Calificada) : La Rioja(라 리오하), Priorato(쁘리오라또), Riebera del Douro(두에로강 산지) 등 3개의 최고급 산지
- DO(Vinos con Denominación de Origen) : 스페인 산지의 50% 정도로 약 60여 개의 DO산지가 있으며 재배, 양조, 유통에 대한 규제
- VdlT(Vinos de la Terra) : 각 지방의 와인
- VdM(Vinos de Mesa) : 저가의 테이블 와인

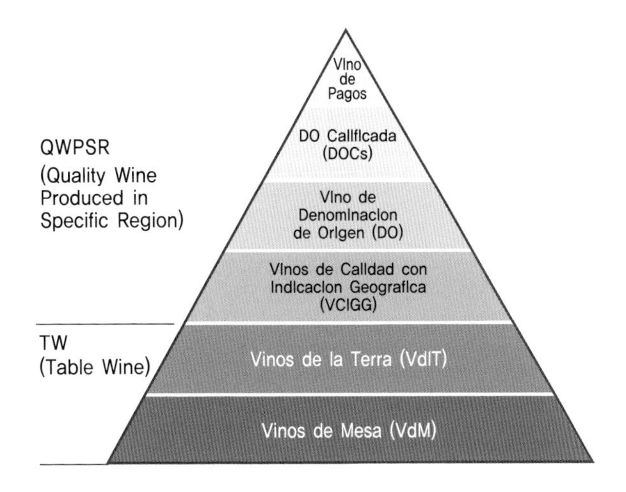

▶ 2003년에 신설된 등급

- 비노 드 파고(Vino de Pago) : 미기후의 독특함과 뛰어남이 인정되고 전통적 명성이 있는 지역과 DOCa 산지의 단일 포도밭에 등급이 부여된다. 라만차(La Mancha) 지역의 도미노 드 발데푸사(Domino de Valdepusa)가 최초로 지정
- VCIG : 프랑스의 벵 드 뻬이 등급과 유사한 등급으로 지방의 명성이 있는 산지에 부여

▶ 와인 숙성에 대한 표기법

- Crianza(크리안사) : 2년 숙성 / 6개월 오크통 숙성
- Reserva(레세르바) : 3년 숙성 / 1년 오크통 숙성
- Gran Reserva(그란 레세르바) : 5년 숙성 /18개월 오크통 숙성

3) 스페인의 품종

스페인의 전통 품종은 약 600개가 넘으며 대부분 템프라니요, 가르나차, 팔로미뇨, 아이렌, 마카베오, 파렐라다, 사렐로 등의 품종 등으로 생산한다.

(1) 적포도품종

- 템프라니요(Tempranillo) : 고유의 적포도품종으로 진한 루비색이다. 빠르다는 Temprano의 뜻으로 빨리 숙성하는 품종이다. 묵직한 무게감을 가지고 있으며 산화효소가 적어 오랫동안 보관할 수 있는 장기 숙성 와인을 생산한다. 딸기, 자두 향의 단일품종으로 생산되거나 토속 품종인 그리나차 품종이나 보르도 품종인 카베르네 소비뇽과 블렌딩하여 생산한다.
- 가르나차(Garnacha) : 적색과 백색 품종으로 수확량이 많으며 힘이 있고 원기가 있으며 자연 알코올 함량이 높고 과일 및 향신료 향이 풍부하고 가뭄과 열에 잘 적응되며 프랑스 남부에서 그르나슈(Grenache)라고 한다.

(2) 백포도품종

- 마카베오(Macabeo) : 리오하에서 비우라(Viura)라고 하며 신선함과 과일 향을 지녔다. 산도가 높으며 일반 화이트 와인이나 까바(Cava)를 생산한다.
- 사렐로(Xarello) : 알코올이 높고 적당한 산도를 지녔으며 스페인의 발포성 와인 까바(Cava)를 생산한다.
- 알바리뇨(Albariño) : 스페인 북서부 갈리시아 지방의 작은 산지인 리아스 바이샤스(Rias Baixas)에서 생산되는 품종으로 싱그러운 감귤류와 복숭아의 생기있는 풍미와 산미의 와인이다.
- 팔로미노(Palomino) : 주정 강화 와인 쉐리를 생산하는 품종으로 Jerez, Fino라고도 한다.
- 아이렌(Airen) : 스페인에 가장 많은 품종으로 포도송이가 크고 알이 촘촘하다. 특유의 부케를 갖고 있다.

| 스페인 와인 용어 |

bodega	와인	espumoso	모든 스파클링
cava	샴페인 방식의 스파클링 와인	seco	드라이
cepa	레드	vino blanco	화이트 와인
cosecha	로제	vino rosato	로제 와인
dulce	스위트	vino tinto	레드 와인

2. 리오하(Rioja)

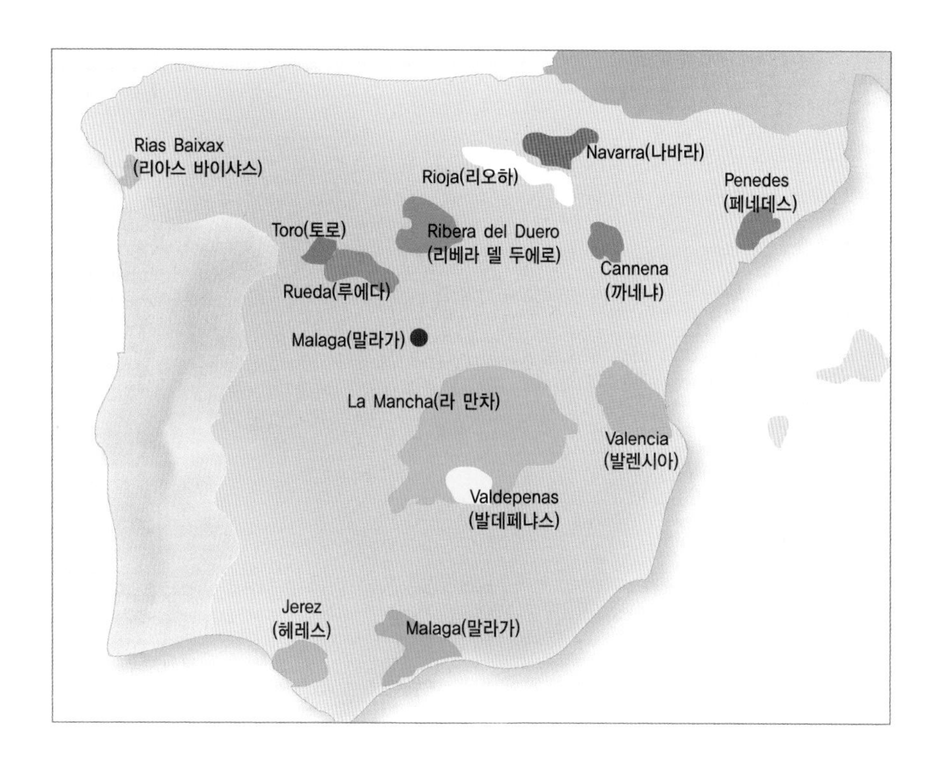

지중해로 흐르는 에브로(Ebro)의 지류 오하(Oja)강(Rio)에서 이름이 유래했다. 필록세라 병충해로 보르도 양조업자가 피레네산맥을 넘어와 정착해서 양조기술을 전파했고 선진기술을 도입하여 스페인의 보르도 산지라고 한다. 리오하는 약

62,500ha의 면적으로 1991년 스페인 최초의 DOCa 산지로 리오하 알타(Rioja Alta), 바하(Baja), 알라베사(Alavesa)로 나누어지며 리오하 알타가 가장 좋은 산지이다. 유명 포도원으로 마르게스 데 카세레스(Marques de Caceres)와 무가(Muga) 등이 있다.

3. 리베라 델 두에로(Ribera del Duero)

스페인 북서부의 가스띠야 에 레온 지방에 위치하며 듀오강의 둑이라는 뜻이다. 서쪽으로 포르투갈을 거쳐 대서양으로 흐르는 듀에로강의 양 제방을 따라 800m 고지대에 포도원이 위치한다. 철분 같은 미네랄이 많은 토질이다. 면적은 약 20,000ha이며 소리아(Soria), 세고비아(Segobia), 바야돌리드(Valladolid) 지역이 있다. 세계적 와인 산지로 발전시킨 베가 시실리아(Vega Sicilia)가 최고의 와인 우니코(Unico)를 생산한다. 1982년 DO 산지가 되고 2008년 DOCa 산지로 승급되었다.

4. 헤레스-세레스-쉐리(Jeres-Xeres-Sherry)

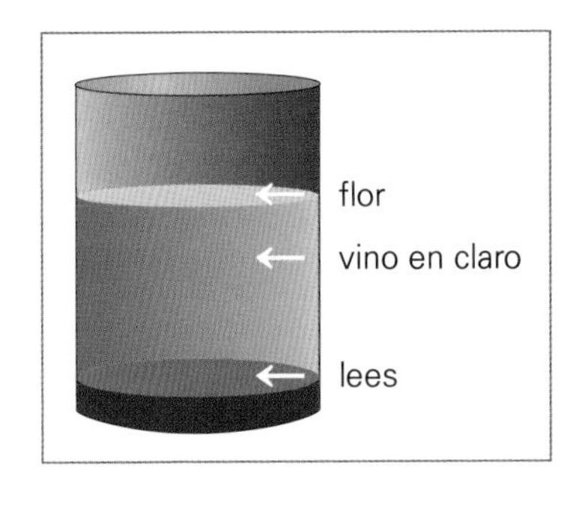

쉐리는 단일 지역 와인으로 가장 인기있는 와인이다. 스페인 와인 생산량의 3%에 불과하지만 특히 영국인들이 즐겨 마시며 식전주와 식후주로 세계에 알려진 주정 강화 와인이다. 쉐리는 공식명칭이 헤레스-세레스-쉐리(Jeres-Xeres-Sherry)로 세 개이며 남부 안달루시아 지방의 건조하고 태양이 풍부한 지역에서 생산된다. 쉐리는 팔로미노 품종으로 생산한 화이트 와인을 오크통에 가득 채우지 않고 90%만 채워 공기와 접촉시켜 발효시킨다. 와인의 표면에 플로(Flor)라는 백색의 효모막을 형성시키며 특유의 갓 구운 빵에서 나오는 쉐리 향기를 부여한다. 주정 또는 브랜디를 첨가하고 지상의 와인 창고에 쉐리가 들어 있는 통을 매년 차례로 쌓아놓는 솔레라(Solera) 시스템이라는 반자동 블렌딩 방법으로 숙성시킨다. 가장 오래된 아래 단을 솔레라라고 하고 각 단을 크리아데라(Criadera)라고 한다.

1) 쉐리의 종류

- 피노(Fino) : 엷은 색상의 기본적인 쉐리로 단맛은 없고 드라이한 맛으로 알코올 도수가 상대적으로 낮은 15도로 차갑게 마시는 식전주이다.
- 아몬티야도(Amontillado) : 피노와 같은 방법으로 생산되지만 숙성을 좀 더 시킨 것으로 숙성 과정이 길어지면서 호박색으로 되며 농축된 호두 향을 지닌다. 알코올 도수는 16~20도이다.
- 만자니야(Manzanilla) : 피노를 숙성시킨 쉐리이며 해풍의 영향을 받는 산루카르 데 바라메다(Sanlucar de Barrameda)에서 발효 숙성시켜 특유의 자극적이고 섬세한 맛을 지닌다.
- 올로로소(Oloroso) : 플로르가 생성되지 않고 생산하는 쉐리로 장기숙성으로 인해 짙은 황색의 진한 견과류 향을 지니고 있으며 알코올 도수가 피노보다 약간 높은, 주로 감미있게 생산되는 쉐리이다.
- 크림(Cream) : 달콤한 쉐리를 생산하기 위해 올로로소에 페드로 히메네스를 첨가하여 생산한 스위트 쉐리이다.
- 페드로 히메네스(Pedro Ximenez) : 페드로 히메네스 품종으로 생산한 포도를 건조시켜 얻은 즙으로 생산하여 감미가 높은 디저트 와인이다.

5. 그 밖의 스페인 와인들

- 프리오라토(Priorato) : 수도원이라는 뜻의 산지로 일조량이 연 2,600시간이며 기온이 15도의 지중해성 기후이다. 해발 100~700m의 경사진 언덕에 위치한 포도원에서 중후한 느낌의 활력이 넘치고 짙은 색에 깊은 맛의 와인을 생산한다. 토양은 점판암 토양과 점토질이 혼합된 지역으로 알코올 도수가 높은 편이며 짙은 적색에 풍미와 특히 검은 산열매로 진한 향의 와인을 생산한다. 1997년에 DO 지역으로 인정받고 2000년에 두 번째로 DOCa 산지로 승급되었다.
- 페네데스(Penedes) : 바르셀로나 남쪽 대서양 연안의 산지로 샴페인 방식의 스파클링 카바를 생산한다. 유명 포도원은 토레스(Torres), 장 레옹(Jean Leon) 등이며 프랑스 품종으로 유명 와인을 생산하고 있다.
- 카바(Cava) : 1870년 바르셀로나 서쪽의 페네데스의 카바 산지에서 처음 생산한 샴페인 방식으로 생산한다. 마카베오, 사렐로, 바레이다 품종으로 생산한 와인을 샴페인 방식으로 병에서 2차 발효시켜 법적으로 오랫동안 병숙성을 시킨다. 카바는 스페인 전역에서 카바 생산 규정에 맞게 샴페인 방식의 스파클링 와인을 생산하는 산지를 뜻한다. 가장 유명하고 생산량이 많은 카바는 페네데스의 카바이며 프레시넷(Frexinet), 코르도니유(Cordonieu) 등이 유명하다.
- 라 만차(La Mancha) : 스페인 중앙 고원지대로 가장 와인을 많이 생산하는 지역이다. 아이렌 품종으로 알코올 농도가 높고 산도가 약한 화이트 와인으로 브랜디나 블렌딩용 와인을 생산한며 센시벨 등의 품종으로 레드 와인을 생산한다.
- 토로(Toro) DO 산지 : 주로 향이 강한 레드 와인과 디저트 와인을 생산한다.
- 말라가(Malaga) : 남부 안달루시아 지방의 해안도시로 페드로 히메네스, 모스카델 등의 품종을 건조시켜 당도를 높인 후 발효시킨 후 오크통에서 숙성한 주정 강화 와인을 생산한다.
- 리아스 바이샤스(Rias Baixas) : 북서부 갈리시아 지방에서 알바리뇨 품종으로

생산하는 화이트 와인이다. 12세기 부르고뉴 수도사에게 양조기술을 전수받아 발전한 산지로 1988년에 원산지 지정 보호를 받는 산지가 되었으며 세계적으로 각광받는 화이트 와인을 생산한다.

04
포르투갈

1. 포르투갈 와인 개요

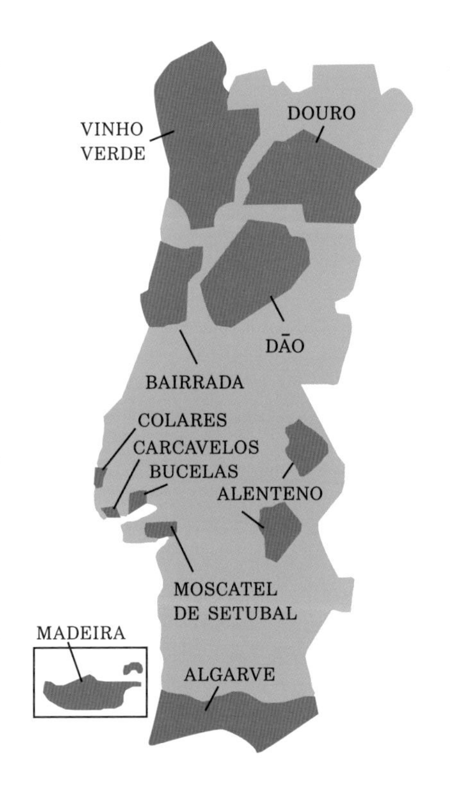

온난한 기후로 북부는 약간 서늘하고 남부는 해양성 기후와 지중해성 기후의 영향을 받는다. 기원전 12세기에 페니키아인이 포도를 재배하였고 로마시대에 양조기술이 전수되었으며 8세기부터 이슬람의 지배로 정체되었다. 그리스도교가 와인 산업 부활시키며 1386년 포르투갈과 영국이 윈저 조약으로 불가침 선언을 한 후 주정 강화 와인, 포트 와인 산업이 부흥하게 된다. 17 세기에 영-불 전쟁으로 포르투갈 와인의 영국 수출이 증가되고 1703년 메뚜앵 조약으로 영국의 특혜관세를 받아 수출에 활력을 받는다. 그러나 가짜 포트 와인이 범람하여 1758년 포트 와인의 원산지 명칭제도를 시작했다. 1908년 원산지 명칭 보호법이 확립되었으나 지역이 세분화되지 못하고 엄격하게 적용되지 못했다. 1986년 EU에 가입 후 프랑스 와인법을 응용하여 원산지 명칭제도를 재제정하며 다양한 개성을 지닌 와인을 생산하고 있다. 오래된 와인 산지 두오로 벨리와 피코섬이 유네스코의 문화유산으로 보호받고 있다.

1) 포르투갈 와인 등급

DOC(Denominação de Origem Controlada)

- DOC(Denominacao de Origem Controlada) : 전통을 자랑하는 지역의 와인
- IPR(Indicacao de Proveniencia Regulamentada) : 프랑스의 VDQS 등급과 같음
- Vinho Regionais : 지방의 와인
- Vinho de Mesa : 테이블 와인

2) 품종

(1) 레드품종

- 알프로쉐이루 쁘레뚜(Alfrocheiro Preto) : 짙은 색, 당도가 높은 품종. 다웅(Dao) 지역의 가장 우수한 대표품종으로 풍부한 검은 과일 향의 아로마와 향신료(Spice) 맛을 지닌다.
- 아라고네즈(Aragones) : 남부지역의 품종으로 스페인의 템프라니요와 동일한 품종이다.
- 토우리가 나시오날(Touriga Nacional) : 포트 와인을 생산하는 주품종으로 진하고 탄닌이 풍부하다.

(2) 화이트품종

- 알바린뉴(Alvarinho) : 포르투갈의 대표 품종으로 당도가 높아 알코올 도수가 있는 와인으로 단단한 과피를 가졌으며 좋은 구조감을 지닌다.
- 안따옹 바즈(Antao Vaz) : 더운 지방에서 잘 자라는 남부 여러 지역에서 재배하는 품종으로 가뭄에 내성을 지녔다. 특별한 개성은 없으나 값싸고 대중적인 품종이다.
- 아링뚜(Arinto) : 최고의 화이트 품종으로 일반와인과 스파클링 와인을 생산

하며 산도가 높고 숙성과 함께 과일 향이 풍부해진다.

- 세르시알(Cerceal) : 마데이라를 생산하는 품종으로 산도가 높고 드라이한 맛과 복합 미묘한 향미를 지녔다.

| 포르투갈 와인 용어 |

adega	포도원	reserva	좋은 빈티지의 고급 와인
casta	포도품종	quinta	포도밭
colheita	포도 생산연도	seco	스위트
dose	스위트	superior	알코올 함량이 1도 높음
espumoso	스파클링 와인	vinho branco	화이트 와인
garrafeira	오랜 숙성을 거친 와인	vinho rosato	로제 와인
maduro	숙성된 와인	vinho tinto	화이트 와인

2. 도우루(Douro)

도우루강을 따라 가파른 언덕의 험준한 산악지대 편암의 계단식 포도밭에서 대부분 포트 와인을 생산하는 산지이다. 지중해성 기후이다.

1) 포트(Port) 와인

포르투갈 북부 도우루강 상류의 알토 도우루 지역에서 주정 강화 와인을 생산한다. 포트 와인이라는 이름은 이 와인을 수출하는 오포르투(Oporto) 항구의 이름에서 유래하였으며 17세기경부터 생산되기 시작하였다. 포트 와인은 항해 중에 와인이 변질되는 것을 방지하기 위하여 브랜디를 첨가하여 알코올 함량 18~20도 정도로 알코올 농도가 진하고 농축된 향미를 지닌 와인이다. 포트 와인은 대부분 레드 와인으로 생산하나 일부는 화이트 와인으로도 만들어진다. 주품종은 토우리가 나시오날로 생산한 와인에 알코올 도수 75~77%의 브랜디를 첨가하여 생산하는 디저트 와인으로 80% 이상이 영국으로 수출된다. 일반적으로 스페인의 쉐리는 와인의 발효가 끝나면 브랜디를 첨가하여 드라이한 맛으로 식전주로 사용되며 포트는 와인이 발효되는 동안 브랜디를 첨가하여 효모의 활동을 멈추게 하여 잔당이 남아 감미가 느껴지는 디저트 와인으로 생산된다. 포트는 전통적으로 라가(Lagar)라는 돌로 만든 사각형 틀에 사람들이 들어가 발로 포도를 으깨어 와인을 생산했다. 포트는 숙성기간과 방법에 따라 여러 스타일로 분류된다.

2) 포트의 종류

- 루비(Ruby) : 오크통에서 2~3년간 숙성하며 병 숙성은 하지 않는다. 오래 숙성시키지 않은 와인으로 생산하며 색이 진하고 신선하다.
- 토니(Tawny) : 루비보다 품질이 좋은 포도로 생산하며 오크통에서 4~5년간 숙성시켜 황갈색을 띠며 견과류 향이 있다. 오크통에서 6년 이상 숙성시킨 것은 Aged Tawny라고 하여 고급으로 분류된다.
- 화이트 포트(White Port) : 예외적으로 화이트 와인으로 생산한 포트 와인이다. 오크통에서 숙성하여 부드러우며 다른 포트보다 드라이하여 식전주로 사용한다.
- 빈티지 포트(Vintage Port) : 빈티지가 좋았던 해에 생산하며 10년에 2~3번 생산한다. 수확한 지 2년 안에 병입하고 8~10년을 병 속에서 오래 숙성시켜 특유의 복합적인 맛을 느낄 수 있으며 진한 루비색과 농도가 진한 과일 향을 풍긴다.

3. 그 밖의 포르투갈 와인들

- 다웅(Dao) : 도우루강 남쪽 중앙의 해빌 200~500m의 구릉지대에 위치하며 화강암과 편암의 건조한 지역 토양에서 고품질의 와인을 생산한다. 중후한 와인을 생산하는 산지로 포르투갈의 중심지이다.
- 비뉴 베르드(Vinho Verde) : 북서부에 위치하는 푸른 와인(Green wine)의 뜻을 가진 화이트 와인 산지로 겨울에도 온난하며 미뉴강과 리마강이 흐르는 미세한 기후를 지녔으며 최대 와인 생산지이다.
- 미뉴(Minho) : 북서부에 위치하여 12세기부터 영국에 와인을 수출하였으며 해안지방에서 가볍고 신선한 와인을 생산한다.
- 마데이라(Madeira) : 대서양 연안 포르투갈 소유의 화산으로 이루어진 섬에서 세계 3대 주정 강화 와인 마데이라를 생산한다.

05
독일

1. 독일 와인의 개요

독일 와인은 고대 로마가 점령하며 BC 100년경 포도재배가 시작되었다. 이 지역을 통치했던 프랑크 왕국의 샤를마뉴 대제는 양조 장려책을 폈고 발로 밟는 양조법을 금지시켰다. 중세에는 수도원에 의해 포도재배 기술과 포도재배의 표본이 완성되었고 1803년 나폴레옹은 라인지방을 점령하고 교회 포도밭을 분할매각하였다. 독일은 와인 생산지로는 최북단인 위도 47~55도의 북방 한계에 위치한 지역으로 날씨가 춥고 일조량이 부족하기 때문에 당분 함량이 낮아서 도수가 낮고 과일 향이 풍부한 세계적으로 유명한 화이트 와인을 생산하는 산지이다. 독일의 와인 산지는 남부와 남서부의 모젤강과 라인강을 따라 가파른 언덕에 위치한다. 와인등급은 당도를 기준으로 포도의 성숙도를 기준으로 한다. 독일의 와인은 위도가 높고 추운 기후 때문에 최고의 화이트 와인 산지로 유명하지만 최근에는 온난화 현상과 프렌치 패러독스의 영향으로 레드 와인의 생산량이 36%로 계속 증가하고 있다. 1971년 와인법으로 11개 생산지역이 규정되었고 1989년 독일 통일로 2개 지구가 추가되었다.

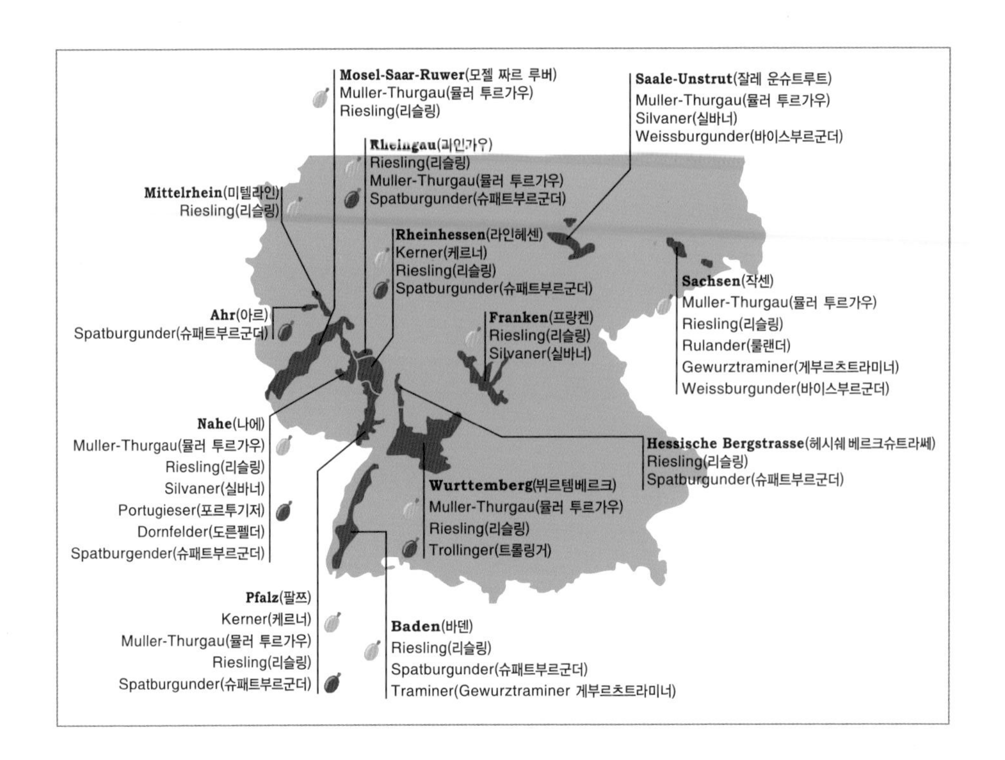

1) 독일의 와인 등급

1971년 품질등급의 기준이 확립되어 등급은 포도밭이 아니라 포도의 성숙 정도와 수확된 포도의 당분 함유량을 기준으로 정해지게 되었다.

- QmP(Qualitatswein mit Pradikat)
- QbA(Qualitatswein bestimmter Anbaugebiete)
- Landwein
- Tafelwein

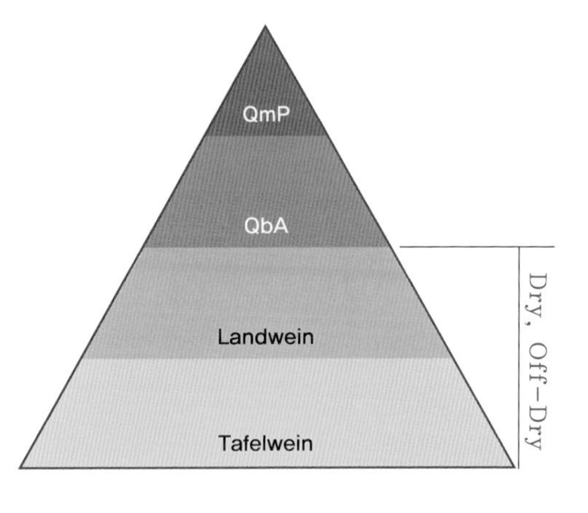

(1) QmP 등급

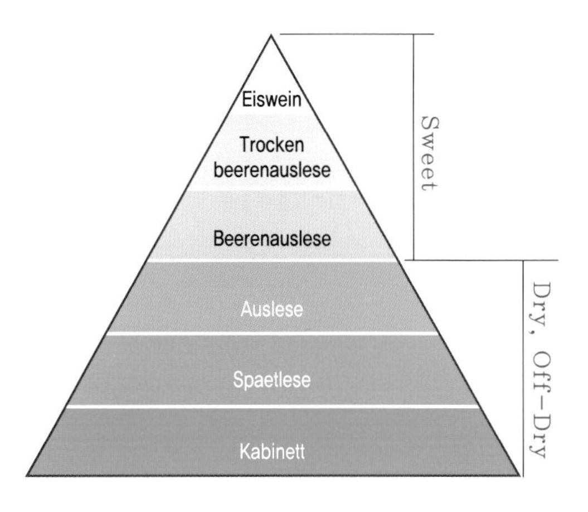

독일 스위트 와인의 최상위 등급으로 법적으로 당분 첨가를 일절 금지하며 다시 6개의 등급으로 분류된다.

- 까비네트(Kabinett) : 잘 익은 포도로 만들며 일상 와인 중 고급 와인이다.
- 슈패트레제(Spatlese) : 늦게 수확하여 충분히 익은 포도로 만든 와인으로 균형 잡힌 맛과 잘 익은 과일 향을 지닌다.
- 아우스레제(Auslese) : 특별히 선별한 포도송이로 만든 와인이다.
- 베렌아우스레제(Beerenauslese) : 늦게 수확해서 완전히 익은 좋은 포도알만 골라 맛이 진하고 풍부하며 다양한 향기를 지닌다.
- 트로켄베렌아우스레제(Trockenbeerenauslese) : 보트리티스 곰팡이의 꿀과 같이 달며 오묘한 향과 깊은 맛을 가진 최고 품질의 귀부 와인이다.
- 아이스바인(Eiswein) : 한겨울에 나무에 달린 채 얼어버린 잘 익은 포도를 녹기 전에 압착한 것으로 양이 매우 적어 비싸지만 최고급의 향기와 맛을 지닌다.

(2) 드라이 와인의 새로운 등급

2000년 고급 드라이 와인의 새 등급

- 클라식(Classic) : 아로마가 풍부한 균형 잡힌 와인
- 셀렉션(Selection) : 단일 포도밭 단일품종의 고급 와인

(3) 독일 우수 와인 등급 VDP(Verband Deutscher Prädikats)

1910년에 결성된 전국적인 조직으로 최고의 품질이며, 포도재배와 양조를 한 우수한 양조자의 모임으로 포도알이 들어 있는 독수리 마크가 와인 레이블에 표기

된다. 최고의 품질을 요구하고 유지하기 위한 우수 와인 등급이다. 2002년 독일 우수 포도원의 등급으로 프랑스의 그랑 크뤼 등급과 같다.

(4) 공인검사번호(A.P. Nr. : Amtliche Pruefung Nummer)

QmP, QbA, 스파클링 와인에 부여되는 품질검사를 증명하는 번호이다. 해마다 빛깔, 투명도, 향기, 맛 등 관능검사와 화학분석 실험을 통과해야 하며 원산지를 증명하는 제도이다.

2) 독일의 품종

(1) 레드품종

- 스패트부르군더(Spatburgunder) : 프랑스 부르고뉴 지방이 원산지인 피노 누아 품종으로 화려하고 우아하며 독특한 향기를 지녔으며 서늘한 지역에서 잘 자라는 조숙성 품종이다.
- 포르투기저(Portugieser) : 루비빛의 과일 향이 많고 생산성이 좋은 조숙종으로 풍부한 풍미를 지녔다. 경쾌하고 부드러워 마시기 쉬우며 오스트리아 다뉴브강에서 유래했다.

(2) 화이트품종

- 리슬링(Riesling) : '귀한 쌀'이라는 '에들레스 라이스(edles Reis)'란 뜻의 오버라인 야생품종이다. 라인가우와 모젤의 가장 오랜 전통 품종으로 기후 열세를 극복하고 암반의 강가 비탈진 경사면이 최적의 재배지이며 전형적인 복숭아와 사과 향을 지닌다.
- 뮐러 투르가우(Muller-Thurgau) : 독일에서 가장 대중적인 품종으로 리슬링과 실바너의 교배종으로 투르가우 출신의 뮐러 박사가 개발한 꽃 같은 방향과 리슬링보다 부드러운 산미를 지닌 신선한 품종이다.

• 실바너(Silvaner) : 독일에서 주로 재배되며 오래된 품종으로 과즙의 농도가 약간은 묽은 느낌을 준다. 리슬링보다 약간 조숙하며 가볍고 부드러운 맛의 산미를 지닌다.

| **독일 와인 용어** |

eiswein	아이스 와인	rosewein	로제 와인
etikett	와인 레이블	schloss	성
halbtroken	미디엄 드라이	sekt	스파클링 와인
keller	와인 저장고	troken	드라이
rotwein	레드 와인	weisswein	화이트 와인

2. 모젤(Mosel)

로마의 점령지로 로마 문화의 영향을 받은 지역이다. 로마는 군인에게 보급할 와인을 생산하기 위해 모젤 강변에 포도를 재배하였다. 기후의 열세를 극복하기 위해 모젤 강변의 꼬불꼬불한 강 구비의 매우 가파른 남향 언덕에 포도밭이 위치한다. 위도가 높고 대륙성 기후를 가진 서늘한 기후로 모젤강과 지류인 짜르, 루버강을 바라보는 남쪽과 남서부의 가파른 언덕에서 물에 반사된 햇빛을 받으며 포도가 익는다. 최고의 포도밭에서는 포도밭에 보다 많은 열과 빛을 얻기 위하여 상층토 표면의 흙을 대신하여 이 지역에서 흔히 구할 수 있는 석판(Slate)을 작게 잘라서 표면에 덮어 포도를 보호한다. 석판은 점판암에 속하며 점토질의 퇴적암으로 편의에 따라 납작한 박판으로 쪼개지는 성질을 가진 암석이다. 포도밭의 석판이 뜨거운 여름에는 낮의 태양열을 간직하고 기온이 급강하하는 밤에는 열을 발산하며 땅의 습기를 유지시키는 역할을 한다. 산도가 높고 가볍고 미네랄 성분이 풍부한 와인을 생산한다. 모젤강의 상류는 프랑스 · 룩셈부르크와 국경지대에 위치하며 독일에서 가장 오래된 도시로 유네스코 문화유산에 등록된 중심도시 트리어(Trier)가 위치한다. 고대 로마 와인문화의 중심지로서 역사적 자취를 보여준다. 모젤의 와인은 주로 리슬링으로 생산하며 산도가 높고 과일 향기가 있고 알코올 농도가 낮으며 목이 긴 녹색병을 사용한다.

3. 라인가우(Rheingau)

독일의 질 좋은 와인을 생산하는 최고급 와인 산지로 소규모의 포도밭이 많다. 위도가 높은 지역으로 대부분의 포도밭이 타우누스산맥과 라인강 사이의 남쪽을 바라보는 가파른 언덕에 위치한다. 샤를마뉴 대제가 요하네스성 가까이에 처음 포도밭을 조성한 곳이다. 모젤보다 알코올 함량이 높고 원숙한 맛을 내며 갈색병에 와인이 담긴다. 독일 와인의 최적지로 면적은 전체의 3%에 불과한 작은 산지이지만 QmP 등급의 근원지이다. 베네딕트 수도원에서 와인을 생산한 지역으로 요하네스버그의 리슬링이 유명하다. 대부분 리슬링 품종을 생산하지만 프랑스의 부르고뉴 지역에서 전래한 적포도 슈패트부르군더(피노 누아)도 소량 생산한다. 목이 가늘고 긴 갈색병을 사용한다.

4. 그 밖의 독일 와인들

• 라인헤센(Rheinhessen) 산지 : 가장 큰 와인 생산지로 생산량은 2위이며 섬세한 향기의 리슬링을 생산한다. 부드럽고 달콤한 맛의 화이트 와인으로 유명한 독일을 대표하는 브랜드인 리브프라우밀히(Liebfraumilch 성모님의 우유)를 생

산한다.

- 라인팔츠(Rheinpfalz) : 생산량이 최고이며 두 번째로 큰 포도 재배 지역으로 레드 와인의 25%를 생산한다. 평범한 와인부터 최상급의 귀부 와인까지 생산한다.
- 프랑켄(Franken) 산지 : 서늘한 기후로 가장 남성적인 와인을 생산한다. 라인강과 그 지류인 마인강둑 가파른 경사지역으로 복스보이텔이란 녹색의 병을 사용한다.
- 아르(Ahr) : 본 남쪽의 가장 위도가 높은 지역으로 아르강을 바라보는 포도밭에서 가볍고 독특한 과실 맛의 레드 와인을 주로 생산한다.

06
오스트리아

1. 오스트리아 와인 개요

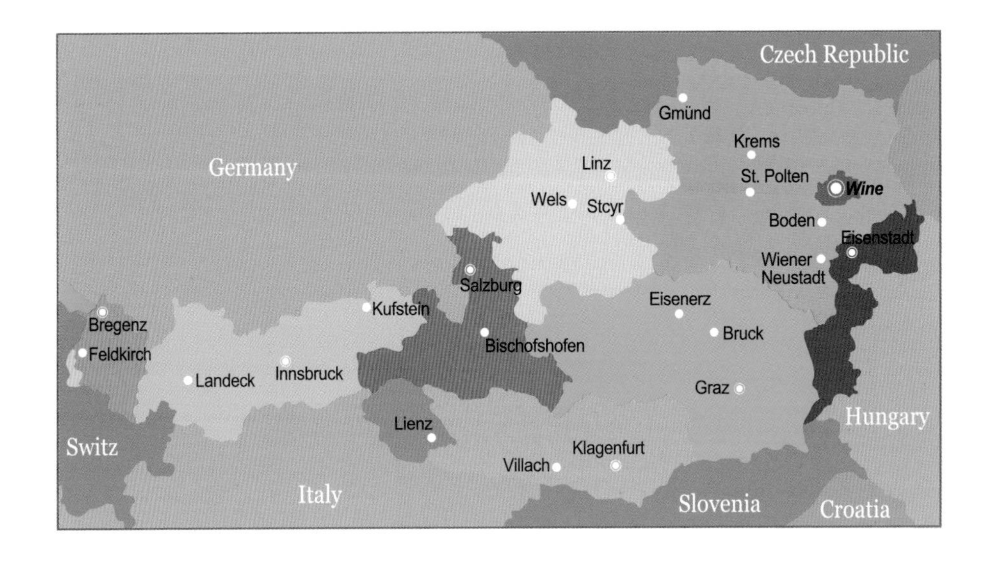

기원전 로마의 지배를 받으며 와인 양조기술을 도입하게 되었고 독일, 프랑스 부르고뉴, 헝가리 등 주변국의 영향을 받았다. 전 국토의 2/3가 알프스산맥으로 와인을 생산하는 산지는 동부와 남동부의 다뉴브강이 흐르는 수도 다뉴브 남부의 부르겐란트(Burgenland)와 북부의 니더외스터라이히(Niederosterreich) 등 4개 지방에 포도원이 위치한다. 레드 와인은 30%, 드라이 화이트 와인은 70%를 생산한다.

1) 품종

(1) 레드품종

- 블라우어 쯔바이겔트(Blauer Zweigelt) : 체리향이 풍부하여 아로마가 많고 스파이시한 느낌을 주며 라이트 바디의 가벼운 타입의 와인을 생산한다.
- 블라우프랑키쉬(Blaufrankisch) : 블랙체리, 계피 향과 적당한 탄닌을 지녔다.

(2) 화이트품종

- 그뤼너 펠트리너(Gruner Veltliner) : 오스트리아의 가장 대표적인 품종으로 비엔나를 중심으로 많이 생산되는 사과, 파인애플과 같은 상쾌한 과일 향과 스파이시함이 느껴지는 품종이다.
- 바이스 부르군더(Weissburgunder) : 피노 블랑 품종을 뜻하며 바디감이 있다. 견과류의 향과 스파이시하며 부드러운 과일 향을 지녔다.

2. 오스트리아 와인 산지

- 부르겐란트(Burgenland) 산지 : 비엔나의 남동쪽과 헝가리 국경에 위치하며 생산량의 36%를 차지한다. 일반 와인과 노이지들러 호수가 생성하는 미기후로 인하여 해마다 보트리스 시네리아 곰팡이가 발달하여 귀부 와인 생산을 가능케 한다.
- 니더외스터라이히(Niederosterreich) 산지 : 낮은 오스트리아라는 뜻으로 비엔나를 감싸고 있는 지역이며 생산량의 60%를 차지한다.
- 빈(Wien, 비엔나) : 유일하게 수도에 와인 산지가 있는 곳으로 남부 약 620ha의 포도밭에서 레드와 화이트 와인을 생산한다.

07
헝가리

1. 헝가리 와인 개요

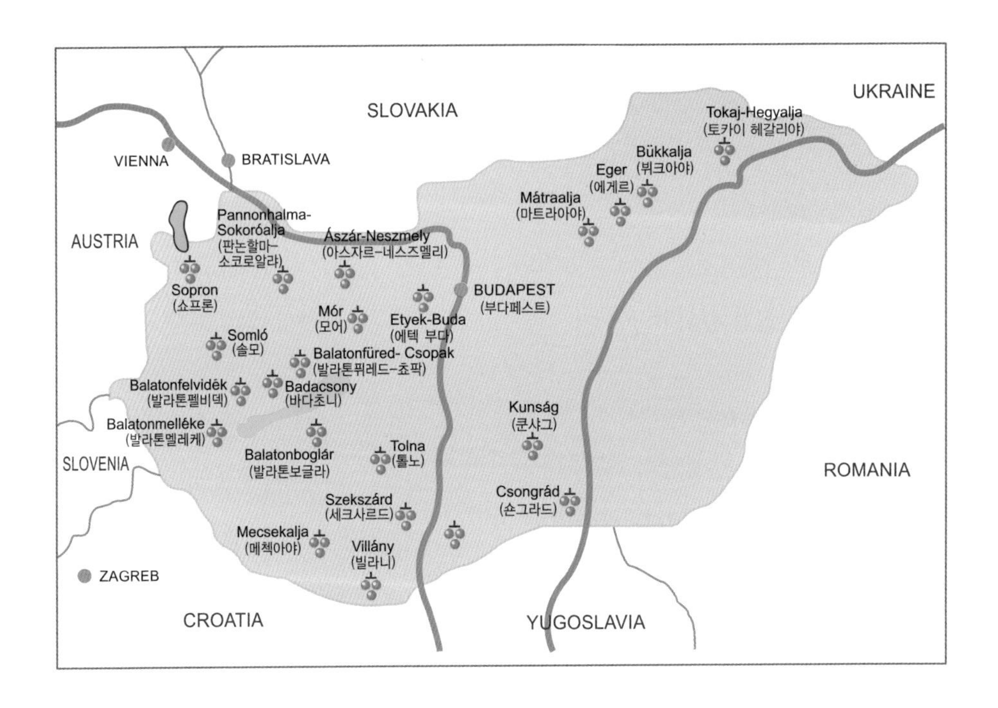

포도재배의 북방 한계선에 위치하며 전형적 대륙성 기후의 산지로 대평원과 다뉴브강과 발라톤 호수가 있는 헝가리는 다뉴브강 서쪽에서 로마시대에 포도를 생산한 전통적인 와인 생산지이다. 1600년대에 투르크의 공격으로 포도를 수확하지 못하고 오랫동안 포도가 나무에 매달려 껍질에 곰팡이가 피고 수분이 증

발한 마른 포도로 뒤늦게 와인을 생산하며 우연히 세계 최초의 귀부 와인이 생산되었다. 이 디저트 와인은 프랑스의 루이 15세는 물론 유럽의 황제들이 즐겨 마신 황금의 액체이며 헝가리의 금광이라 부르는 최고 수출품으로 유네스코 세계문화유산으로 지정되었다. 1552년 부다페스트 동북쪽 토카이 길목의 에게르 마을을 투르크가 공격해 왔을 때 용기를 내기 위해 와인을 마신 병사들의 옷과 입에서 혈색이 보이자 이슬람교도인 투르크는 황소를 손으로 잡고 피를 마시고 공격하는 것으로 착각해 퇴진하였다. 에게르는 유명한 레드 와인 산지로 헝가리의 와인 생산은 전쟁과 연관되어 있다.

1) 헝가리 품종

- 레드품종 : 코르도카, 케크프랑키시, 쯔바이겔트, 카베르네 소비뇽, 메를로
- 화이트품종 : 에세르요, 블라우플랭키시, 푸르민트, 할슬레블뤼, 뮈스카

2. 토카이(Tokaji)

부다페스트에서 동북부로 240㎞에 위치한 토카이 헤갈리야는 세계 최초의 귀부 와인 산지이다. 젬플렌 산의 보드로그강과 티사강이 합류하는 미기후로 가을 안개가 자주 발생하는 지역에서 곰팡이에 감염된 포도로 와인을 생산하는 산지이다. 위도가 높은 지역이지만 카르파니마 산맥이 찬바람을 막아주며 온화한 기후로 충적토, 점토로 이루어져 있다. 산도가 높고 껍질이 얇은 푸르민트 품종과 산도와 향이 풍부한 할슬레블뤼 품종과 신선함을 제공하는 뮈스카 품종 등으로 생산한다. 1700년대에 헝가리 왕실이 소유한 초일류 포도밭으로 고가의 전설적인 와인 생산지였다.

- 토카이 아수(Tokaji Aszu) : 곰팡이가 피어 보트리스 시네리아의 영향을 받은 귀부포도 아수(Aszu)와 드라이 와인을 블렌딩하여 생산한다. 아수를 푸톤(Putton)이라는 20리터 용기에 담고 으깨서 140리터 통에 넣어 블렌딩하고 습도가 높은 지하 저장 창고에서 수 개월에서 수 년 동안 2차 발효를 한다. 아수를 많이 넣을수록 고급 와인이며 푸톤으로 숫자를 표시한다.
- 토카이 에센시아(Tokaji Eszencia) : 넥타(Nectar)라는 뜻의 에센시아는 귀부포도 아수만으로 생산한 500~700g/리터의 높은 당도로 알코올 도수가 5~6도를 넘지 못한다. 오크통에서 10년 이상 숙성시켜 생산한다. 진하고 끈적이는 와인으로 마시기보다 주로 토카이 아수와 블렌딩한다.
- 토카이 아수 에센시아(Tokaji Aszu Eszencia) : 토카이 에센시아와 토카이 아수 6푸톤을 블렌딩하며 예외적으로 좋은 해에만 생산한다.

3. 그 밖의 헝가리 와인들

- 에게르(Eger) : 부다페스트에서 150km 동북쪽의 대평원에 펼쳐진 화산토의 언덕에 위치한 유명한 레드 와인 산지이다. 케크프랑키시, 케크포르토, 카베르네 소비뇽, 메를로 품종 등을 블렌딩해서 생산한 진하고 무게감을 가진 와인이다. 이슬람교도인 투르크의 침략을 막은 황소의 피라는 뜻으로 에그리 비커베르(Egri Bikaver) 와인을 생산한다.

• 발라톤(Balaton) : 동부에 위치하며 유럽에서 두 번째로 크고 동서로 기다란 발라톤 호수의 화산토양이다. 올라스 리슬링, 샤르도네 등의 화이트 품종과 케크프랑키시, 쯔바이겔트 등의 레드 품종으로 와인을 생산한다.

08
루마니아

1. 루마니아 와인 개요

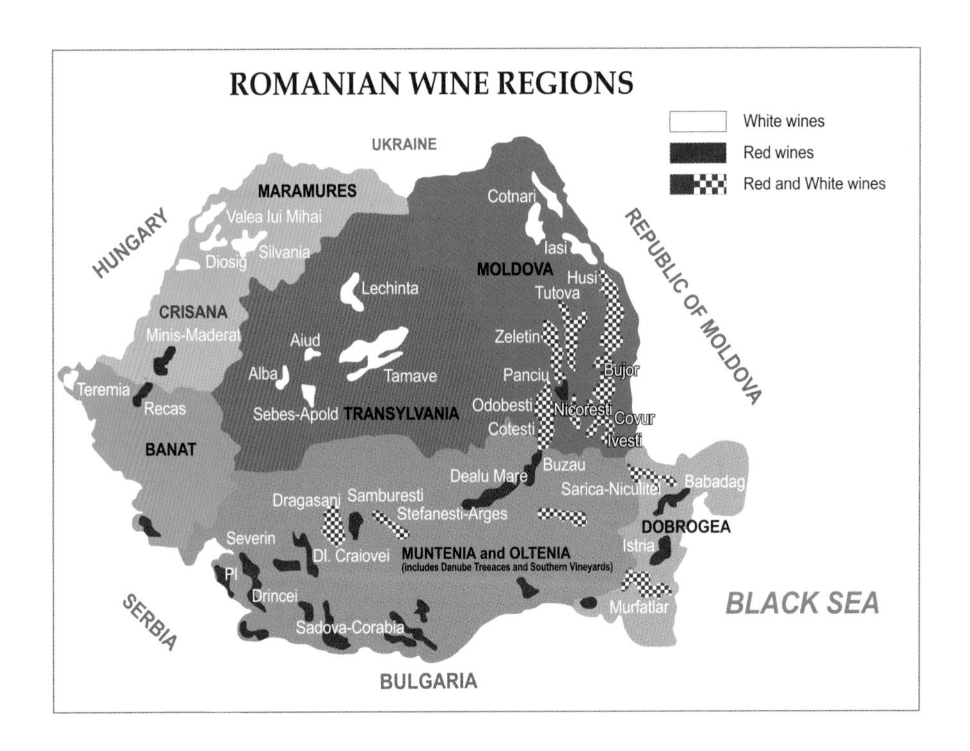

중유럽의 남동부에 위치하며 남부에 다뉴브강이 흐르고 불가리아와 국경을 이룬다. 약 3000년 전에 흑해에 도착한 그리스인에 의해 와인을 생산하였으며 와인의 신, 디오니소스의 고향으로 알려져 있다. 로마의 지배로 영향을 많이 받은 지역으로 생산량은 12위이다. 흑해의 영향을 받는 지중해성 기후와 다뉴브강 삼각지대에서 와인을 생산한다. 프랑스와 같은 위도에 위치하며 온대기후와 대륙성기후의 중간 기후대에 놓여 있다. 중세에 색슨족이 이주하며 다양한 독일의 품종이 심어졌다. 1880년대에 심각한 필록세라의 피해로 프랑스의 도움을 받으며 프랑스 품종의 생산이 증가하였다.

1) 루마니아 품종

- 적포도품종 : 페테아스까 네아그라, 바베아스카, 카베르네 소비뇽, 메를로, 피노 누아
- 백포도품종 : 페테아스까, 그러서, 떼미오아서, 리슬링, 피노 그리, 알리고테, 샤르도네

2. 루마니아 와인들

- 코트나리(Cotnari) : 동북부의 몰도바에 위치한 가장 규모가 큰 대표 산지이다. 루마니아 포도의 약 1/3이 생산되며 몰도바의 왕이라고 부른다. 스테판 대제가 와인 생산을 장려하기 위해 도로를 만들고 지하 창고를 만든 역사적 산지이다.
- 타르나브(Tarnave) : 중앙에 위치하였으며 서늘하고 위도가 높으며 습도가 많은 지역이다. 산도가 높은 화이트 와인이 생산된다.

09
조지아

1. 개요

기원전 6세기 약 8천 년 전부터 조지아에서 발명된 와인이 유럽뿐만 아니라 중국까지 전파된 것으로 추정되어 와인이 존재하는 이유라고 생각할 수 있다.

조지아(구 그루지야)는 유럽과 아시아가 만나는 경계에 위치한 나라로 면적은 아일랜드나 오스트리아와 비슷하다. 조지아는 북쪽으로는 러시아, 남서쪽으로 터키와 아르메니아, 동쪽으로는 아제르바이잔과 아시아를 접하고 있다. 조지아는 실크로드가 흑해를 지나 이스탄불에 닿는 관문이었다. 이로 인해 조지아는 페르시아, 몽골, 터키, 러시아 등 이웃 국가의 침략이 잦았고 이런 복잡한 상황에서도 조지아인은 문화를 잘 보존했다.

우리가 사용하는 와인이라는 말의 기원도 이곳에서 찾을 수 있다. 조지아어로 와인은 그비노(Ghvino)라고 불린다.

조지아 국기

크베브리 가마터

다양한 모양의 크레브리 항아리

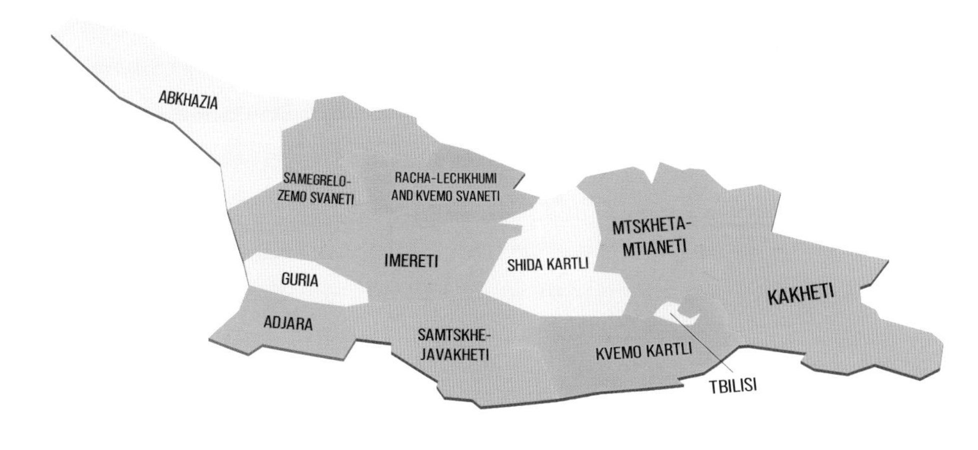

조지아 와인 산지

크베브리 | 용량은 작게는 20리터에서 가장 크게는 5,000리터까지 다양하다. 크베브리는 진흙을 한 겹씩 덧붙여가며 만들기 때문에 1개 제작에 약 1달이 소요된다. 크베브리의 두께는 3~5cm이며, 말린 뒤 밀봉된 1천도 이상의 가마에 넣어 구운 뒤 식혀서 완성한다. 와인 생산자는 이렇게 완성된 크베브리를 목 부분까지 땅에 묻는다. 땅속에 묻힌 크베브리는 온도가 일정하게 유지된다.
크베브리로 만든 와인은 단일품종 와인 혹은 블렌딩 와인이 될 수 있다. 앰버 와인은 보통 크베브리가 보관된 온도 그대로 마시며, 대부분 수확연도에서 1~3년 안에 마시는 것이 좋다.

2. 조지아 와인의 역사

- 기원전 5천 년 청동기 시대 전기로 아이오리강 협곡에서 포도씨 발견, 유물 중 작은 크베브리 항아리들이 만들어졌음을 보여준다.
- 기원전 8세기 포도 재배는 조지아 동부와 서부 전역으로 확산되었고 기록은 그리스 문헌에 남아 있다. 당시 조지아는 콜키스(Colchis)로 불렸

전사의 벽 : 조지아의 상징물

으며 그리스인들이 조지아에서 만든 훌륭한 와인을 맛본 경험이 기록되어 있다.

바그라트 3세

- 기원전 7세기에 현대적인 크베브리가 출토되었으며 좀 더 현대적이고 다양한 항아리가 만들어졌고 크기도 커지기 시작했음을 알 수 있다.
- 기원후 4세기 조지아가 국교를 기독교로 개종한 후 와인과 포도는 종교의식과 대중에게 다양하고 새로운 의미를 주었다.
  이 시기 이후 많은 도시에서 와인 저장고를 볼 수 있었고 벽돌 등으로 만든 와인 압착기를 사용하여 와인을 만들었다.
- 10세기부터 13세기는 조지아 와인의 황금기로 다양한 종류의 포도가 개발되고 새롭고 더욱 규모가 큰 와인 저장고들이 만들어지고 주변 국가와의 무역도 시작되었다.

- 19세기 조지아 와인은 당시 왕세자였던 알렉산더 차브차바제의 노력으로 점차 유럽스타일의 와인으로 바뀌었으며 크베브리와 오크통을 보관할 수 있는 지하 와인 저장고를 건립하였다. 왕세자 또한 개인적으로 많은 와인들을 보관하고 수집하였음을 알 수 있었다.

- 20세기 조지아 와인 산업은 빠른 속도로 성장하여 전국적으로 수백 종의 와인이 생산되었고 여러 와인 박람회에 참여했다.
  1929년 정부기관 샘트레스트가 설립되어 와인 생산의 모든 공정을 규제하였고 이를 구소련이 독점 진행했다. 1960~70년대에 구소련 스타일의 대량 생산방식이 적용되어 대량 생산이 가능한 교배종들이 많은 토착 품종을 대체

하게 되었다. 이 조치가 조지아 와인 산업에 많은 피해를 끼치게 되었다. 이를 계기로 많은 산업이 다시 개발되거나 쇄신되었다.

3. 주요 품종

조지아는 전 세계 포도품종의 많은 토착 포도품종을 갖고 있으며 많은 품종들이 자생하고 있기 때문에 살아 있는 포도나무 종자은행이라 불리고 있다. 조지아에서 확인된 포도품종은 총 526종이며, 이 중 40종 이상이 상업적으로 활발하게 재배되고 있다.

1) 조지아의 대표적인 백포도품종

(1) 치누리(Chinuri)

익으면서 적황색을 띠며 재배가 크게 까롭지 않고 다양한 양조방식에 잘 어울리는 포도품종

치누리

(2) 키시(Kisi)

한때 멸종위기종이었으나 뛰어난 품질과 잠재능력으로 재배가 증가하고 아르고히-마하아니 지역이 대표산지

- 므츠바네(Mtsvane)
- 캇시텔리(Rkatsiteli)
- 아바시르흐바(Avasirkhva)
- 츠비틸루리(Chvitiluri)
- 고룰리 므츠바네(Goruli Mtsvane)
- 히흐비(Khikhvi)

키시

- 크라후나(Krakhuna)
- 메스후리 므츠바네(Meskhuri Mtsvane)
- 므츠바네 카후리(Mtsvane Kakhuri)
- 치츠카(Tsitska)
- 촐리코우리(Tsolikouri)

2) 조지아의 대표적인 적포도품종

(1) 사페라비(Saperavi)

조지아의 대표적인 적포도품종이며 두꺼운 껍질과 단단한 탄닌을 가지고 있고 숙성하는 데 오랜 시간이 필요함

사페라비

(2) 알라다스투리(Aladasturi)

가뭄에 강하며 다양한 종류의 토양에서 잘 자랄 수 있어 조지아 어디에서나 재배하며 장기숙성 잠재력을 가짐

- 알렉산드로울리(Aleksandrouli)
- 츠하베리(Chkhaveri)
- 무주레툴리(Mujuretuli)
- 오잘레쉬(Ojaleshi)
- 오츠하누리 사페레(Otskhanuri Sapere)
- 샤브카피토(Shavkapito)
- 타브크베리(Tavkveri)
- 젤샤비(Dzelshavi)

알라다스투리

4. 조지아 와인 산지와 기후

조지아는 국토 면적의 3분의 1이 산악지대다. 코카서스 산맥은 조지아 북쪽 러시아와의 경계에 있다. 이 산맥은 해발고도 4~5,000m에 이르는데, 러시아에서 불어오는 시린 북풍을 막아준다. 조지아 서쪽에 자리한 흑해는 포도가 자라는 데 필수적인 온기와 수분을 머금은 공기를 포도원에 공급해 준다.

코카서스산맥에서 남서쪽 흑해로 이어지는 평원에는 14개 주요 강을 포함해 크고 작은 강줄기가 있다. 이 강들은 미네랄이 풍부한 충적토양의 포도원을 만든다. 조지아는 진흙이 많으며, 일부 지역엔 고운 석회암질 토양이 분포한다.

조지아 기후는 평균적으로 보면, 포도 재배에 매우 이상적이다. 여름은 너무 덥지 않고, 겨울도 온화하다. 산들이 냉해를 막아줘서 포도원은 냉해 걱정 없는 봄을 보내며, 산에서 흘러온 미네랄이 풍부한 강물은 배수가 잘 된다.

조지아는 작은 나라지만 기후는 아열대부터, 알프스 산악기후대 그리고 반사막 기후까지 매우 다양하다. 서쪽으로 갈수록 연중 비가 내려 습기가 많으며 아열대성 해양성 기후를 지닌다. 콜헤티(Kolkheti)평원은 아열대, 온대, 추운 대륙성 기후까지 다양한 만큼 와인 스타일도 다양하다.

조지아 포도원 규모는 45,000 헥타르이며, 연간 1,500억 리터의 와인을 생산한다. 조지아에서는 20개 와인 산지가 원산지 지정 보호를 받는다. 가장 중요한 와인 산지는 카헤티(Kakheti)로 조지아 와인의 70%를 생산한다.

5. 조지아의 와인 양조

조지아 와인은 크게 2가지 방법으로 와인을 양조한다.

하나는 우리가 알고 있는 유럽식 양조법이고, 다른 하나는 유네스코 문화유산으로 지정받은 전통 크베브리(Qvevri) 양조법이다. 크베브리에서 만든 와인을 오렌지 와인(Orange wine) 혹은 앰버 와인(Amber wine)이라 부른다. 이 와인이 바로 와인의 원형이자 내추럴 와인 근원이라고 할 수 있으며 2004년 영국 와인 수입업자인 데이비드 하비(David Harvey)가 껍질과 접촉해 만든 화이트 와인을 부르고자 쓰기 시작한 표현으로 오렌지 와인이라는 명칭을 사용하였으며 조지아에서는 앰버 와인으로 부른다.

PART 6

신세계 와인

01
미국

1. 미국 와인의 개요

역사 기록에 의하면 콜럼버스가 신대륙을 발견하기 500년 전에 미국에서는 이미 포도가 재배되고 있었다. 본격적으로 유럽식 포도가 재배된 것은 약 200년 전으로, 미국의 와인은 뉴욕에서 멕시코를 통해 들어온 프란체스코 선교사들이 성찬용 와인을 만들면서 시작되었다. 뉴욕주에서 처음 제조된 와인은 사람들이 황금을 찾아 서부로 대이동하여 캘리포니아에 정착하면서 캘리포니아 와인 산업이 발달하게 되었다. 19세기 중반 고급 유럽 포도품종의 도입은 미국 포도주 역사에 있어서 획기적인 발전이었다. 이로 인하여 캘리포니아 사람들은 유럽 와인의 제조 경험을 토대로 좋은 와인을 제조할 수 있게 되었다. 그 이후 1919년부터 1933년 사이에 금주령 등 어려운 고비를 맞게 된다. 하지만 20세기 중반 미국의 와인

미국 캘리포니아(UC-Davis)대학 식품공학과의 양조 관련 시설

산업은 최근 30년 사이에 캘리포니아 2개의 주립대학(UC-Davis와 UC-Fresano)에 설치된 양조학과와 뉴욕주 코넬대학 식품공학과에 의한 과학적인 연구로 비약적인 발전을 하게 되었다.

미국은 전 국토에서 와인용 포도가 재배되며, 주요 생산지는 캘리포니아주, 워싱턴주, 뉴욕주, 오리건주이다. 캘리포니아주의 생산량은 미국 와인의 90%를 차지한다. 미국의 동부는 대륙성 기후로 겨울에 너무 추워 포도 재배에 그다지 적합하지 않지만, 서부 해안지방은 포도 재배에 이상적인 기후를 가지고 있다. 특히 캘리포니아 전 지역은 일조량이 충분하기 때문에 포도나무 재배에 적합한 지역을 발굴하게 되었다. 더구나 캘리포니아 지역은 유럽에 비해 기후 변화가 거의 없으며, 포도가 자라는 계절에 강수량이 적어 유럽에 비해 수확연도에 따른 포도 품질의 차이가 거의 없다.

뉴욕주에 소재한 코넬대학 식품공학과의 양조시설

2008년도 미국의 와인 시장은 325억 달러에 달하는 막대한 시장이다. 1976년 미국의 와인이 세계적으로 인정받는 사건이 발생하게 되었다. 영화 "와인 미라클"에서도 소개되었지만 1976년 프랑스 파리에서 열린 포도주 시음회에서 캘리포니아 레드 와인과 화이트 와인이 프랑스 일등급 와인과 경쟁하여 모두 1위를 차지하게 된 것이다. 프랑스 측의 재대결 주장으로 2006년 숙성 과정을 거친 보르도산 레드 와인으로 재대결하였지만 결과는 캘리포니아 와인의 완승으로 끝났다. 보르도의 샤토 무통 로쉴드는 30년 전 2위를 하였지만, 오히려 6위로 밀려나는 불명예를 안았다. 이 사건 이후로 미국은 세계 시장에서 품질 좋은 와인 생산지로 인정받고 있다.

| 미국과 프랑스 와인의 대결 결과 |

연도	장소	입상
1976	프랑스 파리	레드 와인 1위 : Stag's Leap SLV Carbernet Sauvignon(스택스립, 미국) 2위 : Chateau Mouton-Rothschild(무통로칠드, 프랑스) 화이트 와인 1위 : Chateau Montelena Chardonay(샤토 몬텔레나, 미국) 2위 : Mesursault Charmes 1er Cru Roulot(뫼르소 샤롬 1st크뤼 루로, 프랑스)
1986	미국 뉴욕	레드 와인 1위 : Clos du Val(클로 뒤 발, 미국) 2위 : Ridge Vineyard Monte Bello(릿지 몬테벨로, 미국)
2006	프랑스 파리	레드 와인 : 1~5위 모두 미국와인 1위 : Ridge Vineyard Monte Bello(릿지 몬테벨로, 미국) 2위 : Stag's Leap SLV Carbernet Sauvignon(스택스립, 미국)

2. 미국 와인의 포도품종

미국의 와인 제조용 포도는 대부분 유럽종이거나 미국에 자생하는 토종 포도의 개량종이다. 미국 토종 포도는 겨울의 강추위에 대한 내성은 강하지만 이상한 냄새가 나기 때문에 와인 제조용으로는 적합하지 않다. 유럽종 중에서 화이트 와인용인 샤르도네 등은 미국의 기후와 토양에 잘 적응하였으나 레드 와인용인 피노 누아 등은 그다지 성공하지 못했다. 이러한 문제점들을 극복하기 위해 미국의 와인 제조업자들은 토종 포도와 유럽 포도를 접붙여서 미국의 기후에 알맞고 품질이 좋은 포도를 생산했다. 특히 캘리포니아의 기후와 토양은 우수한 품질의 청포도와 적포도를 재배할 수 있는 이상적인 환경이다.

재배되는 품종은 적포도는 카베르네 소비뇽, 메를로, 피노 누아, 진판델이며, 청포도는 샤르도네, 소비뇽 블랑, 세닝 블랑 등이 주요 품종이다. 특히 캘리포니아에서 거의 독점적으로 생산되는 진판델은 전통 유럽식 포도들과 대등하게 생산된다. 진판델은 이탈리아에서 전해졌지만 현재 캘리포니아 나파 밸리의 대표 품종으로 검은색 딸기 향이 있고 신맛과 탄닌은 중간 정도로 신선한 느낌을 준다. 캘리포니아 와인들은 약간 높은 알코올을 함유하고 있으며, 유럽 지역의 와인들에 비해 포도품종에 따른 과일 향과 맛이 더 뚜렷하게 표현되는 경향이 있다.

3. 미국 와인의 표기

미국은 고른 기후 탓에 생산지역이나 빈티지가 유럽보다 중요한 의미를 갖고 있지 않다. 따라서 와인 제조자의 이름이나 포도품종 이름이 와인 이름인 경우가 대부분이다. 고급 와인은 품종 와인(Virietal)으로 분류된다.

원료 포도품종 자체를 상표로 사용하는데, 그 품종이 반드시 75% 이상 사용되어야 한다. 또 다른 고급 와인인 메리티지(Meritage) 와인은 프랑스 보르도 지역의 포도인 카베르네 소비뇽과 메를로를 적당한 비율로 섞어 만든다. 값싼 와인은 제네릭(Generic) 와인으로 여러 품종를 섞어 만든 일반 와인이다. 1978년에 AVA(Approved Viticultural Areas)라는 제도를 도입하게 되는데, AVA 제도는 포도 재배의 지리적, 기후적 특성을 바탕으로 한 포도 재배의 원산지를 통제하는 것이다.

AVA를 명기하려면 생산 포도의 85% 이상이 그곳에서 재배되어야 한다.

보통 와인 라벨에는 등급 표시를 하지 않는다. 다만 명칭이 주(State)가 된다면 적어도 사용된 포도의 75%가 그 지역에서 생산된 것이어야 하며, AVA를 명기하려면 생산 포도의 85% 이상이 그곳에서 재배되어야 한다.

4. 미국 와인의 생산지역

1) 캘리포니아

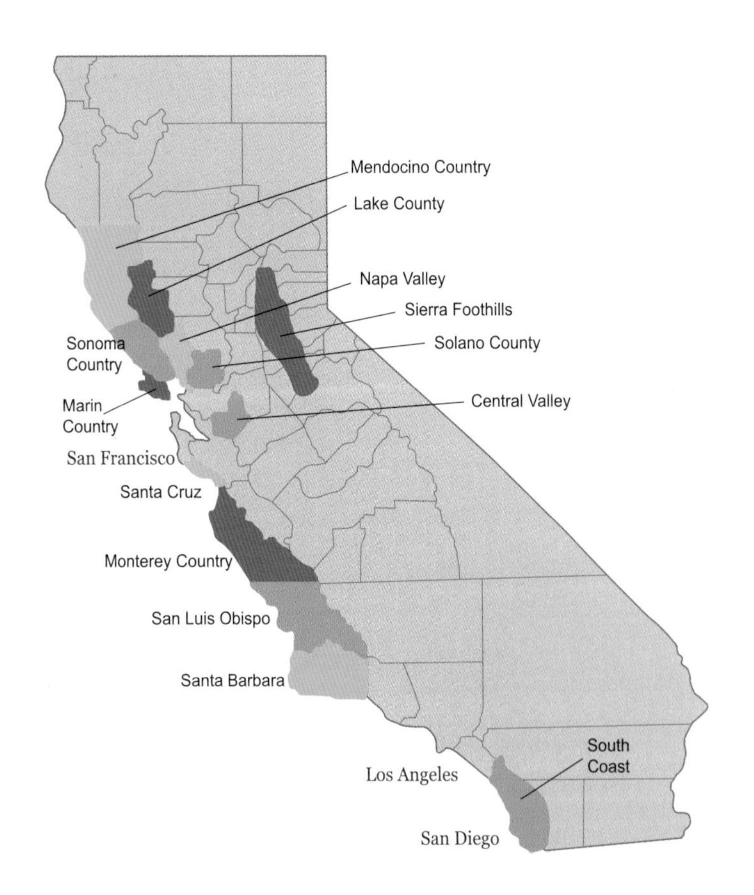

미국 와인 생산의 95% 이상을 생산하는 최대 규모의 산지이다. 캘리포니아 지역은 일조 시간이 길고 연중 온화한 기후와 연안에 차가운 한류가 흐르고 있다.

캘리포니아 포도원은 크게 아래의 3개 지역으로 나뉜다.

- 샌프란시스코 북쪽 해안 : 나파 밸리(Napa Valley), 소노마 카운티(Sonoma County)
- 캘리포니아 중부 내륙 : 산호아퀸 밸리(San Joaquin Valley)
- 남부 해안 지역 : 몬트레이 카운티(Monterey County), 산타 클라라(Santa Clara)

캘리포니아에서는 미국 와인의 약 90%가 생산되며, 그중에 약 80%는 중부 내륙의 산호아퀸 밸리 지역에서 생산된다. 나파 밸리와 소노마 카운티의 비중은 약 10%에 불과하지만 고급 와인은 대부분 이곳에서 생산된다.

(1) 나파 밸리(Napa Valley)

나파라는 말은 인디언 말로 '많다'라는 뜻인데, 나파 밸리는 미국에서 가장 유명한 포도 재배 지역으로 샌프란시스코에서 약 1시간 반 정도 북쪽에 위치해 있다. 생산량은 캘리포니아 전체의 5% 정도밖에 되지 않지만, 대규모의 와인 생산자들이 이곳에서 미국 최고의 와인을 생산한다. 나파 밸리 지역이 미국 최고의 와인을 생산하는 데는 지리적 영향이 크다. 대양의 바람과 샌파블로 만에서 발생하는 안개의 영향으로 낮에는 충분히 해가 비추지만, 밤에는 선선한 기후를 유지하기 때문이다. 프랑스와 같이 좋은 레드 와인이 생산되고, 또 프랑스에서 재배되는 품종의 화이트 와인도 생산된다.

오퍼스 원(Opus One)은 로버트 몬다비에서 1979년 샤토 무통 로쉴드와 합작하여 탄생한 보르도풍의 카베르네 소비뇽, 메를로 및 카베르네 프랑을 브랜드하여 만든 최고급 와인이다.

나파 밸리의 자랑 중 대표적인 2개의 와인을 소개하고자 한다. 하나는 '오퍼스 원'이며 다른 하나는 '인시그니아'이다.

오퍼스 원은 로버트 몬다비 와이너리에서 생산한다. 몬다비는 1913년 미네소타주에서 출생하였다. 그는 1937년 스탠퍼드대학 졸업과 동시에 나파 밸리 세인트 헬레나의 와이너리에서 벌크 와인을 생산하면서부터 와인 메이커로 나선다. 1943년에는 찰스 크룩(Charles Krug) 와이너리를 인수하면서 23년간 동생 피터와 함께 운영한다. 1966년에 '로버트 몬다비 와이너리'를 설립하면서 독립했다. 1979년 샤토 무통 로쉴드와 합작하여 '오퍼스 원(Opus One)'을 탄생시키고, 이탈리아의 프레스코발디사와는 '루체(Luce)'를, 칠레의 차드윅 가문의 에라주리쓰사와는 세냐(Sena)를 선보인다. 몬다비는 2001년에는 미국 와인 음식 예술 후원 센터(COPIA)를 설립하고, UC Davis대학에는 로버트 몬다비 와인과 음식과학 연구소를 설립하고, 2002년에는 로버트 몬다비 공연 예술 센터를 개관하였다. 그 이후 로버트 몬다비 와이너리는 2004년 11월 미국 주류 복합 기업인 컨스텔레이션(Constellation)사에 인수되었다. 2006년에 94세였던 로버트 몬다비는 경영에 직접 관여하지는 않지만 로버트 몬다비 와이너리의 상징적 존재로서, 회사의 이미지와 앞으로 나아갈 방향을 조언하며, 캘리포니아 나파 밸리의 와인 대사로서 활동했다.

인시그니아(Insignia)는 1978년 미국 최초로 선보인 보르도풍의 블렌딩 와인으로 현재는 미국을 대표하여 세계의 명와인과 어깨를 견주고 있다. 검은 체리, 다양한 허브 향과 모카 향으로 나타나는 오크의 향취와 부드럽지만 비중이 있는 탄닌과 적당한 산도가 돋보이며 과일의 풍부한 맛이 꽉 차 있는 와인이다.

인시그니아는 펠프스가 설립한 죠셉 펠프스 포도원(Vineyards)에서 생산한다. 건축 하청업자이던 죠셉 펠프스는 1970년 초 죠셉 펠프스 포도원을 설립하였다. 펠프스는 캘리포니아로 이주해 와인을 화두로 삼기 전에도 오늘날 캘리포니아의 유력 와이너리인 샤토 수버랭(Ch. Souverain)과 러더포드 힐 와이너리(Rutherford Hill Winery)를 지었다. 1973년 실버라도 트레일(Silverado Trail)의 태플린 로드(Taplin Road)에 136에이커의 포도밭을 포함한 자신의 양조장을 건설하게 되는데 이로써 그는 나파 밸리에서 가장 넓은 포도밭을 소유한 사람 중의 하나가 되었다.

그 후에도 나파 전체에서 좋은 장소를 물색한 후 포도원을 분산 매입하여 현재 스택스 립, 러더포드 그리고 카네로스에도 포도원을 소유하고 있다.

인시그니아는 1978년 미국 최초로 선보인 보르도풍의 블렌딩 와인으로, 현재는 미국을 대표하여 세계 명와인과 어깨를 견주고 있다. 검은 체리, 다양한 허브 향과 모카 향으로 나타나는 오크의 향취와 부드럽지만 비중이 있는 탄닌과 적당한 산도가 돋보이며 과일의 풍부한 맛이 꽉 차 있는 와인이다.

죠셉 펠프스는 매우 훌륭한 포도밭에서 재배된 포도를 100% 사용함으로써 그 포도밭만의 개성을 고스란히 담아낸 와인을 생산하고 있다. 특히 많은 열광팬을 거느린 바쿠스(Backus) 포도밭의 카베르네 소비뇽은 그 우수성을 오래전부터 인정받고 있다. 펠프스는 이러한 실험 정신을 바탕으로 나파 최초의 메리티지(보르도풍의 와인, 보르도 포도품종의 혼합으로 만들어진 블렌딩 와인)인 '인시그니아'를 탄생시켰고, 역시 나파에 시라 품종을 최초로 식재하여 빼어난 와인을 만든 장본인이다. 또한 펠프스는 캘리포니아에서 매우 드문 리슬링과 슈레베(Scheurebe), 비오니에까지 생산하고 있으며, 프랑스 론 지역 와인에서 영감을 얻어 다수의 론 스타일 와인을 생산하고 있다. 현재 연간 생산량은 8.5만 케이스 정도이며, 1983년 이후로 와인 양조의 귀재 크레이그 윌리암스(Craig Williams)를 초빙하여 와인 제조를 전담시키고 있다.

주요 와인 생산지로 베린저(Beringer), 클로뒤발(Clos du Val), 도미너스(Dominus), 하이츠와인셀러(Hietz Wine Cellars), 죠셉 펠프스(Joseph Phelps), 오퍼스 원(Opus One), 로버트 몬다비(Robert Mondavi), 쉐퍼(Shafer), 스테그립 와인셀러(Stag's Leap Wine Cellars) 등이 있다.

(2) 소노마 밸리(Sonoma Valley)

나파 밸리 옆에 위치해 있으며, 나파 밸리 다음으로 유명한 생산지역이다. 기후가 온화하고 포도 재배에 적합한 곳이다. 소노마는 태평양 해안에 가까운데 대단히 쌀쌀한 해안 지대를 제외하고는 나파의 기후와 비슷하여 포도 재배에 적합하다. 소노마에서는 샤르도네, 카베르네 소비뇽, 메를로를 많이 생산하고는 있지만 제각각의 기후를 갖고 있는 지역 안에 소지역들이 많아서 질이 좋은 피노 누아, 진판델, 소비뇽 블랑이 생산되기도 한다.

저그병

소노마 군의 포도 재배 지역(AVA)으로는 소노마 밸리(Sonoma Valley), 소노마 마운틴(Sonoma Mountain), 러시안 리버 밸리(Russian River Valley), 소노마 그린 밸리(Sonoma-Green Valley), 초크 힐(Chalk Hill), 드라이 크릭 밸리(Dry Creek Valley), 알렉산더 밸리(Alexander Valley), 나이트 밸리(Knight Valley) 등이 있다.

주요 와인 생산지로 세바스찬 양조장(Sebastiani Winery), 글렌 엘런(Glen Allen), 켄우드(Kenwood), 코벨(Korbel), 조단(Jordan), 시미(Simi) 등과 갈로(Gallo)의 양조장들이 있다.

(3) 산호아퀸 밸리(San Joquin Valley)

캘리포니아주 와인의 80%를 차지하며, 이곳의 와인은 주로 큰 병에 담은 저그 와인(Jug Wine)이 많다. 매일 쉽게 마시는 등급의 와인을 주로 생산하고 있다. 대표적인 와인 생산회사는 세계에서 가장 큰 와인 생산업체인 E & J Gallo사이다. 갈로는 미국에서 팔리는 와인 네 병 중 한 병을 만들고 있으며, 이것은 칠레의 생산량과 맞먹는 양으로 추정된다. 이외에 길드, 더 와인 그룹, 프란지아 등이 있다.

산호아퀸 밸리 (San Joquin Valley)
캘리포니아주 와인의 80%를 차지하며, 주로 큰 병에 담아 매일 편하게 마시는 등급의 저그 와인(Jug Wine)을 생산한다. 대표적인 와인 생산자로는 세계에서 가장 큰 와인 생산업체인 E & J Gallo사이다.

(4) 멘도치노(Mendochino)

나파 밸리 북쪽에 위치해 있으며, 미국을 대표하는 적포도인 진판델의 본고장이다. 멘도치노에 위치한 선선한 기후의 앤더슨 계곡은 샤르도네, 피노 누아, 게부르츠트라미너, 리슬링 그리고 스파클링 와인을 생산하기에 이상적이다.

주요 와이너리로 페처(Fetzer), 빈야드, 파르두치 와인 셀러(Parducci Wine Cellar),

켄달잭슨(Kendall-jackson) 등이 있다.

(5) 산타바바라(Santa Barbara)

피노 누아와 샤르도네의 주요 산지로, 특히 피노 누아가 유명하다. 미국에서 와인을 가장 많이 생산하는 지역으로 캘리포니아 와인의 80%를 생산한다. 주요 와인 생산자로 바이런(Byron), 코튼우드 캐년(Cottonwood Canyon), 샌포드(Sanford) 등이 있다.

2) 워싱턴주(Washington State)

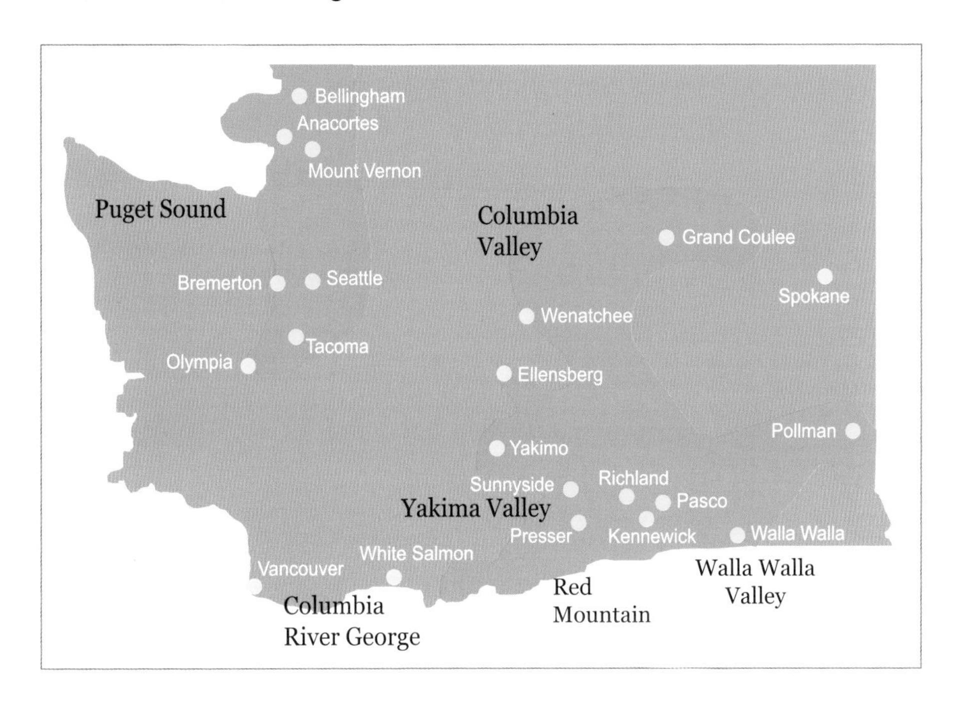

미국의 제2의 와인 생산지이며, 프랑스의 주요 와인 산지인 보르도 및 부르고뉴와 비슷한 위도에 위치한다. 워싱턴주 동쪽의 야키마 밸리에서 포도를 많이 재배한다. 이 지역의 강우량은 연 225mm에 불과할 정도로 적어 인근 컬럼비아강에서 강물을 끌어들여 포도를 재배하는데, 생육 기간 중 일조량은 캘리포니아주보

시애틀 타워 : Space Needle

다 평균 2시간이 많은 17.5시간이다. 또한 상대적으로 서늘한 밤과 늦은 수확 시기로 인해 과일 향이 매우 선명하고 발랄한 산미를 가진 매우 조화로운 와인이 생산된다.

(1) 레드 마운틴(Red Mountain)

레드 품종이 매우 뛰어난 산지로 카베르네 소비뇽, 메를로, 시라, 카베르네 프랑, 산지오베제 등이 주로 생산된다.

(2) 푸제 사운드(Puget Sound)

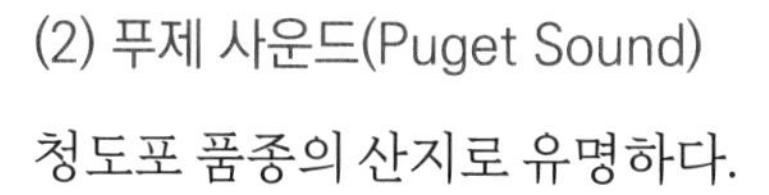

청도포 품종의 산지로 유명하다.

(3) 컬럼비아 밸리(Columbia Valley)

오리건주와 워싱턴주에 걸쳐 위치한 광활한 지역으로, 메를로 품종이 가장 많이 재배되며 샤르도네, 카베르네 소비뇽의 생산량이 많다.

(4) 야키마 밸리(Yakima Valley)

워싱턴주에서 1983년 최초로 AVA 인증을 받은 지역으로, 샤르도네 산지로 유명하며 메를로, 카베르네 소비뇽, 리슬링, 시라 등이 재배된다.

(5) 왈라왈라 밸리(Walla Walla Valley)

인디언 말로 'Water Water'라는 뜻이며, 카베르네 소비뇽의 산지로 유명하다. 메를로, 시라 등이 재배된다.

3) 오리건주(Oregon state)

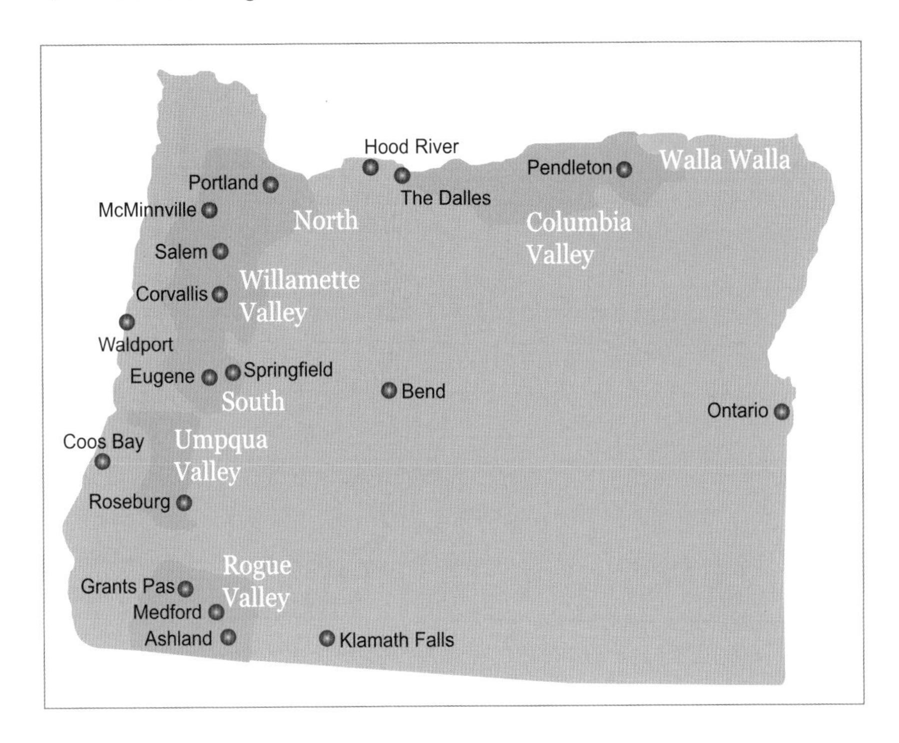

태평양에 접하여 캘리포니아 북쪽에 위치하고 있으며, 세계 최정상급의 피노 누아 와인의 산지로 유명하다. 오리건주 와인의 절반은 피노 누아가 차지하고 있으며, 그 나머지는 서늘한 기후 조건에 적합한 샤르도네, 리슬링, 피노 그리 등 다양한 화이트 와인이다. 주요 와인 생산지는 태평양에서 160km 떨어진 캐스케이드산맥 서쪽에 위치하고 있다. 이곳의 기후 조건은 프랑스의 부르고뉴 지방과 유사하다. 대부분 최근에 포도밭이 만들어졌고 규모도 작은 편이다.

(1) 월라밋 밸리(Willamette Valley)

오리건주 전체 와인 생산의 75%를 차지하는 대표 산지

로, 세계 정상급의 피노 누아 와인 산지로 유명하다. 토양은 화산재로 이루어져 있으며, 여름은 고온 건조하고 일교차가 크다. 온화한 겨울과 충분한 강수량을 갖고 있다.

(2) 컬럼비아 밸리(Columbia Valley)

워싱턴주 참조

4) 뉴욕(New York) 및 기타 지역

뉴욕은 유럽과 유사한 자연환경을 가지고 있으나 겨울에 너무 추운 것이 단점이다. 생산되는 대부분의 와인은 지역 사회에서 소비되고 있어 수출 및 외부 공급은 미미한 수준이다.

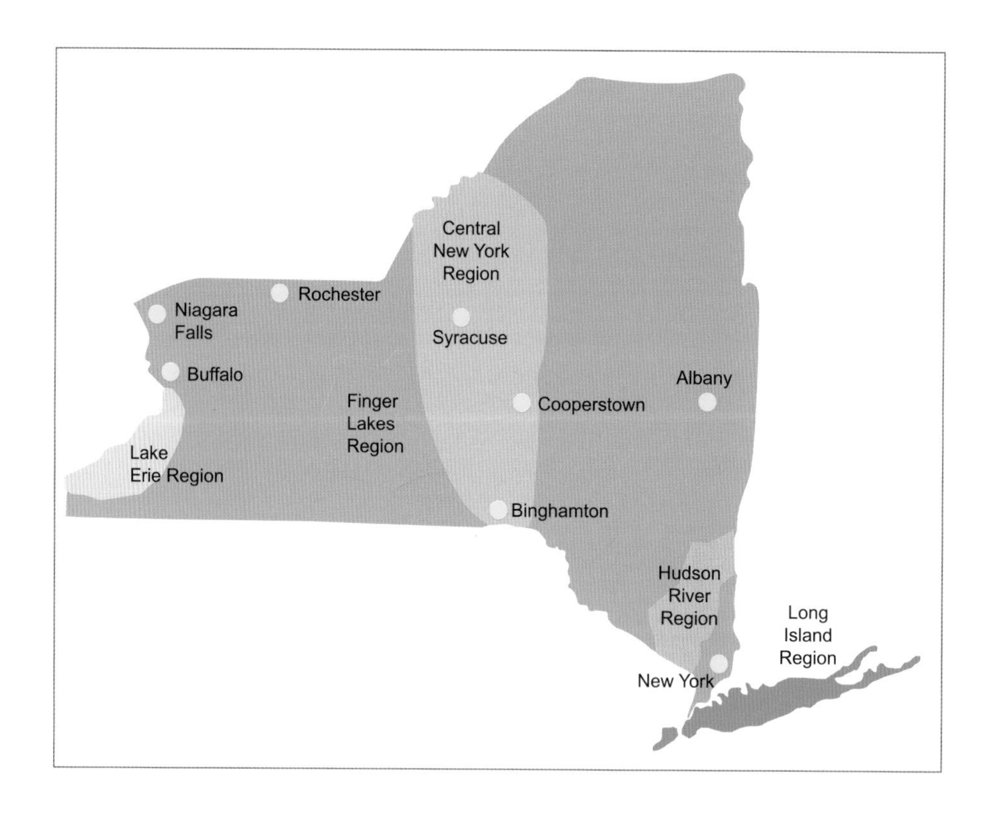

02
칠레

1. 칠레 와인의 개요

칠레 와인은 가격 대비 품질과 맛이 뛰어난 와인으로 인기가 높다. 포도 재배에 적합한 기후와 토양을 가지고 있어 남아메리카의 보르도라고 일컬어지기도 한다.

칠레 와인의 역사는 페드로 데 발디비아가 칠레를 점령하여 1541년 산티아고를 세우며 스페인 선교사들이 빠이스(Pais) 품종으로 와인을 생산하였다. 1800년대에 대서양 횡단 여행이 이루어지고 교역이 이루어지며 프랑스 품종이 재배되었다. 필록세라가 유럽 포도원을 초토화시킬 때 칠레는 아무런 해를 입지 않았고 유럽에서 포도원을 잃은 양조자가 이주하여 칠레 와인 산업의 발전에 기여했다. 1938년부터 1974년까지 새로운 포도밭 조성을 금지시키는 법으로 침체기를 겪지만 1979년 스페인의 토레스(Toress)가 진출하며 외국 자본의 투자가 물밀듯이 쏟아져 신세계 와인 천국으로 와인 산업이 눈부시게 발달되며 칠레 와인의 르세상스가 시작되었다. 칠레는 남북

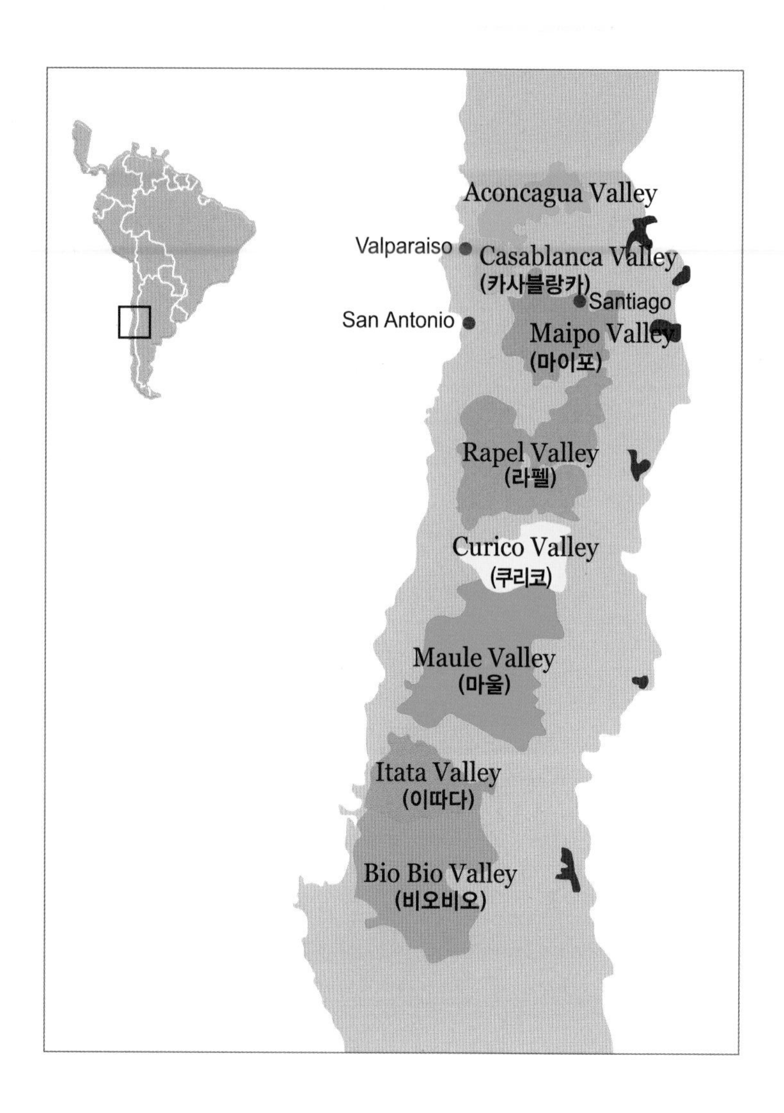

으로 4,300km, 동서로 평균 175km의 좁고 긴 지형적 특징을 가지고 있다. 북쪽으로 아타카마(Atacama) 사막, 동쪽으로 고도 6,000m에 만년설이 쌓인 안데스산맥, 동쪽으로 수심 8,000m의 태평양, 남쪽으로 파타고니아 빙하로 둘러싸여 외부로부터 격리된 특수한 자연환경으로 전 세계에서 유일하게 필록세라의 피해를 입지 않은 와인 생산국이다. 따라서 16세기 스페인 사람들에 의해 유입된 유럽의 포도나무 품종이 순수하게 보존되어 있는 곳이다.

칠레의 포도밭은 태평양의 훔볼트(Humbolt) 한류가 뜨거운 열기를 식혀주는 냉각 효과로 평균기온을 낮추어 지중해성 기후를 형성하는 남위 32~16도에 위치한다. 칠레의 다양한 기후는 북부사막의 아열대 기후, 중부의 사계절이 뚜렷하고 온화한 지중해성 기후, 남부의 한랭 다습한 기후를 지닌다.

포도밭은 칠레의 수도 산티아고(Santiago) 남북으로 안데스산맥에서 만년설이 녹아 태평양으로 흐르는 강줄기 사이에 있다. 포도가 완숙하기에 풍부한 일조량과 따뜻하고 건조한 날씨에 태평양의 차가운 바람이 미묘한 맛을 포도에 부여한다. 안데스산맥에서 흐르는 물을 포도나무에 공급하는 우수한 관개수로 시스템으로 우수한 품질의 포도를 생산한다. 칠레 와인은 유구한 역사와 전통으로 테루아의 다양성과 품종의 순수성을 지닌다. 양조 방법은 전통적인 방식으로 만드는 곳도 많지만 프랑스 보르도 스타일의 와인을 생산한다. 따라서 신세계 와인의 혁신적인 양조와 구세계의 전통을 결합하여 과일풍미가 많으면서 전통적인 조화를 가진 와인을 생산한다. 1994년에 보르도에서 멸종된 품종 카르메네르(Carmenere)에 병충해가 발생하기 전에 칠레에 와서 자라는 것이 밝혀지며 새롭게 조명되는 신대륙 와인 산지이다.

유럽과 비교해 볼 때 작은 토지에서 포도를 생산하는 것이 아니라 대형 포도원에서 충분한 공간으로 시작하여 와인 생산 비용을 최소화하였다. 와인의 수출량은 빠른 속도로 증가하고 있으며, 유럽의 유명 와이너리들이 진출하여 선진 양조기술과 자본의 유입으로 세계 최고 수준의 와인을 생산하고 있다. 또한 종래의 품종으로 캐주얼 클래스의 데일리 와인도 만들고 있다.

2. 칠레 와인의 포도품종

칠레는 국내 시장보다 국제적인 수요가 많아서 세계적으로 인기 있는 품종들이 대부분을 차지하고 있다.

1) 적포도품종

- 카베르네 소비뇽(Cabernet Sauvignon) : 진한 블랙베리 향과 강한 후추 향 등이 칠레 특유의 테루아를 잘 반영한다.
- 까르미네르(Caremenere) : 19세기 말 프랑스에서 들여온 보르도 품종이며, 강하면서도 벨벳처럼 부드러운 질감을 가지고 있다. 보르도에서 필록세라 피해가 발생하기 전에 많이 생산했으나, 사라진 품종으로 오랫동안 칠레에서 메를로로 혼동했던 품종이다. 진홍색이라는 뜻으로 카베르네 소비뇽의 질감을 가지면서 동시에 메를로의 부드러운 매력을 가진 칠레의 대표 품종이다.
- 메를로(Merlot) : 부드럽고 우아한 와인을 만든다.
- 기타 적포도품종 : 진판델(Zinfandel), 쁘띠 시라(Petite Sirah), 카베르네 프랑(Cabernet Franc), 피노 누아(Pinot noir), 시라(Syrah), 산지오베제(Sangiovese), 말벡(Malbec), 카리냥(Carignan)

2) 청포도품종

- 샤르도네(Chardonnay) : 태평양의 차가운 한류와 안개가 서늘한 기후를 형성하여 묵직하고 힘이 있는 산도와 과일 향이 많은 독특한 특징을 표현한다.
- 소비뇽 블랑(Sauvignon blanc) : 서늘한 지역에서 산뜻하고 이국적인 향과 섬세함을 지닌 와인을 생산하는 품종이다.
- 기타 청포도품종 : 쎄미용(Sémillon), 리슬링(Riesling), 비오니에(Viognier), 게부르츠트라미너(Gewurztraminer), 무스까텔(Muscatel)

3. 칠레 와인의 등급 및 법규

프랑스의 AOC나 미국의 AVA처럼 원산지 표시 와인이 있으나, 공식적인 등급은 아니다. 칠레는 1967년에 포도밭의 크기 제한, 지역별 구분 제도를 처음으로 도입하였으며, 이후 여러 번의 제도 정비를 거쳐 1998년부터 포도의 원산지, 품종, 생산연도(빈티지), 주병 등 표시 항목을 법적으로 규제하기에 이르렀다. 칠레 와인은 현재 3가지로 아래와 같이 구분하고 있다.

1) 원산지 표시 와인(Denominacion de Origen 데노미나시온 데 오리헨)

칠레에서 만들어진 와인 중에서 포도의 원산지를 병에 표시하는 것은 그 지역의 포도를 75% 이상 사용한 와인이어야 하며, 빈티지 또한 그해에 생산된 포도가 75% 이상이어야 한다. 상표에 표시된 품종은 단일품종일 경우 75% 이상 사용해야 하고, 블렌딩하였을 경우에는 비중이 높은 순서대로 3가지만 명시한다.

2) 원산지 없는 와인

포도품종과 생산연도를 표시하며 원산지 표시만 없다.

3) Vino de Mesa(비노 데 메사)

생산연도, 포도품종을 표시하지 않아도 된다.

4. 칠레 와인의 라벨 숙성 표기

① 레제르바 에스파샬(Reserva Especial) : 최소 2년 이상 숙성된 와인

② 레제르바(Reserva) : 최소 4년 이상 숙성된 와인

③ 그란비노(Gran vino) : 최소 6년 이상 숙성된 와인

④ 돈(Don) : 아주 오래된 포도원의 고급 와인에 'Don'을 표기

5. 칠레의 와인 생산지역

칠레는 와인 선진국들의 발전된 기술과 자본을 받아들여 대표적인 신세계 와인 생산국으로서 명성을 얻고 있다. 일조량이 많은 지중해성 기후로, 포도 농사에 좋은 기후 조건을 갖고 있다. 포도의 생육 기간이 다른 지역에 비해 짧지만, 한낮의 기온이 높고 햇빛이 강렬하여 탄닌과 착색, 아로마 형성에 좋다. 국내·외 자본이 가장 집중되는 지역은 아콩카과 마이포 계곡이다. 특히 마이포 계곡은 칠레의 가장 대표적인 와인 생산지이며, 수도 산티아고와도 가까워서 굴지의 와인 회사가 몰려 있는 칠레 와인 산업의 심장부이다.

1981년 투자붐이 일기 시작해 스페인의 거대 와인 기업 미구엘 토레스사가 중앙 계곡 대지역의 쿠리코에 거대한 포도밭을 사들인 것을 시작으로 미국의 로버트 몬다비사, 샤토 무통 로쉴드를 비롯한 보르도의 유명 샤토들이 대거 진출했다. 칠레의 와인 산업은 몇 개의 와인 대기업이 독점하다시피 했는데, 이런 현상은 칠레뿐 아니라 거의 모든 신대륙 와인 산업의 공통점이기도 하다.

1) 아콩카과(Aconcagua)

아메리카 대륙에서 가장 높은 아콩카과산은 자연의 아름다움과 물을 공급한다. 산티아고(Santiago)의 북부에 있으며, 비교적 더운 지역이다. 에라쥬릭(Errazuric)에서는 최고급 레드 와인을 생산하고 있고, 이곳의 하부 지역인 카사블랑카(Casablanca)에서는 좋은 화이트 와인을 생산하고 있다.

(1) 아콩카과 밸리(Aconcagua Valley)

산티아고 북쪽 지방으로 칠레 포도 재배 지역 중 가장 더운 곳에 속하지만, 바람이 많아서 카베르네 소비뇽, 카베르네 프랑, 메를로, 최근에는 시라 등을 재배한다.

칠레 산티에고 근교 카소나 콘차 이 토로
(Casona Vina, Concha y Toro)

(2) 판케유(Panquehue)

산티아고에서 북으로 70~80km 올라가면 중심 도시인 판케유에 이르게 되는데, 이 주변이 바로 와인 산지이다. 안데스산맥 특히 높이 약 7,000m의 아콩카과산에서 발원한 청정한 얼음 녹은 물이 수원이 되고 있다. 바다의 서늘한 기운이 한여름의 무거운 온기를 낮추어준다. 1870년 엘라수리스가 판케유에서 프랑스 포도품종을 재배한 이래 이 포도원은 당시 세계 최대 규모였다. 1990년 이후 시라 품종이 장려되었다.

(3) 카사블랑카 밸리(Casablanca Valley)

최근에 알려진 새로운 와인 산지로 백악질 모래가 많은 토양으로 이루어져 있다. 완만한 경사지에 바다의 영향을 받아 서늘한 지역으로, 샤르도네, 소비뇽 블랑 등 화이트 와인과 피노 누아 등이 유명하다.

카사블랑카 밸리는 1980년 중반, 이곳에 샤르도네가 처음 심어지면서 칠레 와인 산업의 혁명을 불러 일으킨 곳이기도 하다. 산티아고에서 해안이 있는 북서쪽으로 74km 거리에 위치해 있으며, 총길이가 16km에 불과해 규모 면에서 관심을 받지 못했던 곳이다. 그러나 1982년 이전까지 포도나무 한 그루 자라지 않던 이곳이 세상에 알려지게 된 것은 특이한 미기후 덕분이다. 포도 경작의 중심은 샤르도네, 소비뇽 블랑 등의 화이트에 아울러 레드도 이에 못지않게 각광받고 있다. 특히 피노 누아와 메를로가 질 좋은 것으로 손꼽히고 있다. 햇볕이 쬐는 더운 여름에 바다의 미풍으로 인해 기온은 9~10℃로 유지되고 밤중의 찬 공기 그리고 잦은 새벽녘의 안개로 인해 포도의 성장이 다른 지역보다 1개월 늦게 이루어진다. 아로마는 넘치고 낮은 산도의 과실 향이 특징이다.

1982년 서늘한 지역을 찾고 있던 양조인 파블로 모란데가 이곳에 처음으로 2ha의 포도밭을 일군 데서 비롯된다. 이제 국제적 명성을 얻게 된 화이트 와인의 명산지답게 카사블랑카에서는 샤르도네가 으뜸이 되고, 다음이 소비뇽 블랑 그리고 레드 와인의 피노 누아, 메를로의 순으로 되어 있다. 산타 리타(Vina Santa Rita)의 한 포도원이 자리 잡고 있다.

(4) 산안토니오(San Antonio)

해안산맥 안쪽에 조성된 신흥 와인 산지로, 바다의 직접적인 영향이 없고 기후 조건이 포도의 성숙을 더디게 한다. 샤르도네, 소비뇽 블랑 등 화이트 와인과 피노 누아 등을 재배한다.

2) 중앙 계곡(Central Valley)

(1) 마이포 밸리(Maipo Valley)

우리가 칠레 와인을 대할 때 레이블에서 가장 흔히 볼 수 있는 지명이 바로 마이포 밸리이다. 이는 칠레 와인 산지의 대표적 지위를 누리고 있음을 의미한다. 남북이 300km, 10,606ha의 포도 경작지로 질 좋은 와인과 수출 와인의 90%가 이곳에서 생산되고 있다. 수도 산티아고에서 약 100km 남쪽에 그리고 안데스산맥과 해안산맥의 한가운데 자리 잡고 있다. 19세기 중반부터 칠레의 대표적인 와인 산지로 발전되어 왔다.

마이포 밸리의 산페드로(San Pedro)사에서 카베르네 소비뇽 품종으로 만든 1865. 산페드로사는 현재 칠레 와인 수출량 제2위의 와이너리로 1865년도에 설립

전통적 명문들 거의 모두가 이곳에서 창업했고 지금은 그들의 기반이 이어져 내려오고 있다. 운두라가(Undurraga), 산타 리타(Santa Rita), 코시노 마쿨(Cousino Macul), 콘차 이 토로(Concha y Toro), 산타 카롤리나(Santa Carolina) 등이 대표적 와이너리들이다. 또한 신참자로서 알마비바(Almaviva)와 아라스 데 삐르께(Haras de Pirque) 등의 와이너리가 새로이 뿌리를 내리고 있다. 마이포 밸리의 카베르네 소비뇽은 칠레에서 최고의 질로 친다.

지중해성 기후로 날씨는 매우 건조한 편이고 더운 여름, 추운 안데스산맥과 숱한 계곡의 영향을 받아 밤낮의 기온차가 15~18℃에 이르며, 토양은 충적토로 되어 있다. 물이 잘 빠지고 비옥하지 않으며 바위와 자갈이 함께 섞여 있어 포도의 성장, 특히 카베르네 소비뇽에는 더할 나위 없이 좋은 땅이 되고 있다. 이런 테루아에서 자란 카베르네 소비뇽은 진하고

비냐 마이포, 카베르네 소비뇽, 리제르바 (Vina Maipo, Carbernet Sauvignon, Reserva)

균형 잡힌 탄닌을 보이게 되고, 복합성을 띤 훌륭한 와인을 마련해 준다. 바로 칠레 명주의 고향이기도 하다. 포도품종에는 카베르네 소비뇽, 메를로, 샤르도네, 카르메네르 등이 있다.

몬테스 알파(Montes Alpha) 와인

산티아고 남쪽에 있는 칠레 최대의 와인 생산지역으로 코시노 마쿨(Cousino Macul), 카사라도스토레(Casa Ladostole), 파울 브루노(Paul Bruno), 칼리테리아(Caliteria), 콘차 이 토로(Concha y Toro), 로스 바스코스(Los Vascos), 미그웰 토레스(Miguel Torres), 산 페드로(San Pedro), 산타 카롤리나(Santa Carolina), 모니카(Monica), 산타 리타(Santa Rita ; 칠레의 대표 기업) 등의 양조장들이 있다.

(2) 카차포알(Cachapoal)

산티아고에서 남으로 약 100km 지점에 자리 잡고 있다. 레드 와인과 화이트 와인 모두 이상적인 생산 조건을 갖춘 곳이다. 봄에 눈이 녹은 물이 거칠게 흐르는 강 이름에서 카차포알이란 명칭이 유래하였다. 봄에 안데스의 찬 공기가 계곡에 오래 머물다 빠져나가기 때문에 계곡은 화이트 와인 생산에 적합하고, 경사진 곳은 레드 와인에 적합하다.

(3) 콜차구아(Colchagua)

카차포알보다 따뜻한 곳으로 카베르네 소비뇽, 메를로 등 고급 와인에 적합하며, 최근 시라도 재배하고 있다. 세부 지역은 산페르난도(Sna Fernando), 침바론고(Chimbarongo), 난카과(Nancagua), 산타크루스(Santa Cruz), 팔미야(Palmilla), 페랄리요(Peralillo)이다.

(4) 쿠리코 밸리(Curico Valley)

쿠리코는 원주민어로 '검은 물'이란 뜻으로 안개와 심한 일교차 때문에 산도가 높으며, 샤르도네, 소비뇽 블랑 등 화이트 와인이 유명하다. 카베르네 소비뇽, 메를로, 피노 누아도 생산된다. 테노(Teno), 론투에(Lontue) 등의 세부 지역이 있다.

(5) 마울레 밸리(Maule Valley)

칠레에서 가장 큰 와인 산지로 약간 습한 지중해성 기후이다. 이 지역 특유의 포도인 파이스를 많이 재배하며, 요즈음은 카르메네레가 급증하고 있다. 화이트 와인보다는 레드 와인이 우수하다.

클라로(Claro), 론코미야(Loncomilla), 투투벤(Tutuven)의 세부 지역이 있다. 토레스(Torres), 칼리테라(Calitera), 산 페드로(San Pedro) 등의 양조장이 있다. 쿠리코(Curico)에서는 좋은 화이트 와인을 생산하고 있다.

3) 남부-레이온 수르 오 메리디오날(Region Sur O Meridional)

(1) 이타타 밸리(Itata Valley)

칠레 최초의 와인 산지이다. 봄에 서리가 내리지만, 이타타강을 따라 파이스, 샤르도네 등을 재배하고, 서쪽으로 카베르네 소비뇽 등을 재배한다. 세부 지역으로 칠란(Chillan), 키욘(Quillon), 포르테수엘로(Portezuelo), 코엘레무(Coelemu) 등이 있다.

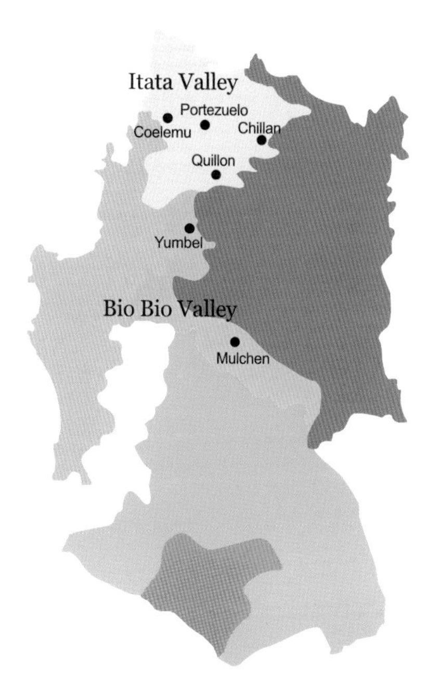

(2) 비오비오 밸리(Bio Bio Valley)

칠레의 최남단 지역으로 서늘하다. 이곳의 와인 회사들은 여러 지역에 걸쳐서 생산 시설을 가지고 있다. 파이스, 모스카텔, 리슬링, 게부르츠트라미너 등을 재배하고 있다. 세부 지역으로 벨(Yumbel), 물첸(Mulchen) 등이 있다.

4) 코낌보(Coquimbo)

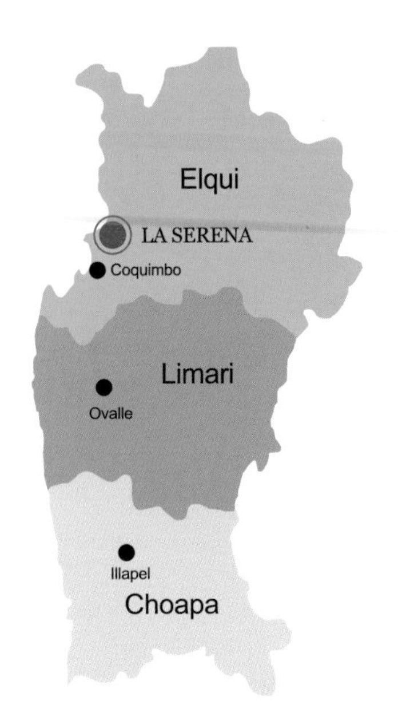

안데스산맥 기슭으로 강수량이 부족한 곳이며, 대부분 브랜디용을 생산한다. 알코올 함량이 높고 산도가 낮다. 이 지역은 3개 지역(엘끼, 리마리 및 초아빠)으로 구분되어 있다.

(1) 엘끼 밸리(Elqui valley)

칠레 와인 산지 가운데 국토의 최북단 그리고 가장 높은 곳에 자리 잡고 있다. 중심 도시는 '노르떼 치코(Norte Chico)'이며 천문 관광으로 이름난 곳이다. 이 지역 역시 칠레의 전통 브랜디인 삐스꼬(Pisco)의 양조에 쓰이는 무스까텔, 화이트 뮈스카(Muscat)과 같은 품종을 재배하고 있다. 1988년 팔레르니아 와이너리(Falernia Winery)가 들어서면서 까르미네르, 시라, 진판델 등의 포도품종이 늘게 되었다. 이 지역의 토양과 기후와 조화 그리고 엘끼 호수에서 끌어들인 훌륭한 수자원으로 인해 와인 산업이 날로 발전하고 있다.

(2) 리마리 밸리(Limari Valley)

칠레의 전통 브랜디, 삐스꼬(Pisco)

바다에서 불어오는 미풍이 리마리강 계곡을 거쳐 무덥고 건조한 내륙으로 유입되어서 포도의 생장에 매우 유익하다. 실제 1980년대 후반부터 레드 와인과 화이트 와인을 생산했다. 가장 우세한 포도품종은 카베르네 소비뇽이다.

(3) 초아빠 밸리(Choapa Valley)

리마리 밸리 바로 남쪽에 자리 잡고 있으며, 이곳 역시 전통적으로 삐스꼬(Pisco) 브랜디의 양조에 쓰이는 화이트종이 재배되어 왔다. 근래에 시라, 카베르네 소비뇽 등의 품종이 새로 재배되기 시작하였다.

6. 그 밖의 칠레 와인들

- 이타타(Itata) : 남부에 위치하며 식민지 시대에 만들어진 포도원과 새로운 포도원이 조화를 이루며 성장을 이루는 산지이다. 이타타강을 따라 파이스, 샤르도네 등을 재배한다.
- 비오 비오(Bio Bio) : 남부의 넓은 지역으로 강수량이 높고 강한 바람으로 험난한 조건을 이룬 산지이다. 서늘한 지역에서 자라는 소비뇽 블랑, 샤르도네, 리슬링, 피노 누아 같은 품종이 생산된다.
- 코낌보(Coquimbo) : 북부의 아타카마 사막의 해안에서 해발 2000m의 안데스 산맥까지 이르는 엘키(Elqui)와 태평양의 서늘한 입김을 받은 안개와 햇빛이 미네랄이 풍부한 와인을 생산하는 리마리(Limari)가 있다.

03 아르헨티나

1. 아르헨티나 와인의 개요

아르헨티나는 남미에서 브라질 다음으로 큰 나라로 프랑스 면적의 4배 크기이다. 포도원은 안데스산맥 동쪽에 위치하며 남위 22~44도에 위치한다. 아르헨티나는 세계 5위 생산국으로 와인역사는 스페인의 남아메리카 대륙의 정복으로 이주민들이 성당 미사용으로 와인을 생산하기 위해 1556년 칠레에서 포도가지를 가져와 산후안(San Juan)과 멘도사(Mendoza)에 심으며 시작되었다. 1852년 농경학자 미구엘 뿌제(Miguel Pouget)가 보르도에서 포도가지를 가져와 말벡 품종이 아르헨티나에 심어졌다. 19세기 말 이탈리아 등 유럽의 이주민이 아르헨티나에 뿌리를 내리며 새로운 와인문화가 형성되었다. 1880년 아르헨티나의 사막지대에 물을 공급하는 수로가 개발되며 와인을 생산할 수 있는 훌륭한 조건이 갖춰졌다.

19세기 말 전 유럽을 휩쓴 필록세라의 피해를 받지 않았다. 1920년대에 아르헨티나가 경제성장으로 부유해지며 와인 산업도 발달한다. 그러나 정치의 불안정과 경제의 추락 및 가공할 인플레이션으로 와인 산업은 쇠락의 길을 걷게 되었다. 1980년대 말에 이르러 정치·경제적 안정을 얻으며 와인 산업은 기지개를 펴며 프랑스의 미셸 롤랑 등 세계적 양조자에게서 발달된 포도재배 기술과 양조 기술을 받아들여 품질의 눈부신 발전이 거듭되고 있다. 아르헨티나 와인의 잠재력으로 오랫동안 '잠자는 거인'이라 하였지만 지속적인 외국 자본의 유입과 기술도입으로 20세기 말에 잠에서 깨어나 세계 와인시장의 엄청난 지각변동을 예고하며 주목받는다.

아르헨티나는 건조하고 더운 사막과 안데스산과 대양을 접하고 있으며 모래와 자갈과 진흙이 섞인 퇴적토로 현재 드물게 필록세라의 공격을 받지만 병충해를 쉽게 제거할 수 있는 테루아를 지녔다. 무척 건조한 사막성 기후로 포도의 생육에 필요한 물은 안데스산 봉우리의 눈이 녹아 흐르는 것을 모아 사용한 잉카 문명의 기술을 도입하였다. 곳곳에 안데스의 물줄기를 막아 저수지를 만들어 물관리위원회에서 관리하고 있다. 아르헨티나 고지대의 깨끗하고 친환경적인 자연에서 생산된 와인은 다른 와인보다 폴리페놀의 함량이 높다는 연구결과가 나왔다. 와인 산지가 고지대일수록 자외선의 영향으로 동맥경화와 심장병을 예방하는 폴리페놀의 함량이 높아진다는 것이다. 아르헨티나에서는 프랑스 보르도와 남서부에서 블렌딩용으로 쓰이는 품종인 말벡이 단일품종으로 세계적 명성을 얻고 있다.

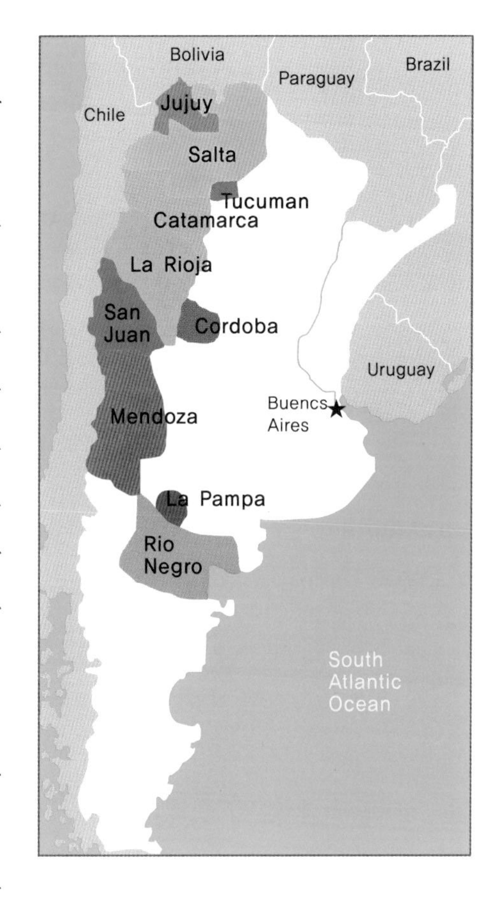

라벨표기

품종 : 표기된 품종의 80% 사용

1) 품종

(1) 레드품종

- 말벡(Malbec) : 프랑스 남서부가 원산지로 서리와 질병에 내성이 약해 점차 감소되는 품종으로 아르헨티나에서 빨리 숙성하고 진하면서 붉은 앵두색으로

초콜릿, 자두, 딸기류의 과일 향이 풍부한 와인을 생산하는 레드 품종이다.

- 템프라니요(Tempranillo) : 스페인의 대표품종으로 아름다운 진홍색상과 딸기의 상큼한 아로마를 가졌다. 척박한 토양에서 잘 자라며 조생종으로 적당한 산도의 무게감 있는 와인을 생산한다.
- 페드로 지메네(Pedro Gimenez) : 스페인의 쉐리를 생산하는 페드로 시메네즈(Pedro Ximenez) 품종과 연관되며 멘도사와 산후앙에서 많이 생산한다.
- 기타 레드품종 : 시라(Syrah), 메를로(Merlot), 보나르다(Bonarda), 카베르네 소비뇽(Cabernet Sauvignon), 산지오베제(Sangiovese)

(2) 화이트품종

- 토렌테스(Torrontes) : 스페인에서 유입된 품종으로 농도가 많고 초록빛이 약간 도는 금색의 달콤한 과일 향과 꽃 향이 특징이다.
- 기타 화이트 품종 : 세레자(Cereza), 크리올라 치카(Griolla Chica), 샤르도네(Chardonnay), 무스카델 드 알렉산드리아(Muscatel de Alexandria), 소비뇽 블랑(Sauvignon Blanc), 슈냉 블랑(Chenin Blanc), 피노 그리(Pinot Gris), 리슬링(Riesling)

2. 멘도사(Mendoza)

아르헨티나 와인 생산량의 70%를 차지하는 가장 큰 산지로 수출 와인의 90%를 생산하는 주목받는 산지이다. 16세기 말에 예수회 수도사들이 양조를 시작했으며 와인 산업은 1855년 멘도사에서 수도 부에노스 아이레스(Buenos Aires)까지 연결되는 철로가 완성되면서 내륙 깊숙이 본격적으로 와인 산업이 발전하게 된다. 와인 산지 중에서 가장 고산지대로 매우 건조한 고지대에 위치하여 대륙성 준사막 기후를 형성한다. 높은 고도와 낮과 밤의 심한 일교

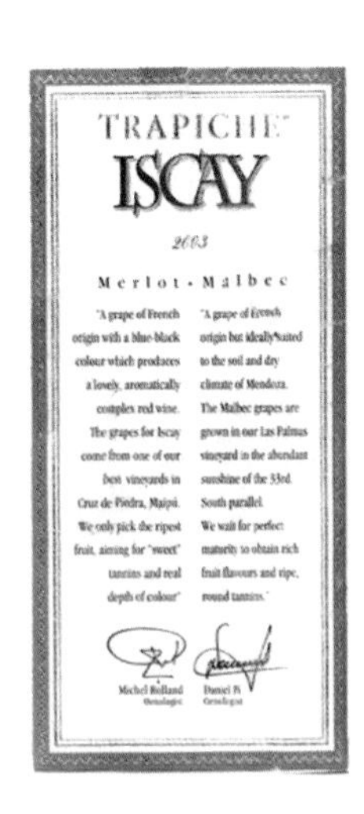

차가 15도 이상되어 포도의 생장에 미묘한 향을 제공한다. 건조하고 맑은 공기와 풍부한 일조량으로 산도를 유지하며 신선한 향을 기진 포도를 생산한다. 서쪽 안데스산맥의 만년설이 녹은 풍부한 수자원과 물 한 방울도 놓치지 않고 곳곳에 댐을 설치한 관계 시설은 더할 나위 없이 포도의 성장에 훌륭한 조건이다. 멘도사는 외국의 투자가 많은 프리미엄 와인을 생산하는 산지이며 아르헨티나 와인의 중심지로 해마다 포도수확 후 열리는 멘도사 와인 축제가 유명하다.

3. 산 후안(San Juan)

멘도사 다음으로 생산량이 많은 곳으로 여름의 기온이 무려 42도에 이른다. 멘도사보다 건조하고 더운 곳으로 주로 토렌테스(Torrentes) 품종의 화이트 와인을 생산하며 시라(Syrah)와 보나르다(Bonarda) 품종으로 레드 와인도 일부 생산한다. 전통적으로 쉐리 스타일의 주정 강화와인, 브랜디, 버무스를 생산한다. 세레자(Cereza) 품종으로 로제 와인, 건포도, 식탁용 포도를 생산한다.

4. 그 밖의 아르헨티나 와인들

- 라 리오하(La Rioja) : 스페인 이민자들이 미사용으로 제일 먼저 포도를 심은 가장 오래된 산지이다. 향기로운 무스카델 드 알렉산드리아(Muscatel de Alexandria)와 토렌테스(Torrentes) 품종으로 화이트 와인을 생산한다.

- 쌀따(Salta) : 북서쪽의 위도 24~26도 사이에 위치하며 드물게 해발 2,000m 이상의 매우 높은 지대에 포도밭이 위치한다. 토양은 멘도사와 비슷하지만 위도가 높아 균형을 이루고 깊이가 있는 카베르네 소비뇽(Cabernet Sauvignon)과 타낫(Tannat) 품종의 레드 인과 산미 풍부한 토렌테스(Torrentes) 품종의 화이트 와인을 생산한다.

04
호주

1. 호주 와인의 개요

호주 와인은 신세계 와인 산지 중 대기업화된 체계적인 와인 관리로 신세계 와인의 선두 주자로 급부상하고 있다. 호주는 세계에서 6번째로 큰 와인 생산지이다. 호주의 주요 포도 재배 지역은 위도 30~38도 사이인 남부 지역에 위치하고 있어 포도 지역의 적지라는 명성을 얻고 있다. 특히 호주 와인의 60%가 남부 오스트레일리아(South Australia)에서 생산된다. 고급 와인을 생산하여 세계에서 가장 저명한 미국의 와인매거진 와인 스펙테이터지(Winespectator)가 매년 선정하는 세계 100대 와인에 당당하게 상위 랭크되고 있다. 이처럼 호주 와인이 명성을 얻기까지는 1970년대부터 전통적인 강화 와인 중심에서 탈피해 성장과 변화를 거듭한 것이 그 시발점이 되었다고 할 수 있다. 아울러 1980년대 호주산 샤르도네가 영국에서 각광받기 시작하면서 양조 기술 개발에 매진해 훌륭한 품질의 리슬링과 쉬라즈를 성공적으로 만들어내면서 세계 시장에서 주목받기 시작했다. 이후, 이들 호주 와인 기업들은 대기업화된 생산자들의 막강한 자본의 위력을 바탕으로 여러 와이너리들을 거느리고 다양한 브랜드의 와인을 생산하기에 이르렀다. 이들은 호주 전체 와인 생산자의 80%를 차지한다.

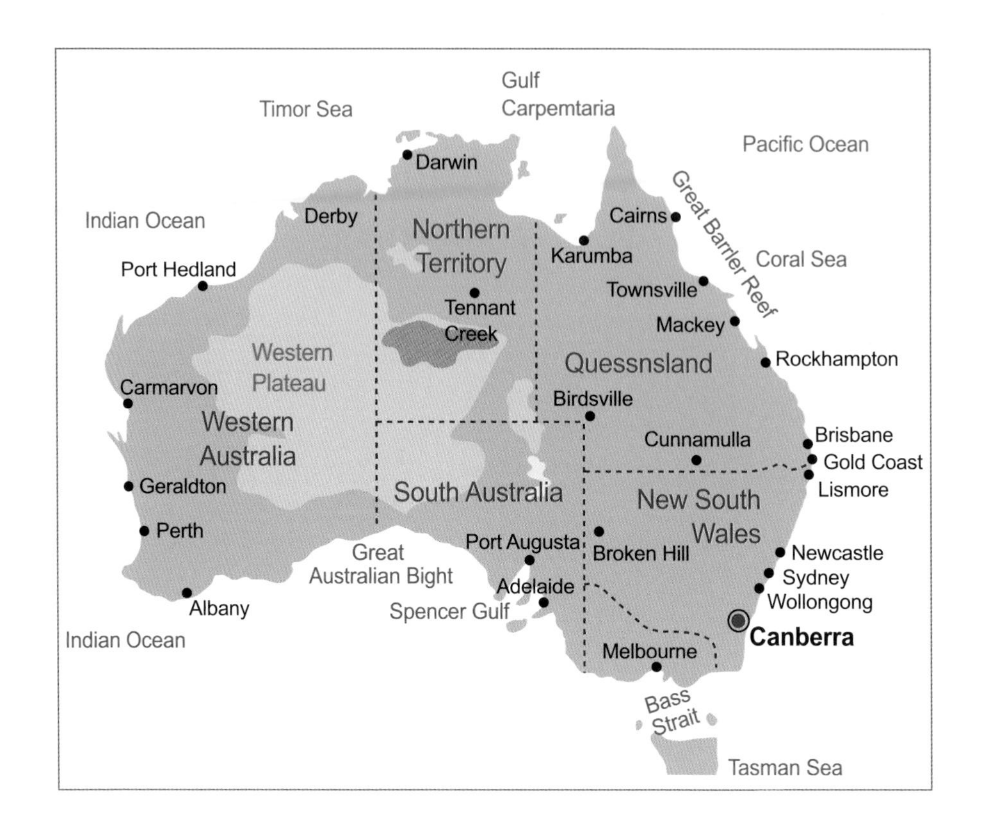

1) 호주의 와인 스타일 세 가지

(1) 제너릭 와인(Generic Wine)

유럽의 유명한 와인 산지(Burgundy, Chablis 등)를 이용해 스타일을 표시하지만, 품종은 유럽과 관계없는 것으로 점차 사라지는 추세이다. 주로 국내용으로 소비되고 수출용은 Dry White, Dry Red 등으로 표시된다.

(2) 버라이어탈 와인(Varietal Wine)

상표에 포도품종을 표시하는 와인

(3) 버라이어탈 블렌드 와인(Varietal Blend Wine)

고급 포도품종을 섞은 와인을 버라이어탈 블렌드 와인이라 하고, 상표에는 배합비율이 많은 것부터 포도품종을 표시한다. 품종을 상표에 표시할 때는 표시한 품종을 80% 이상 사용해야 하고, 산지명과 빈티지를 나타낼 때도 85% 이상이어야 표시할 수 있다.

2. 호주 와인의 생산지역

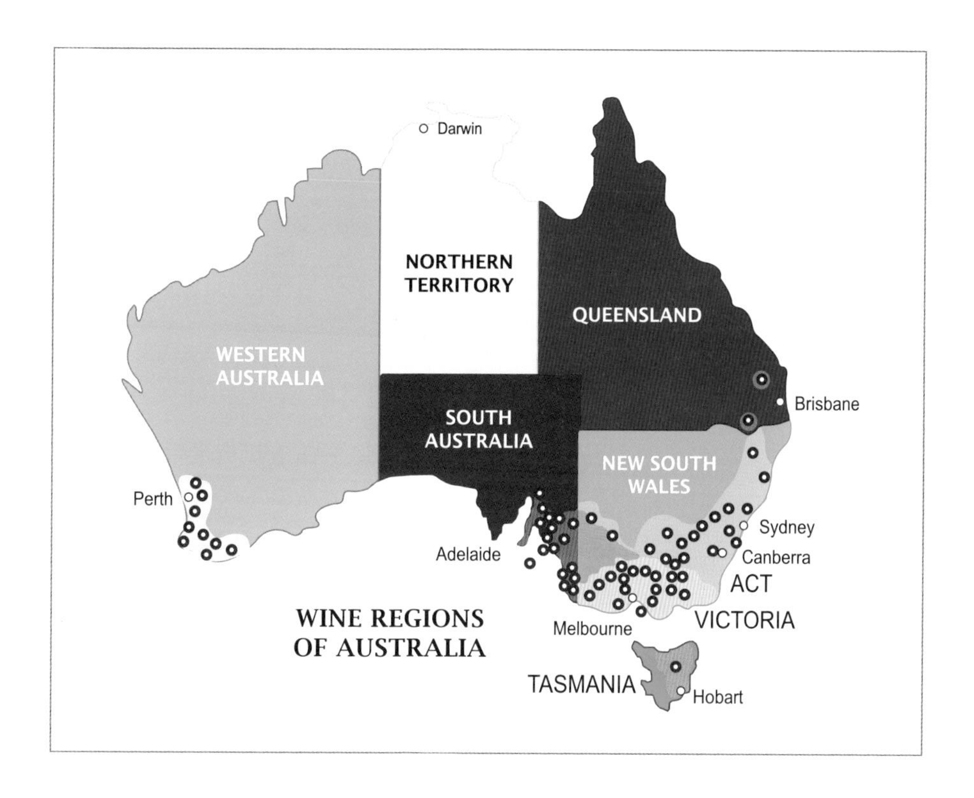

1) 오스트레일리안 캐피털 테리토리, ACT(Australian Capital Territory)

시드니(Sydney)와 멜버른(Melbourne)의 중간 지점에 위치한 오스트레일리안 캐피털 테리토리(ACT : Australian Capital Territory)는 원래 농경지였다. 1920년대에 호주의 수도를 결정할 때 가장 큰 두 도시인 시드니와 멜버른이 합의점을 찾지 못하면서 수도로 건설되었다. ACT에는 수도인 캔버라(Canberra)와 정부 의사당 및 관청이 들어섰다. 캔버라 지구(Canberra District) 와인 생산지는 테리토리의 북부와 뉴사우스웨일스(New South Wales) 지역 대부분의 포도원을 포함한다.

스노위 마운틴

봄 서리의 지속적인 위협과 빈번한 발생, 봄과 여름에 되풀이되는 가뭄, 큰 폭의 기온 변화(추운 밤과 더운 여름의 낮) 그리고 대체로 서늘한 수확 시기로 인해 이 지역은 호주에서 대륙성 기후가 가장 두드러지게 나타나고 있다. 이 지역은 극한 기후를 지닌 곳이고 일정한 수확을 유지하기 위해 관개시설이 반드시 필요한 곳이다. 그럼에도 불구하고, 이곳에서 재배되는 리슬링(Riesling), 샤르도네(Chardonnay), 쉬라즈(Shiraz), 카베르네 소비뇽(Cabernet Sauvignon) 그리고 많은 경우 피노 누아(Pinot Noir) 그 모두가 탁월한 개성을 지닌 와인을 만든다.

이 지역의 지형은 매우 다양하여 굽이치는 언덕과 멀리 보이는 스노이산(Snowy Mountains)의 경치는 많은 포도원 뒤로 그림 같은 배경을 이룬다.

경사도, 방향, 에어 드레이니지(Air Drainage : 포도밭 내의 공기 순환) 모두 중요한 요소이다. 토양은 전형적인 갈색이고 얕고 비옥한 진흙으로 이루어져 있으며, 그 밑에는 중성에서 약한 산성의 이판암이나 진흙이 깔려 있다. 그 아래 토양은 물을 간직하는 성질이 아니어서 관개에 대한 필요성을 증가시킨다.

2) 뉴사우스웨일스(New South Wales)

헌터 밸리

뉴사우스웨일스(New South Wales)는 호주에서 처음으로 유럽의 식민지가 되었던 주이며, 그로 인해 포도가 처음으로 재배된 곳이다. 대륙의 동쪽 해안에 위치하는 뉴사우스웨일스(New South Wales)는 시드니 남쪽의 숄헤븐 코스트(Shoalhaven Coast) 지역과 같은 해안 기후에서부터 그레이트디바이딩 산맥(Great Dividing Range)의 산지에 이르기까지 놀랄 만큼 다양한 기후를 자랑한다.

호주에서 가장 잘 알려진 와인 지역 헌터 밸리(Hunter Valley) 또한 뉴사우스웨일스(New South Wales)에 위치하고 있다. 뉴사우스웨일스(New South Wales)의 와인 스타일은 매우 다양하다.

헌터 밸리(Hunter Valley)는 훌륭하고 품위있게 숙성되는 세계적 수준의 쎄미용(Semillon) 생산으로 유명하다.

일부 쎄미용(Semillon)은 최고 10~20년 동안 저장될 수 있다. 오랜 저장 끝에 쎄미용(Semillon) 와인은 견과류, 꿀, 버터 및 토스트 향의 복합적인 특성을 지니게 된다. 샤르도네(Chardonnay) 또한 뉴사우스웨일스(New South Wales)에서 매우 인기있는 품종이며, 대부분의 와이너리에서는 감칠 맛 나는 쉬라즈(Shiraz)나 카베르네 소비뇽(Cabernet Sauvignon)도 생산하고 있다.

바로사 밸리

3) 사우스 오스트레일리아(South Australia)

호주 대륙의 중앙에 위치한 사우스 오스트레일리아(South Australia)에서는 호주 와인의 50% 이상을 생산하고 있으며, 세계에서 가장 오래된 포도나무를 몇 그루 가지고 있다. 사우스 오스트레일리아(South Australia)의 바로사 밸리(Barossa

야라 밸리

Valley)와 애들레이드 힐스(Adelaide Hills)에서 찾을 수 있는 유서깊고 오래된 포도나무는 고립된 환경으로 인해 호주의 동부 포도밭을 휩쓸었던 필록세라(포도나무 뿌리진디) 전염병으로부터 살아남을 수 있었다.

검역 제한이 도입되면서 사우스 오스트레일리아(South Australia)의 포도나무는 필록세라(Phylloxera) 곤충으로부터 무사할 수 있었고, 사우스 오스트레일리아(South Australia)의 포도 생산량을 유지할 수 있었다.

사우스 오스트레일리아(South Australia)에는 세계에서 가장 오래된 포도나무뿐만 아니라 다양한 생산지역도 찾아볼 수 있다. 상대적으로 따뜻한 기후의 바로사 밸리(Barossa Valley)에서부터 플루리어 페닌슐라(Fleurieu Peninsula)에 위치한 해양성 지역인 맥클라렌 베일(McLaren Vale), 서던 플루리어(Southern Fleurieu), 커런시 크릭(Currency Creek)과 랭혼 크릭(Langhorne Creek) 생산지 그리고 더 서늘한 애들레이드 힐스(Adelaide Hills)를 지나 머리강(Murray River)의 더운 리버랜드(Riverland) 지역에 이르기까지 그 범위가 매우 넓다.

4) 빅토리아(Victoria)

호주 내륙의 남동쪽 모퉁이에 자리 잡고 있는 빅토리아(Victoria)에는 따뜻한 기후의 머리 달링(Murray Darling)과 스완 힐(Swan Hill) 지역이 머리강을 따라 빅토리아(Victoria)의 북서쪽에 위치하고 있다. 머리강을 따라 동쪽에 위치한 러더글렌(Rutherglen) 지역은 길고 건조한 가을 동안 농축된 달콤한 과일 향을 자랑하는 머스캣(Muscat)과 같은 독특한 강화 와인 스타일로 그 명성을 쌓았다.

빅토리아(Victoria)의 다른 와인 생산지들은 북쪽과 서쪽의 와인 생산지역에 비해 일반적으로 서늘하다. 멜버른(Melbourne)에서 차로 30분 거리에 있는 야라 밸리(Yarra Valley) 지역은 굉장히 우아하고 섬세한 샤르도네(Chardonnay)와 피노 누아(Pinot Noir) 와인을 생산한다. 알파인 밸리스(Alpine Valleys) 지역은 가을이 빨리 오기 때문에 포도 재배자들과 와인 메이커들은 포도가 서리 피해를 입기 전에 익도록 하기 위해 최선을 다한다. 하지만 그러한 손실도 서늘한 여름 동안 생산된 풍부하고 복합적인 맛의 와인으로 만회된다.

5) 웨스턴 오스트레일리아(Western Australia)

스완 디스트릭트

호주에서 가장 큰 주로서 대륙의 서쪽 1/3을 차지하지만 와인 생산지는 거의 남서쪽에 집중되어 있다. 그 와인 생산지로는 웨스턴 오스트레일리아(Western Australia)의 수도인 퍼스(Perth) 부근에 위치한 스완 디스트릭트(Swan District), 더 남쪽으로 필(Peel), 지오그라프(Geographe), 블랙우드 밸리(Blackwood Valley), 팸버튼(Pemberton), 만지멉(Manjimup), 그레이트 서던(Great Southern) 그리고 마가렛 리버(Margaret River)가 있다.

20년 전, 마가렛 리버(Margaret River)는 강과 바다가 만나는 곳에 위치하여 최고의 서핑지로 잘 알려져 있었다. 하지만 기업가들이 웨스턴 오스트레일리아(Western Australia)의 지형적 고립 조건을 극복하고 포도원과 와이너리를 개발하면서 호주뿐만 아니라 전 세계적으로 주목을 받게 되었다. 이곳 생산지는 강한 풍미를 가진 소비뇽 블랑(Sauvignon Blancs), 최상급의 카베르네 소비뇽(Cabernet Sauvignons) 그리고 향이 뚜렷한 진판델(Zinfandel)로 유명하다.

6) 태즈메이니아(Tasmania)

좁지만 폭풍에 요동치는 바스(Bass) 해협에 의해 호주 대륙으로부터 분리되어 있다. 호주의 최남단에 위치한 주인 태즈메이니아의 기후는 서늘한 유럽의 기후와 가장 흡사하다. 태즈메이니아는 현재 서늘한 기후에서 생산되는 와인 중 호주에서 가장 뛰어난 와인의 일부를 생산하고 있다. 그중에서도 샤르도네(Chardonnay), 피노 누아(Pinot Noir)와 같은 전통적인 품종에서부터 크림 같은 질감을 가지는 스파클링 와인 생산에 탁월함을 보이고 있다.

7) 퀸즐랜드(Queensland)

퀸즐랜드

최근까지도 퀸즐랜드(Queensland)가 와인용 포도 재배 지역으로 알려지지 않았던 이유는 이곳이 열대 지방과 너무 가깝고 좋은 품질의 와인을 생산하기에 너무 덥다고 여겨졌기 때문이다. 하지만 통찰력 있는 포도 재배자들과 와인메이커들은 내륙을 지나는 산맥의 고원 지대보다 서늘한 기후와 비옥한 화산 토양이 포도 재배에 더 적합하다는 것을 알아냈다. 그라니트 벨트(Granite Belt) 지역은 와인 재배 선구자가 예상했듯이, 해발 700~1,000m 지대에서는 기온이 확연히 서늘해지는 효과가 있었다. 그로 인해 카베르네 소비뇽(Cabernet Sauvignons), 쉬라즈(Shiraz), 샤르도네(Chardonnay) 그리고 비오니에(Viognier)와 같은 품종이 따뜻한 봄과 여름, 상대적으로 서늘한 가을을 지나며 재배되어 훌륭한 와인이 생산될 수 있었다.

3. 호주 와인의 포도품종

1) 주요 포도품종

와인 생산을 위해 이들 지역에서는 주로 유럽의 포도품종을 재배한다.

포도품종은 레드 와인의 경우 카베르네 소비뇽, 쉬라즈, 피노 누아, 메를로를 사용하고, 화이트 와인의 경우 샤르도네와 쎄미용, 리슬링, 소비뇽 블랑 등을 사용한다. 호주의 시라(Syrah)는 쉬라즈(Shiraz)라는 이름으로 바꾸어 사용되고 있으며, 다른 나라에서 생산되는 시라와 차별화를 하고 있다. 쉬라즈(Shiraz)는 프랑스 론(Rhone) 지방의 시라(Syrah)와 같은 품종인데, 호주에서 너무 흔하고 인기 없는 품종이어서 돈을 주고도 팔 수 없을 정도였다. 그런데 그동안 쉬라즈의 개성을 살리는데 꾸준히 노력해 지금은 호주 레드 와인의 주요 품종으로 거듭날 수 있었다. 한때는 정부가 보조금을 지급하면서까지 뽑아버리라고 했던 쉬라즈(Shiraz)로 만든 펜폴드(Penfolds)사의 'Grange Hermitage' 와인이 현재는 호주 와인의 자존심이라고 표현하고 있으니 쉬라즈의 위상 변화가 짐작이 된다.

① 적포도품종

- 쉬라즈(Shiraz)
- 카베르네 소비뇽(Cabernet Sauvignons) : 때로는 쉬라즈와 블렌딩
- 피노 누아(Pinot Noir)
- 메를로(Merlot)

쉬라즈

② 청포도품종

- 샤르도네(Chardonnay)
- 쎄미용(Semillon) : 종종 샤르도네와 블렌딩
- 리슬링(Riesling) : 드라이한 스타일에서 스위트한 스타일까지 다양
- 소비뇽 블랑(Sauvignon Blanc) : 지난 몇 년 사이 화이트 증가율이 가장 높은 품종

4. 호주 와인의 라벨 표기법과 와인 생산 규정

1) 1990년 LIP(Label Integrity Program)

프랑스 AOC법처럼 다각도로 규정하지는 않지만 빈티지, 품종, 지역 표시 권한을 규정 감독

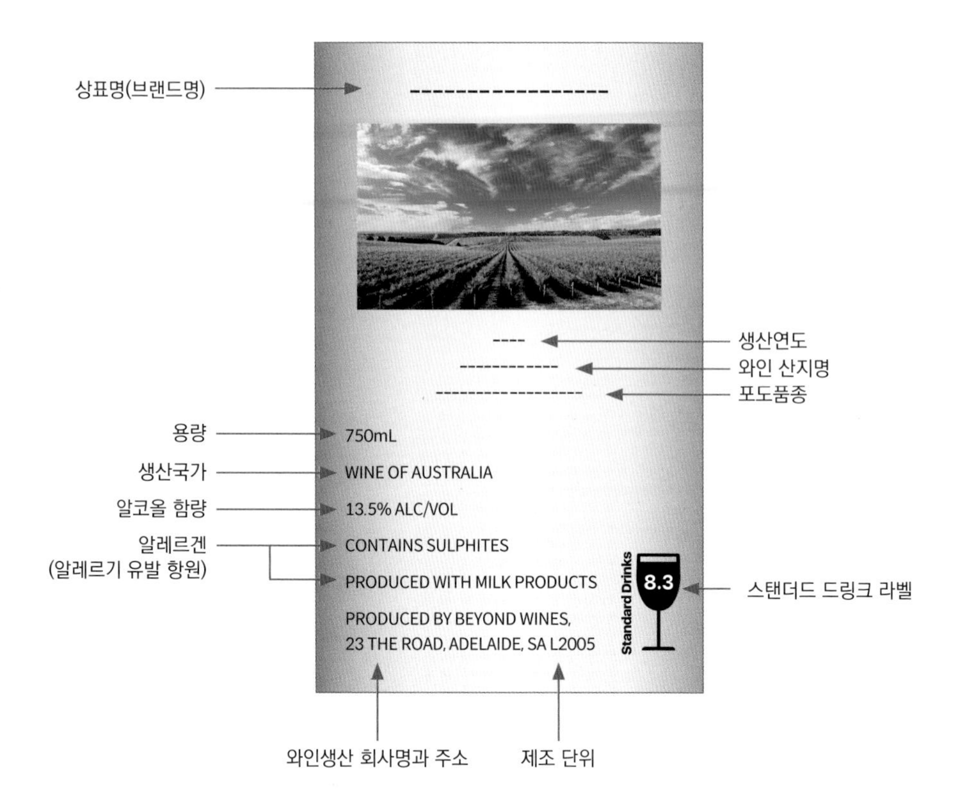

① 단 하나의 품종 표기 : 그 품종을 최소한 85%

② 여러 품종이 블렌딩된 경우 비율 표시(항상 첫 번째 표기된 품종이 가장 높은 비율)

③ 특정 와인 생산지 명시 : 최소 85%, 그 지역산

④ 빈티지가 찍혀 있을 때 : 95% 그 빈티지의 것

이처럼 다양한 각양각색의 와인을 저마다 등급으로 매기고 있다. 사실 와인 생산에 대한 특별한 규정은 제정되어 있으나, 그 품질에 대한 등급 규정이 없는 상황으로 각 와이너리마다 고유의 등급 체계를 갖고 와인을 생산하고 있다.

2) 생산 규정

와인을 생산하기 위해서는 생산 규정에 따라야 한다. 특히 포도품종을 표시함에 있어서는 85% 이상 동일 품종을 사용했을 때 레이블에 품종을 표시하고, 품종

이름은 총 3종까지 기재가 가능하다.

아울러 생산지명은 85% 이상 동일 산지 포도를 사용했을 때 표시해야 하며, 빈티지 역시 85% 이상 표시 연도에 수확된 포도를 사용한다. 아울러 와인의 알코올 농도는 8% 이상이어야 한다.

등급 규정 중 하나로 랭턴즈 등급 분류가 있다. 랭턴즈 등급 분류는 호주의 34개 명품 와인을 선정하여 1991년에 제1판이 나온 이후 1996년(64개 와인), 2000년(89개 와인), 2005년(101개 와인) 등 등급 재분류에 따른 개정판을 내면서 시장의 평가에 기초한 호주 명품 와인의 위계 질서를 새롭게 구축하고 있다.

2005년의 등급 분류에 나타난 1등급(Exceptional) 와인 11개, 2등급(Outstanding) 와인 22개, 3등급(Excellent) 와인 34개, 4등급(Distinguished) 와인 34개를 선정하였다. 랭턴즈에서는 등급 와인과 별도로 컬트 와인 및 신흥 명품 와인이라는 두 가지 범주를 추가로 설정해 놓고 있다. 이것은 아직 등급 와인리스트에는 포함되어 있지 않지만 시장의 평가가 높아진다면 등급 와인으로 편입될 수 있는 후보 그룹을 운용한다는 취지이다. 이러한 검증 장치는 랭턴즈 등급 분류의 설득력과 신뢰도를 제고하는 데 기여하고 있다.

이러한 랭턴즈를 주목하는 이유로는 첫째, 와인 경매 회사가 호주의 명품 와인 전체를 대상으로 5년 주기의 재평가 작업을 통해 비공식적으로 등급을 분류하여 2차 시장에서 와인의 거래와 투자를 매개한다는 점이다.

둘째, 와인의 등급을 평가하고 분류하는 전체적인 체제가 매우 정교하여 최소한 10년 이상의 빈티지를 가지는 명품 와인들을 대상으로 한다는 점도 들 수 있다.

5. 호주 대표 와인의 종류

호주의 대표 와인들은 대부분 미국과 같이 단일품종의 포도를 사용한 품종 와인(Varietal Wine)과 프랑스 보르도처럼 여러 가지 포도를 섞어서 만든 블렌딩 와인(Blending Wine)들이다. 호주의 와인 생산업체는 약 800개 정도이지만 그중 4대 와인 기업이 전체 생산량의 80%를 차지하며, 이들 기업이 소유한 와인 농장은 1,400여 개에 달한다.

- SA 부르윙(SA Brewing) : 메이저 그룹 중 호주 와인 생산량의 25%를 차지한다. 펜 폴즈, 셉펠트(Seppelt), 린드만(Lindemans), 윈스(Wynns), 시뷰(Seaview), 레오 뷰어링(Reo Buring) 회사를 소유하고 있는 호주 최대의 그룹이다.
- BRL 하디(Hardy Wine Company) : 호주 와인 생산량의 23%를 자랑한다. 휴턴(Houghton), 노티지 힐(Nottage Hill), 리징함(Leasingham), 로리스턴(Lauriston), 써 제임스(Sir James), 베리 레인지(Berri Ranges) 등의 회사를 소유하고 있다.
- 올랜도 윈담(Orlando-Wyndham) : 호주 와인의 20%를 생산한다. 제이콥스 크릭(Jacops Creek), 윈담 에스테이트(Wynndham Estate), 리치몬드 그로브(Richmond Grove), 크렉모어(Craigmoor), 케링턴(Carrington) 등이 이 그룹에 속해 있다.
- 베린져 블라스(Beringer Blass Wine Estates) : 호주 와인 생산량의 9%를 차지함으로써 네 번째로 큰 그룹에 이름을 올렸다. 이 그룹에는 울프 블라스(Wolf Blass), 발고우니 에스테이트(Balgownie Estata), 옐로우글렌(Yellowglen) 등의 회사가 소속되어 있다.

Critter Label

라벨에 그려진 친숙한 동물의 모습은 와인을 보다 친밀하게 느끼게 하고, 마신 뒤에도 연상작용이 강하게 남아 기억을 도와준다. '크리터 라벨'로도 불리는 동물 와인. 대표적인 동물 와인으로는 '옐로우 테일(Yellow Tail)'을 꼽을 수 있다. 옐로우 테일은 호주인들의 사랑을 받는 상징적인 동물 캥거루를 라벨에 담아 폭발적인 반응을 일으켰다. 자국에서 와인을 생산하는 미국에서도 폭발적인 인기를 끌었으며, 최근에 국내에는 선보였고, 카베르네 소비뇽, 메를로, 쉬라즈, 샤르도네 등 4가지 품종이 나온다.

Q. 호주 와인의 이름은 왜 bin이 많을까?

유래는 호주 포도주 양조장에서 번호가 붙은 와인 저장통(통 = bin)인데, 양조장 주인들이 단순히 자신들의 와인에 대한 숫자로 사용한 것이다. 일부 포도주 양조장에서 그 번호를 포도 종류(varietals이라고 부름)에 따라 하지만, 다른 양조장에서는 아무 관계없이 그저 그럴듯한 번호를 사용한다.

린드만스(Lindemans) 와이너리 제품은 BIN(빈) 숫자 와인의 브랜드가 많다. 매우 인기있는 빈은 BIN65인데, Chardonnay 종류 와인이고, BIN444(Cabernet Sauvignon 종류)와 BIN555(Shiraz 종류)도 있다.

05
뉴질랜드

1. 뉴질랜드 와인의 개요

세계 16위 와인 수출국으로 신흥 와인 생산국이다.

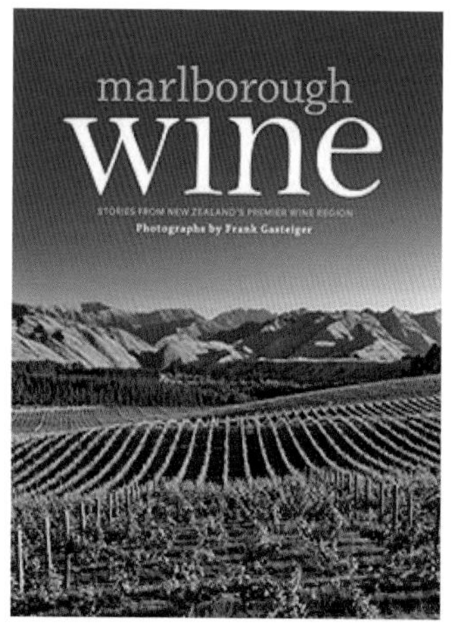

뉴질랜드의 대표 와인 산지(말보로)

뉴질랜드는 남서 태평양의 남위 35° 부근의 오클랜드 북쪽에서 북위 45°의 오타고 근처까지 위치하며 남북의 길이가 약 1,600km에 이른다. 남섬과 북섬의 많은 작은 섬으로 이루어졌으며, 마오리족이 남태평양 연안의 군도에서 이주하여 약 1000년의 역사를 지닌 곳이다. 마오리어로 '아오테아로아'라는 하얗고 긴 구름의 나라라는 뜻의 뉴질랜드는 1769년에 영국의 쿡 선장이 뉴질랜드를 탐험하며 유럽인들이 정착하기 시작하였다.

와인의 고향인 유럽에서 멀리 떨어진 뉴질랜드에 1819년 사무엘 마르스덴(Samuel Marsden) 신부가 케리케리(Kerikeri)에 처음 비니페라계 포도품종을 심어 미사용 포도재배가 시작되었다. 이후 1836년 영국인 포도 양조자 제임스 버즈비가 와인탕이에서 프랑스와 스페인 포도품종으로 최초로 와인을 생산하기 시작했고 1851년 혹스베이(Hawke's Bay)의 로만 가

톨릭 성당에서 포도나무를 심으며 포도원이 설립되었다. 그러나 병충해, 기술부족, 금주법 등의 당시 여건으로 와인 산업이 발달하지 못하여 1960년대까지 와인은 주로 쉐리와 포트 등을 생산하여 지역 공동체에 의해 소비되었다. 그러나 1960년대 이후 금주법이 완화되어 레스토랑에서의 와인 판매가 허가되면서 근대적인 와인이 생산되기 시작했다. 1973년 뉴질랜드 와인 양조자 조합(The Wine Institute of New Zealand)이 발족되며 와인 산업이 안정을 이루고 북섬의 혹스베이(Hawkes Bay)와 남섬의 말보로(Malborough)를 중심으로 와인 산업이 발전되었으나 1980년대 이전까지만 해도 뉴질랜드 사람들 중심으로 와인이 소비되었다. 1980년대 중반 이후 이곳에서 생산된 소비뇽 블랑이 뉴질랜드를 세계적인 와인 산지로 인정받게 하였다.

뉴질랜드는 서늘한 기후적인 조건으로 '남반구의 독일'로 비유되며, 서늘한 기후에 적합한 포도품종이 재배되는데 소비뇽 블랑이 대표적이다.

2. 와인의 특성 및 생산지역

1) 와인의 특성

뉴질랜드는 다른 신세계 생산국들과 달리 신세계 지역으로는 드물게 서늘한 기후를 가지고 있어 독일과 날씨가 비슷하기 때문에 '남반구의 독일'이라 비유되며, 생산 초기인 1960년대부터 서늘한 기후에 적합한 독일 품종인 뮐러 투르가우(Muller-Thurgau)가 심어졌다. 이후 소비뇽 블랑(Sauvignon Blanc), 샤르도네(Chardonnay), 피노누아(Pinot Noir)가 심어져 뉴질랜드를 대표하는 와인 품종이 되었다. 그중 뉴질랜드의 소비뇽 블랑은 열대 과일 향이 가득하고 달콤한 맛과 향기로운 꿀맛이 나는 것으로 유명하다. 기후적인 특징으로 화이트 와인 품종이 전체 포도밭의 80% 이상을 차지하며 레드 와인으로는 카베르네 소비뇽(Cabernet Sauvignon), 메를로(Merlot), 시라(Syrah)도 생산된다.

▶뉴질랜드는 서늘한 기후적인 조건으로 '남반구의 독일'로 비유되며, 서늘한 기후에 적합한 포도품종이 재배되며 소비뇽 블랑이 대표적이다.

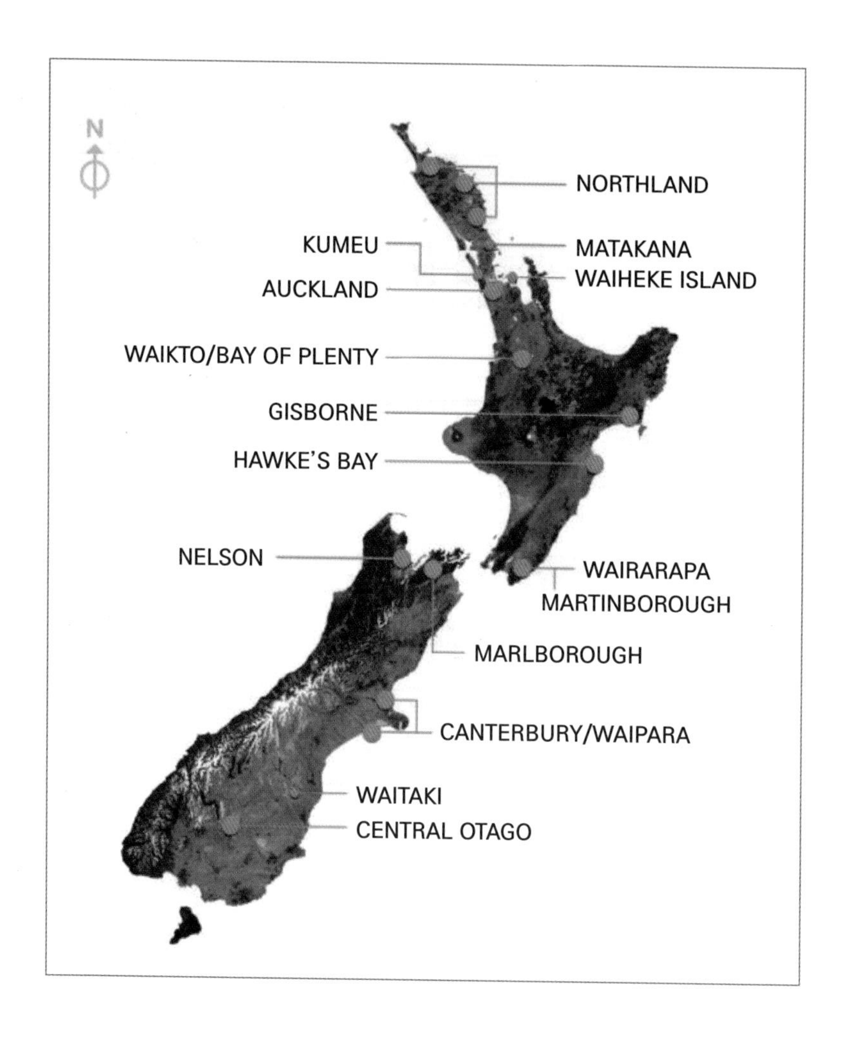

스크루 캡 사용 | 뉴질랜드에서 생산되는 와인의 90% 이상은 천연 코르크 대신 스크루 캡을 사용한다. 이 사용률은 뉴질랜드가 세계 1위로 트리클로로아니솔(Trichloroanisole)에 의한 와인의 부쇼네를 극복하기 위한 동시에 뉴질랜드 와인의 스타일을 만드는 데 적합하기 때문이다. 또한 비교적 가격이 높은 편인 뉴질랜드 와인의 생산단가를 낮추는 유익한 점으로 신세계 국가들로 확대되고 있으며 프랑스의 AOC급 와인에도 사용하자는 움직임이 있다(샤블리의 '라로쉐', 독일의 '닥터 루센', 호주의 톱 와인인 Penfolds).

2) 주요 생산지역

뉴질랜드는 남북의 길이가 길고 남섬과 북섬으로 이루어져 북쪽 섬은 선선한 해양기후이며 비가 많이 오고 습하다. 남쪽 섬은 더욱 선선하며 건조한 지역적인 조건으로 토양은 지역에 따라 화산암 위에 점토, 모래, 자갈 등으로 다양한 토질이다.

(1) 북섬(North Island)지역

뉴질랜드 북쪽 섬은 길이 약 500㎞의 길고 완만한 구릉성 산지에 포도원이 있으며, 아열대성 기후로 여름은 덥고 습하며 겨울은 따뜻하고 비가 많이 온다.

① 기스본(Gisborne) : 생산량 뉴질랜드 3위

주로 화이트 와인을 생산하고 뮐러 투르가우가 주요 품종이지만, 최근에는 샤르도네 재배가 급증하며 '뉴질랜드 샤르도네의 수도'라 불리고 있다.

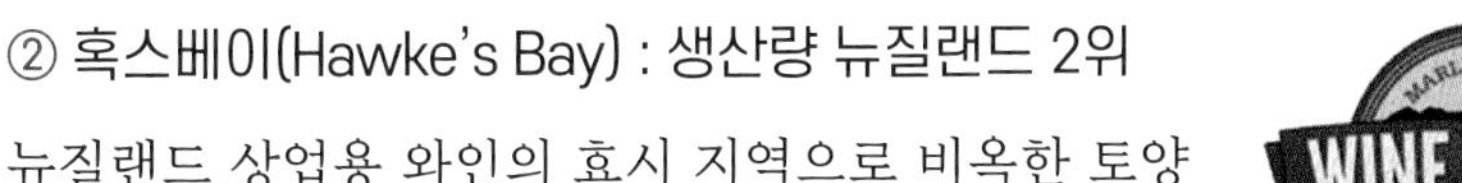

② 혹스베이(Hawke's Bay) : 생산량 뉴질랜드 2위

뉴질랜드 상업용 와인의 효시 지역으로 비옥한 토양과 적은 강우량이 특징이다. 샤르도네, 소비뇽 블랑을 생산하며, 카베르네 소비뇽을 중심으로 한 보르도 스타일의

레드 와인도 만들고 있다.

③ 기타 생산지역

오클랜드(Auckland), 웰링턴(Wellington), 와이카토(Waikato)&베이, 오브 플렌티(Bay of Plenty) 등이 유명하다.

(2) 남섬(South Island)지역

① 말보로(Marlborough) : 생산량 뉴질랜드 1위

일조량이 많고 자갈층 위에 충적된 양토, 자갈 등으로 배수가 좋은 토양이 특징이다. 소비뇽 블랑 재배로 세계적으로 유명하며, 리슬링 품종의 귀부 와인과 피노 누아, 샤르도네를 사용하여 만든 고품질의 발포성 와인을 생산하며 매년 말보로 와인축제를 개최한다.

* 유명한 와인 생산 회사는 Montana, Cloudy Bay, Grove Mill, Hunter's Jackson, Merlen 등이 있다.

뉴질랜드 말보로의 와인축제

뉴질랜드의 3대 와인 생산지구
- 말보로 1위 - 혹스베이 2위 - 기스본 3위 뉴질랜드 전체 생산량의 약 81%를 차지

② 넬슨(Nelson)

말보로 지역의 북서쪽에 위치한 곳으로 대체로 평지에 포도원이 있는 것과 달리 말보로는 구릉지와 계곡에 포도원이 위치하며 점토질의 토양에서 소비뇽 블랑, 리슬링, 샤르도네, 피노 누아 등이 재배

뉴질랜드 와인의 인지도를 세계적으로 높인 대표적인 와인

된다.

③ 센트럴 오타고(Central Otago)

뉴질랜드의 주요 와인 생산지역 9곳 중 가장 남쪽에 위치하며, 서늘한 대륙성 기후를 가지며 발포주 생산으로 유명하다. 피노 누아, 피노 그리, 리슬링, 소비뇽 블랑의 스틸 와인 생산으로 주목받으며 생산량이 늘어나고 있다.

3) 주요 포도품종

(1) 피노 누아(Pinot Noir)

껍질이 얇고 병충해가 심해서 까탈스러운 품종이지만 섬세하고 귀족적인 풍미를 지닌 와인을 오클랜드(Auckland)에서 1970년대에 재배하기 시작하였다. 기온이 서늘하고 강수량이 적은 지역에서 잘 성장하여 웰링턴 지역과 남섬에서 잘 자라며 생산량이 급상승하고 있다. 특히 마틴보로우(Martinborough)의 피노 누아는 산도가 높지만 탄닌의 양은 적으며 잘 익은 자두향이 있어 명성이 높다.

(2) 카베르네 소비뇽(Cabernet Sauvignon)

제임스 버즈비가 뉴질랜드에 처음 도입한 품종으로 탄닌이 많고 무게감이 많아 인기 있는 품종으로 혹스베이(Hawke's Bay)를 비롯한 북섬에서 주로 재배된다.

(3) 소비뇽 블랑(Sauvignon Blanc)

뉴질랜드에서 가장 많이 생산되는 품종으로 열대 과일 향이 가득하고 달콤한 맛과 산도가 뛰어나 세계 최고수준의 소비뇽 블랑 산지로 1970년대에 오클랜드에서 생산하기 시작했다. 1973년 말보로에서 재배되기 시작해서 생산량의 2/3가 집중되고 있다.

뉴질랜드의 대표 포도품종 소비뇽 블랑(Sauvignon Blanc)

4) 와인관련 규정

1996년 원산지 명칭 규제법(Certified Origin)이 최초로 제정되었다. 그러나 2007년 개정된 법규에 따르면 와인을 수출할 때 원산지 표기를 할 경우 호주와 같이 산지명, 품종명, 빈티지명에 대해 85% 이상을 사용해야 한다(2006년 이전의 빈티지까지는 75%가 규정이었음).

지속가능농법 100% 적용 와인 생산국

06
남아프리카공화국

1. 남아공 와인의 개요

1647년 네덜란드의 상선 하렘호가 난파하여 희망봉(Cape of Good Hope)에 정박하며 새로운 땅을 발견한 네덜란드 동인도회사는 유럽, 인도, 동아시아를 항해하는 선박을 위한 보급기지를 설립하고 노예, 천연자원, 향신료 등의 무역을 시작했다. 남아공의 와인은 1659년 2월 2일 케이프타운 설립자 잔 반 리빅(Jan Van Riebeeck)의 일기에 "오늘, 신에게 축복이 있기를 … 최초로 이곳에서 포도가 압착되었다…"고 써 있다.

1688년 프랑스의 신교도 위그노(Huguenots)가 종교적 박해를 피해 이주하며 와인 문화가 풍성하게 발전된다. 유럽 거의 모든 열강이 참여한 대규모의 7년전쟁(1756~1763)으로 포도 수확량이 줄면서 케이프타운 남부의 콘스탄샤(Constantia) 와인은 급격한 유명세를 얻게 되었다.

1918년 남아공의 와인 산업을 이끄는 국영 협동조합(KWV)이 창립되었고, 1948년 국민당이 집권하면서 사회 모든 분야에서 인종 차별 정책(Apartheid)의 영향을 받았다. 심지어 백인의 음료(White man's liquor)를 흑인에게 판매하는 것이 금지되었으나, 1962년에 제한이 철폐되었다. 남아공은 인종 차별정책으로 교역이 끊어지고 국제적으로 어려운 처지에 놓이며 민주화를 위한 격동의 시기를 거치면서 1994년 만델라가 집권하며 인종 차별정책을 철폐하였다. 1997년 KWV가 민영화되며 새로운 부흥의 시기를 맞이한 검은 대륙의 숨은 진주이다.

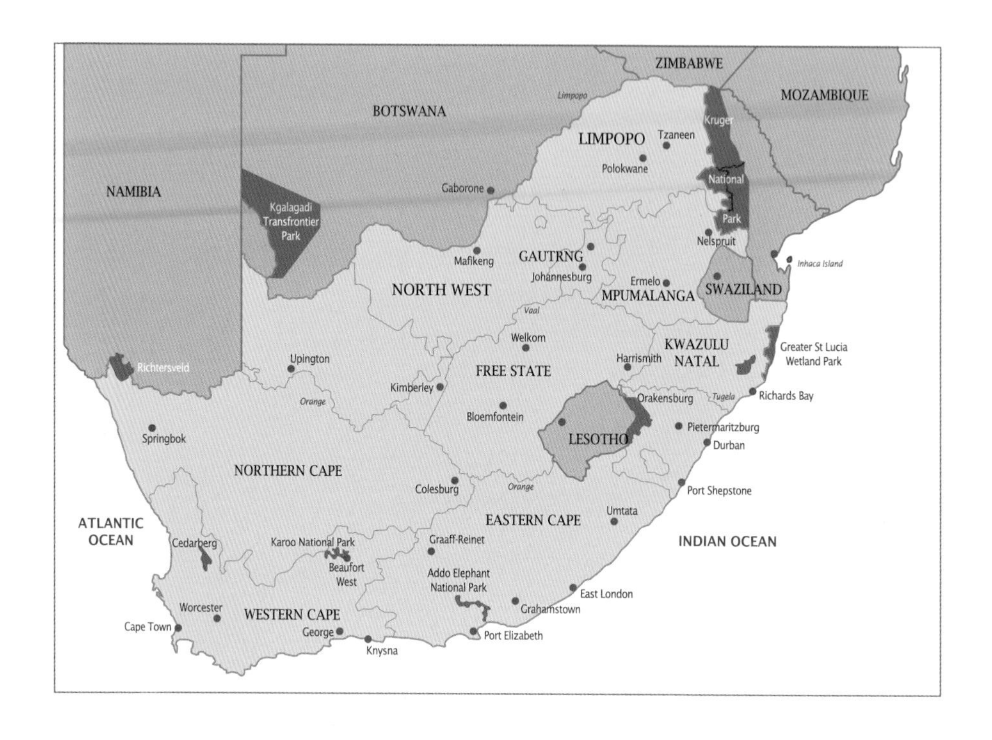

남아공은 아프리카 최남단의 위도 22~35도 사이에 위치, 삼면이 바다로 대서양과 인도양이 만나는 합류 지점이다. 동쪽과 서쪽 두 해류의 온도 차이와 남극에서 불어오는 벵겔라(Benguela)의 찬 기류로 기후, 식물 및 해양 생물에 다양성을 준다. 참고로 남아공은 전 세계에서 꽃 피는 식물의 10%가 있으며, 세계에서 유일하게 '케이프' 식물계 전체가 서식하는 국가로 약 8,600여 종의 식물이 자라 세계 문화유산으로 지정된 꽃의 왕국(Flower Kingdom)이다. 자연환경이 잘 보존된 남아프리카공화국 케이프타운의 지형은 시원한 바람과 안개로 양질의 포도를 재배하기 위한 최적의 환경을 제공한다. 아프리카 구대륙의 토양 위에 피어 있는 9,500종이 넘는 야생화의 풍미가 남아프리카공화국 와인에 고스란히 녹아 있다. 세계 자연유산으로 보호되는 케이프타운의 포도는 친환경 농법으로 엄격하게 재배된다.

아프리카 대륙의 최남단, 그 유명한 테이블산 자락 아래로 두 개의 대양, 대서양과 인도양이 만나는 곳, 바로 이곳에 세계에서 가장 아름다운 케이프주가 자리하고 있다. '마더 시티(Mother City, 남아공의 발상지라는 의미)'라고도 불리는 이곳은 남아공 와인 산지의 관문이기도 하며, 전 세계 와인 중심지들 가운데 하나로 꼽힌다. 350년이 넘는 세월 동안 이곳에는 아프리카, 유럽, 동양의 문화가 만나 서로 뒤섞여 왔고 이 과정을 거치며 케이프주는 현대와 고대가 공존하는 풍부한 역사와 활기 넘치는 문화의 도시로 발전했다. 케이프주는 남아공 역사의 산 현장이기도 하다. 1990년 넬슨 만델라가 자유를 향한 역사적 첫 걸음을 내디뎠던 곳이었고, 4년 후 투투 주교가 새롭게 태어난 남아공을 '무지개와도 같은 하느님의 백성'이라고 부른 곳, 곧 무지개 국가 탄생의 배경이 된 곳도 케이프주였다.

세계적인 트렌드에 발맞춰 지난 수년간 남아공에서도 레드 와인 포도품종의 재배가 크게 증가하면서 화이트가 우세하던 시장의 판도가 레드 와인 중심으로 바뀌고 있다. 현재 남아공 전체 포도 재배지 중 레드 와인의 비율은 45%, 화이트 와인의 비율은 55%가량이다. 300년을 훌쩍 거슬러 올라가는 남아공 와인의 역사는 프랑스와 독일로부터 영향을 많이 받았는데, 지난 10여 년 동안 새로운 묘목 심기와 더불어 신지식이 많이 도입되었고 이들의 관심은 '고품질의 와인 생산'이다.

세계적 수준의 다양한 스위트 와인(디저트 와인과 주정 강화 와인)들이 현재 케이프 와인 산지에서 제조되고 있으며, 포트(Port) 스타일 와인과 전통 샹파뉴(Champenoise) 기법으로 만들어진 Methode Cap Classiques 등도 주목할 만한 와인이다.

2. 남아공 와인의 원산지 표기(Wine of Origin) 보장 제도

높은 품질의 와인을 만들기 위해서는 포도뿐 아니라 생산연도, 생산지역 등 여러 가지 요인들이 필요하다. 이 요인들을 인식하고 보호하기 위한 법률안이 1973년에 소개되었다. 남아공의 와인 생산지역은 크게 지방(Region)으로 구분되고, 이

지방은 다시 지역(District), 더 세분화되어 구역 그리고 최종적으로 개별적인 포도밭으로 구분된다. 남아공 농업부에서 지명하는 와인 및 주류 위원회(Wine & Spirit Board)에서 이 원산지 등록을 담당하고 있는데, 등록된 와인들에는 원산지, 포도품종, 생산연도 등 라벨에 표기된 내용의 진실성을 보장하는 인증마크가 붙어 있다.

3. 남아공 와인의 포도품종

남아공 와인업계는 대량 생산에서 탈피, 뛰어난 포도품종과 질 높은 와인을 생산하기 위해 지속적으로 변화해 나가고 있다. 국제적인 경쟁력을 얻기 위함이다. 이러한 변화의 일환으로 한때 주로 남아공에서 재배됐던 청포도가 조금씩 감소하고 적포도 재배가 급격하게 늘고 있다. 현재 남아공에서 재배되는 포도품종들은 대부분 수입되어온 것들이었으나, 최근 새롭게 개발된 유명한 품종은 피노타지(Pinotage)로 피노 누아(Pinot Noir)와 에르미타주(Hermitage, Cinsault 쌩소라고도 불림)의 교잡으로 탄생되었다.

1) 적포도품종

① 카베르네 소비뇽(Cabernet Sauvignon)

② 쌩소(Cinsault) : 에르미타주(Hermitage)로도 알려져 있다.

③ 메를로(Merlot)

④ 피노타지(Pinotage) : 피노 누아(Pinot Noir)와 쌩소(Cinsault)를 교잡해 새로 만들어낸 품종

⑤ 쉬라즈(Shiraz)

그 외 Cabernet Franc, Carignan, Gamay[Noir], Malbec, Merlot, Mourvedre, Muscadelle 등 다양한 레드 와인이 있다.

2) 청포도품종

① 샤르도네(Chardonnay)

② 콜롬바(Colombar[d])

③ 무스카트 달렉산드리(Muscat d'Alexandrie[Hanepoot])

④ 소비뇽 블랑(Sauvignon Blanc)

그 외 Bukettraube, Cape Riesling, Chenel, Clairette Blanche, Emerald Riesling, Grenache, Muscadel, Nouvelle, Palomino, Pinot Gris, Ugni Blanc, Viognier, Weisser Riesling 등의 화이트 와인 포도품종이 있다.

4. 남아공 와인의 생산지역

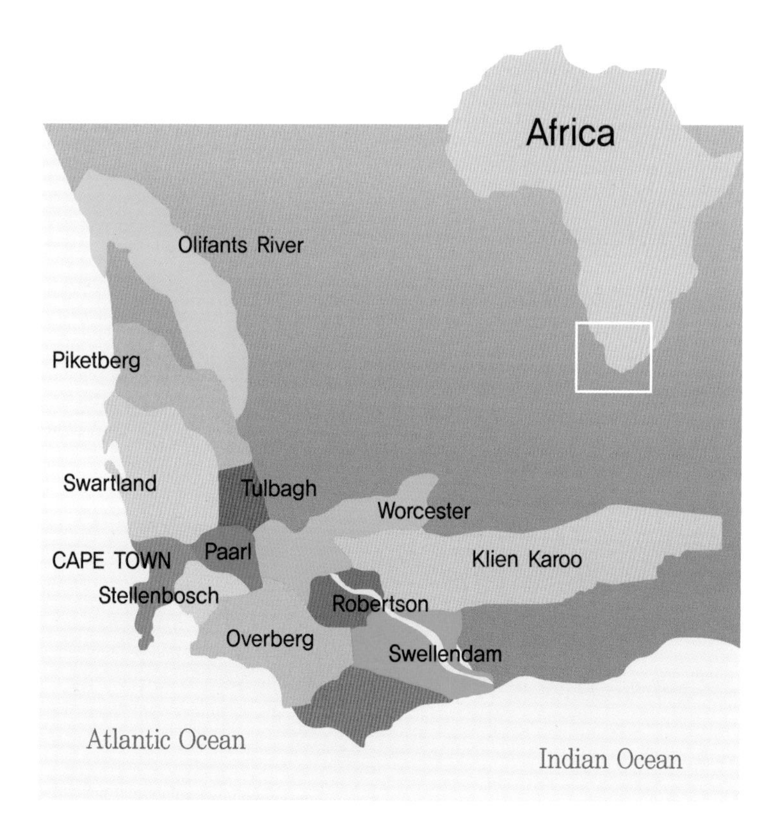

케이프 와인 생산지역은 전 세계적으로도 가장 아름다운 관광지 중 하나로 손꼽힌다. 남아공의 대표적인 와인 생산지역인 콘스탄샤(Constantia), 더반빌(Durbanville), 달링(Darling), 스텔렌보쉬(Stellenbosch), 헬더버그(Helderberg), 팔(Paarl), 프란스후크(Francecheok), 웰링턴(Wellington), 엘진(Elgin) 등이 모두 케이프타운에서 약 1시간 거리에 위치하고 있다. 이보다 조금 떨어진 곳에 위치한 브리에데클루후(Breederkloof), 우스터(Worcester), 로버트슨(Robertson), 리틀 카루(Little Karoo), 툴바흐(Tulbagh), 워커베이(Walker Bay), 엘림(Elim), 스와트란드(Swartland), 올리판츠 리버(Olifants River), 노던 케이프(Northern Cape)를 찾아가는 길도 끝없이 변화하는 아름다운 자연 광경을 감상하기에 더없이 좋다.

현재 남아공 내 와인 제조용 포도 경작지는 그 길이가 약 800km(500마일), 면적이 약 102,145ha(252,400에이커)에 달한다. 이곳에서 약 4,000여 명의 생산자가 포도 농장을 일구고 있으며, 560개 이상의 와이너리에서 와인이 제조된다. 와인의 원산지 표기 제도(Wine of Origin Scheme)의 보호 아래 케이프 와인 산지는 공식 지정된 지방(Regions), 지역(Districts), 구역(Wards)으로 나뉜다. 브리드 리버 밸리(Breede River Valley), 코스탈(Coastal), 리틀 카루(Little Karoo), 올 리판츠 리버(Olifants River) 등이 주요 지방으로 꼽히며, 그 안에 21개의 지역과 62개의 작은 구역이 있다. 신생 와인 산지인 엘림(Elim), 필라델피아(Philadelphia), 프린스 알버트 밸리(Prince Albert Valley) 등이 여기에 속한다.

'마더 시티(Mother City, 남아공의 발상지라는 의미)'라고도 불리는 케이프타운은 전 세계적으로 가장 인기있는 관광지 중 하나이다. 남아공의 10대 관광 명소 중 V&A워터프론트(V&A Waterfront), 테이블마운틴(Table Mountain), 로빈아일랜드(Robeen Island), 커스텐보쉬 국립식물원(Kirstenbosch National Botanic Gardens), 케이프포인트(Cape Point) 등 다섯 곳이 케이프타운에 위치해 있다. 뿐만 아니라 최고급 호텔, 게스트 하우스, 식당, 스파, 골프 코스 등 훌륭한 기반 시설들이 갖춰져 있다. 와이너리들을 둘러보는 와인 루트가 다양하게 준비되어 있어 승마, 산악자전거, 하이킹 등 다양한 활동을 할 수도 있다.

PART 7

디저트 와인

01
모스카토 다스티(Moscato d'Asti)

이탈리아 북부 피에몬테주의 아스티(Asti) 지방에서 모스카토 비앙코 품종으로 생산하는 와인으로 감미가 풍부하고 알코올 함량이 낮고 거품이 있는 약발포성 와인으로 CO_2를 첨가하여 약발포성의 모스카토 다스티(Moscato d'Asti)와 발포성의 아스티 스푸만테(Asti Spumante)가 생산되며 흔히 후식용으로 마신다. 일반

적으로 도수는 5.5~6%로 아주 낮으며 등급은 이탈리아 최상위 DOCG 등급이다.

모스카토 다스티 와인 생산의 유래는 다음과 같다. 16세기 말 밀라노에서 토리노로 이주한 사보이 공국의 유명한 보석 세공사 지오반 바티스타 크로체(Giovan Battista Croce)가 투린 언덕의 몬테베치오(Montevecchio)와 칸디아(Candia) 사이에 있던 포도밭을 가지고 있었다. 그는 와인의 품질을 개선하기 위해 노력을 기울이다가 알코올 도수가 낮은 달콤하고 과일 향기가 가득한 와인을 생산하게 되었다. 그는 1606년에 '토리노 와인의 우수성과 다양성과 방법'이라는 책을 발표하였다. 모스카토(Moscato) 품종은 13세기경에 카넬리(Cannelli) 자치시의 법령에서 언급되었을 정도로 아스티 지역의 전통적 품종이다. 현재 모스카토 다스티 조합(Produttori Moscato d'Asti Associati)에 약 2,300명의 생산자가 가입되어 있으며 아스티, 알렉산드리아(Alexandria)와 쿠네오(Cuneo) 등에서 포도를 생산한다.

모스카토 품종의 아로마는 복숭아, 살구, 꽃향을 지녀 향긋하고 달콤하며 기포가 있어 누구에게나 사랑받는 와인이다. 섬세함과 청량함을 살리기 위해 포도를 수확하자마자 착즙하고 이산화탄소를 와인 안에 가두기 위하여 압력탱크를 이용한다. 당분의 발효를 끝까지 진행하지 않고 잔당을 남겨 생산한다.

02
늦수확 와인(Late Harvest Wine)

1775년 늦여름, 독일 라인가우 지역의 슐로스 요하니스베르그의 한 수사가 포도를 수확해도 좋은지 대주교에게 포도송이를 보냈는데, 전령이 늦게 돌아와 포도가 너무 익어버렸다. 수사는 포도를 버리기가 아까워 와인을 담게 되어 레잇 하베스트가 탄생했다. 레잇 하베스트의 특징은 정상적인 수확기를 지나 포도가 더 많은 당분을 함유하게 되었고, 공통적으로 열대과일 향, 농축된 오렌지 향, 잘 익은 살구 향, 복합적인 농축된 단맛과 신맛을 지니고 있다. 고급일수록 상큼한 신맛과 달콤함이 조화를 이룬다.

레잇 하베스트(Late harvest)

03
귀부 와인(Noble Rot Wine)

귀부 와인은 '귀하게 부패했다'라는 'Noble rot'에서 유래했다. 1847년 프랑스 소테른 지방의 한 성주가 수확 시기를 놓쳐 곰팡이에 오염된 포도로 와인을 생산하면서 탄생하였다. 보트리티스 시네레아(Botrytis Cinerea) 곰팡이 균사에 의해 포도 껍질에 미세한 구멍이 생기고, 이 구멍을 통해 수분이 증발되어 포도의 당도가 높아져 원액에 가까운 농축액을 얻을 수 있다. 기후는 오전에는 서늘하고 짙은 안개가 지속되어야 하고, 오후에는 평균 기온보다 높은 온도가 지속되는 조건을 갖추어야만 보트리티스 시네레아균이 발생한다. 프랑스, 독일, 헝가리, 호주 등의 특정 지역에서만 생산한다. 귀부 와인의 특징은 당도와 산도가 높아 보관 기간도 길고 시간이 지날수록 황금빛에서 갈색으로 변하는 것이다. 꿀과 자두, 살구, 파인애플 맛으로, 식전이나 식후에 아주 차게 해서 마신다.

귀부 와인의 종류는 다음과 같다.

1. 샤토 디켐(프랑스 소테른 지역)

포도나무 한 그루에서 단 한 잔의 와인을 생산하며, 양조 과정을 거친 후 42개월이란 긴 시간 동안 오크통 숙성을 마친 후에 출시한다.

노블롯(Noble rot, 귀부 와인)

2. 토카이(헝가리)

토카이는 세계에서 가장 오랜 기간을 저장해 마실 수 있는 와인이다. 토카이는 헝가리 수도 부다페스트의 서북 방향에 있는 산악지대 카르파테스(Carpates) 부근의 티셔강과 보드그로그강이 합류하는 지역에서 나온 와인을 말한다. 프랑스의 루이 15세가 마담 드뽕빠두르와의 술자리에서 토카이를 "이 와인은 왕들의 와인이며 와인의 왕이다."라고 말했다고 한다.

샤토 디켐　　토카이

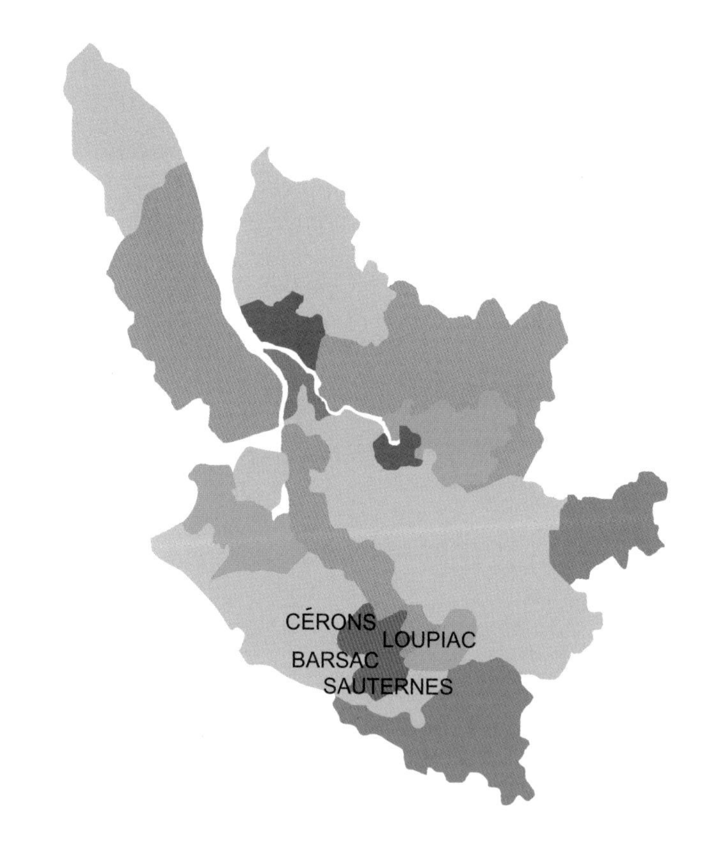

샤토 디켐(프랑스 소테른 지역)

04

아이스 와인(Icewine, Eiswein)

1794년 독일에서 '포도를 늦게 수확하니 좋은 와인이 된다'는 힌트를 얻어 포도 수확 시기를 늦추려던 중 날씨가 갑자기 추워져 포도알이 얼어버리는 일이 발생하였다. 독일 Franconia에서 언 포도로 와인을 생산하면서 아이스 와인이 탄생하게 된다.

아이스 와인을 만드는 방법은 한겨울까지 포도를 수확하지 않고 들판에 두었다가 12월과 1월 사이에 온도가 영하 8~10℃ 정도로 떨어졌을 때, 밤에 언 포도알갱이만 골라서 손으로 직접 수확하여 부드럽게 압착시켜 와인을 만든다. 포도 속의 수분은 얼어 당분만 흘러나오기 때문에 당도가 높은 아이스 와인이 생산된다. 당 농도가 50% 정도 또는 그 이상이다.

아이스 와인을 만드는 포도품종은 화이트 와인 중 리슬링(Riesling)과 비달(Vidal) 품종이다. 두 품종은 늦게 수확해도 줄기에서 떨어지지 않고, 포도껍질이 두꺼워 서리가 내린 이후에도 포도가 상하지 않고 잘 견딜 수 있다. 뿐만 아니라 높은 당과 산도를 가지고 있다. 와인을 만드는 동안 손실이 많고 그 과정이 매우 힘들어 병의 크기도 375ml이며, 포도 한 그루에서 포도주 한 병 정도가 생산된다. 아이스 와인은 진한 황금색이고 향이 풍부하고 강하다. 스위트 와인이지만 무게감이 있다. 각종 과일 향과 꽃향기가 농축된 달콤한 디저트 와인으로 아이스크림과 잘 어울린다.

아이스 와인은 독일에서 최초로 생산되었지만 온난화 현상으로 기후가 온화해지면서 매년 생산할 수 없게 되었다. 반면, 캐나다는 겨울이 매우 추워 매년 아이스 와인을 생산할 수 있다. 또한 호주나 뉴질랜드에서는 냉동고를 이용하여 아이스 와인을 생산하고 있다.

1. 캐나다

캐나다는 청포도품종인 비달과 리슬링 품종 외에도 시라/쉬라즈 품종을 사용하여 세계에서 유일하게 시라/쉬라즈 아이스 와인을 생산한다. 대표적인 와인으로는 나이아가라 폭포에서 강을 따라 온타리오호 쪽에서 생산되는 캐나디언 드림 아이스 와인(Canadian Dream Ice Wine)과 필리터리 에스테이트 비달 아이스 와인(Pillitteri Estates Vidal Ice Wine)이 있다.

2. 호주와 뉴질랜드

날씨가 온화하여 영하로 내려가는 일이 드물기 때문에 아이스 와인을 생산하기 위해 인위적으로 포도를 냉동고에 얼려 아이스 와인을 생산한다. 호주의 대표적인 아이스 와인으로는 블루힐 아이스 와인(Blue Hill Ice Wine)이 있다.

05
포트 와인(Port Wine)

포트 와인은 일종의 디저트 와인(Dessert Wine, 식사 후에 마시는 와인 혹은 스위트 와인)이다. 포트 와인은 주정 강화 와인(Fortified Wine)으로 포르투갈(Portugal)에서

유래하였다. 포트라는 이름은 포르투갈의 큰 항구인 오포르투(Oporto)에서 유래되었고, 포트의 원산지는 포르투갈의 북부 도우루(Douro) 지역의 계곡이다. 영국 상인들은 포르투갈의 와인을 운반하는데, 와인이 선상에서 쉽게 상하거나 본래의 맛을 잃어버리게 되었다. 따라서 와인에 브랜디(와인을 증류한 술)를 첨가하는 오래된 제조 방법을 도입하였다. 이 방법의 도입으로 포트투갈의 포트 와인이 탄생하였고, 알코올 도수가 더 높아지고 당분의 발효가 중단된 더 달콤한 맛의 와인이 만들어지게 되었다.

포트 와인	
루비 포트	단기 숙성 와인
타우니 포트	오크통에서 4~5년 숙성
빈티지 포트	고급 와인으로 참나무 숙성과 장기간의 병입 저장
레잇바틀드 빈티지	빈티지 포트와 비슷하나 포도의 품질이 낮으며 4~6년 정도 숙성

포트 와인은 제조 방법과 포도품종 및 숙성과정에 따라 여러 가지가 있지만 가장 보편적으로 Ruby, Tawny, Vintage와 Late-Bottled Vintage(LBV)의 4가지로 나눈다.

1. 루비 포트(Ruby Port)

루비 포트는 단기 숙성 와인이다. 여러 품종과 수확 기간이 다른 포도를 혼합해서 발효하며, 오크통 속의 짧은 숙성 기간과 병입한 뒤 저장 기간이 짧다. 루비 포트는 단기 숙성 와인이므로 포도 향이 높고, 진한 자주색이다. 발효 마지막 단계에서 여과(Filtering)를 하기 때문에 침전물이 거의 없고 오크통에서 2~3년 숙성하며 병 숙성은 하지 않는다. 즉 오래 숙성시키지 않은 와인으로 생산하며 색이 진하고 신선하여 조기 판매용으로 적합하다.

포트 와인과 쉐리의 차이점
• 포트 와인(포르투갈) 발효 중 브랜디 첨가, 효모의 활동이 정지되어 잔당이 남아 감미가 있다. • 쉐리(스페인) 발효 후 브랜디를 첨가하며 당도는 3종류가 있다.

2. 타우니 포트(Tawny Port)

루비보다 품질이 좋은 포도로 생산하며 발효 방식은 루비 포트와 매우 유사하다. 오크통에서 4~5년간 숙성시켜 황갈색을 띠며 견과류 향이 있다. 오크통에서 6년 이상 숙성시킨 것은 Aged Tawny라고 하여 고급으로 분류되며, 타우니 포트는 참나무 향이 높은 반면에 포도 향은 매우 낮다. 참나무 통과의 긴 시간 접촉과 산화작용으로 매우 다양한 향을 가지고 있다.

3. 빈티지 포트(Vintage Port)

빈티지 포트는 매우 고급 와인이다. 같은 해에 수확한 포도 중 가장 우수한 품질 인증을 받은 것을 사용하며 10년에 2~3번 생산한다. 이 와인은 2년 내의 짧은 기간 동안 참나무 숙성 기간을 거친 후 10년 내지 30년 이상 오랜 기간의 병입 저장을 거쳐야 한다. 이 와인은 여과하지 않기 때문에 색깔이 매우 진하며, 침전물이 많으므로 마시기 전 디캔팅을 요한다. 오래 숙성시켜 특유의 복합적인 맛을 느낄 수 있으며 진한 루비색과 농도가 진한 과일 향을 풍긴다.

4. 레잇 바틀드 빈티지(Late-Bottled Vintage, LBV)

Late-Bottled Vintage(LBV)는 동일한 수확연도의 포도를 사용하여 담는다. 이는 빈티지 포트(Vintage Port)와 유사하나, 우수 품질 인증을 받지 못한 포도를 사용한다는 것이 다른 점이다. 숙성 기간은 4~6년이며 숙성 후 여과를 한다. 따라서 마시기 전에 디캔팅을 할 필요가 없다.

06

쉐리 와인(Sherry Wine)

쉐리는 식사 전에 식욕을 촉진시키기 위해 마시는 또는 디저트 와인으로 주정 강화 와인이다. 스페인에서 주로 생산되며, 영국의 무역업자들이 세계에 퍼트려 유명해진 와인이다. 스페인 와인 생산량의 3%에 불과하지만 특히 영국인들이 즐겨 마신다. 쉐리는 공식 명칭이 헤레스-세레스-쉐리(Jeres-Xeres-Sherry)이며, 남부의 안달루시아 지방의 건조하고 태양이 풍부한 지역에서 생산된다. 쉐리를 생산하는 방법은 95% 이상의 팔로미노라는 청포도품종으로 만든 화이트 와인이다. 이 와인에 브랜디를 첨가한 강화 와인으로 은은한 황금색을 띤다. 발효 후에 브랜디를 첨가하는 것이 포트 와인과 다른 점이다. 생산한 화이트 와인을 오크통에 가득 채우지 않고 90%만 채워 공기와 접촉시켜 발효시킨다. 와인의 표면에 플로(Flor)라는 백색의 효모막을 형성시키며 특유의 갓 구운 빵에서 나오는 쉐리 향기를 부여한다. 주정 또는 브랜디를 첨가하고 지상의 와인 창고에 쉐리가 들어 있는 통을 매년 차례로 쌓아놓는 솔레라(Solera) 시스템이라는 반자동 블렌딩 방법으로 숙성시킨다. 가장 오래된 아랫단을 솔레라라고 하고 각 단을 크리아데라(Criadera)라고 한다. 쉐리의 알코올 농도는 약 14~20%이고, 당도는 3가지로 Dry(1.0~2.5%), Medium(2.5~3.5%), Cream(7.5~10%)이며 특징적인 향을 가지고 있다.

쉐리의 솔레라 시스템

통을 그림과 같이 쌓아 반자동 블렌딩 방법으로 숙성시키며, 가장 오래된 통을 솔레라라고 한다.

1. 쉐리의 종류

1) 드라이 쉐리

- 피노(Fino) : 당분이 거의 남지 않은 시기에 주정을 첨가하여 플로르(Flor)라고 하는 효모막이 형성되어 공기의 접촉을 막아 산화를 방지한다. 노란 짚의 색을 지닌 알코올 도수 15도 정도의 드라이한 식전주이다.
- 아몬티야도(Amontillado) : 피노와 같은 방법으로 생산되지만 숙성을 좀 더 시켜 호두와 같은 견과류의 풍미를 지닌 호박색으로 알코올 도수 16~20도이다.
- 만자니야(Manzanilla) : 산루카 데 바라메다(Sanlucar de Barrameda)의 해안가에서 발효 숙성시키며 습한 기후로 인하여 짠맛과 특유의 쓴맛을 지닌다.
- 올로로소(Oloroso) : 플로르가 형성되지 않은 쉐리를 장기 숙성시켜 산화되어 진한 색을 지닌 견과류 향이 있는 알코올 17~22도로 생산한다.

2) 스위트 쉐리

- 크림(Cream) : 올로로소에 페드로 히메네스를 블렌딩하여 알코올 15~22도와 잔당 100g/l가 넘는 달콤한 쉐리이다. 메일 크림, 미디엄 크림 등 여러 종류가 있다.
- 둘세(Dulce) : 모스카텔, 페드로 히메네스로 생산하는 알코올 15~22도와 잔당이 적어도 160g/l가 넘는 와인이다.
- 페드로 히메네스(Pedro Ximenez) : 페드로 히메네스 품종으로 생산하는 농축된 감미가 많은 와인으로 어두운 갈색이다. 알코올 15~22도와 212g/l의 매우 달콤한 와인이다.

07
브랜디

1. 브랜디 개요

과실주를 증류시킨 술을 브랜디라고 한다. 원료 과실로 포도, 사과, 살구, 체리, 자두 등이 사용되며 일반적으로 오랜 역사를 통하여 포도로 만든 과실주를 증류하여 오크통에 숙성시킨 것이 가장 유명하다. 브랜디는 십자군 전쟁을 통하여 중동지역에서 13세기경에 연금술사가 와인을 증류해서 흑사병이 유행하던 시기에 불로장생주로 판매하며 생명의 물(Aqua Vitae)이라 부르게 되었다. 브랜디의 어원은 네델란드에서 '태운 와인'이라는 뜻의 Brandewiyn이다. 우리나라의 '소주(燒酒)' 즉 태운 와인이라는 뜻으로 증류시킨 술을 뜻한다. 프랑스에서도 같은 뜻으로 Vin Brule라고 하며 정식 명칭은 '꼬냑의 생명의 물'이라는 뜻의 'Eau-de –Vie de Vin de Cognac'이라고 한다. 최고의 산지로 보르도 북부의 꼬냑(Cognac)과 알마냑(Armagnac)이 유명하다. 주로 40~43도의 높은 알코올 도수로 서양 정찬 테이블에서 식후에 디저트와 함께 즐기는 음료이다.

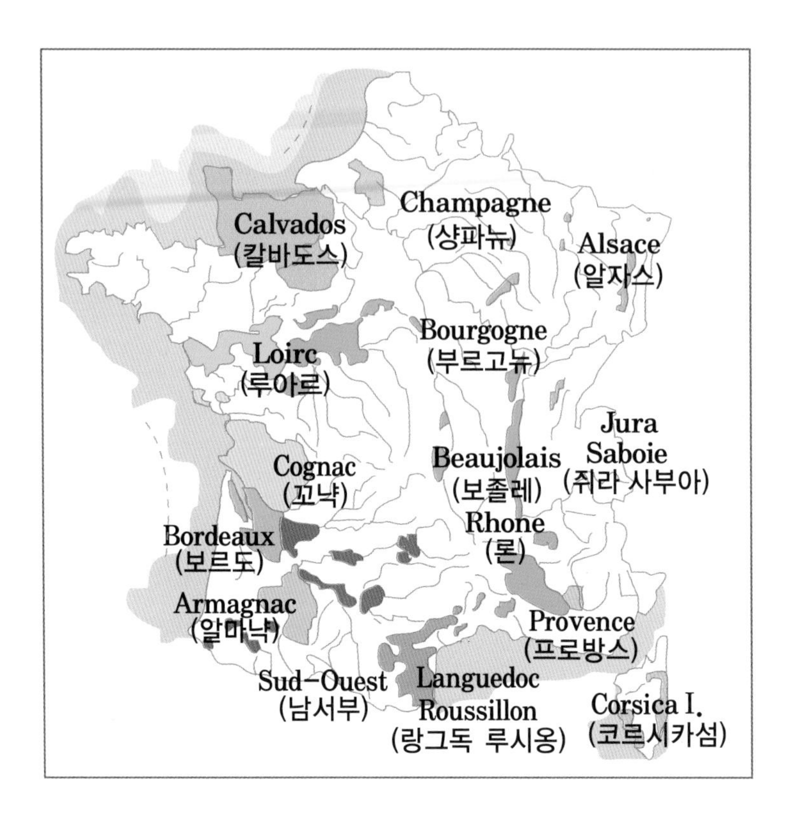

2. 꼬냑(Cognac)

보르도의 북부에 위치한 꼬냑 지방에서 와인이 증류되기 시작한 것은 1630년대에 와인의 세금이 오크통을 기준으로 부과되자 세금을 적게 내고자 와인을 증류시켜 오랜 항해기간에도 변질되지 않는 증류주를 생산하게 되었다. 꼬냑에서는 백악질의 토양에서 위니 블랑(또는 쎙 떼밀리옹), 폴 블랑쉬, 콜롱바르 품종 등으로 생산한 화이트 와인을 단식 증류기로 2회 증류하고 오크통에서 숙성시켜 아름다운 호박색의 향이 풍부하다. 꼬냑의 와인 산지는 그랑드 샹파뉴(Grand Champagne), 쁘띠 샹파뉴(Petite Champagne), 보르드리(Borderies), 팽 브와(Fins Bois), 봉 브와(Bons Bois), 브와 오르디나르(Bois Ordinaires)가 있다.

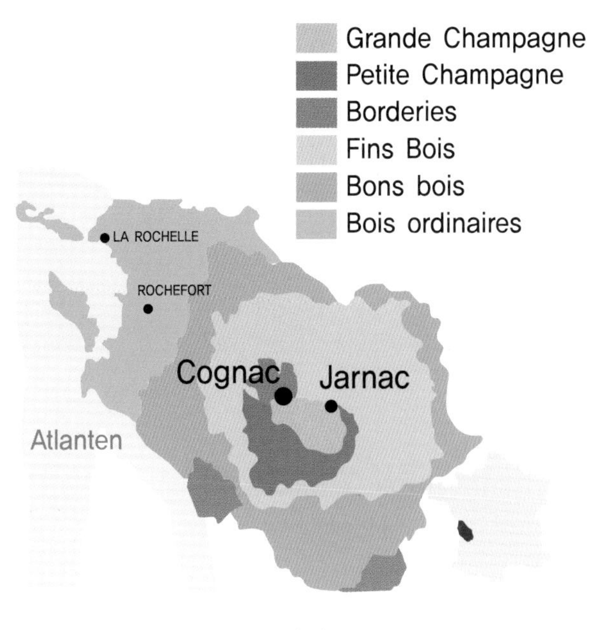

꼬냑 지도

1) 꼬냑의 등급

일반적으로 등급은 증류된 와인이 오크통에 숙성된 저장연도에 따라 정해진다. 생산사별로 기준이 다르며 2년 6개월 이상의 숙성기간이 지나야 꼬냑으로 판매할 수 있다. 일반적으로 VS(Very Special 또는 ☆☆☆(Three star), VSOP(Very Superior Old Pale), XO(Extra Old), Napoleon 등의 콩트(Compte)를 사용하여 매년 4월 1일을 기준으로 해마다 표기한다.

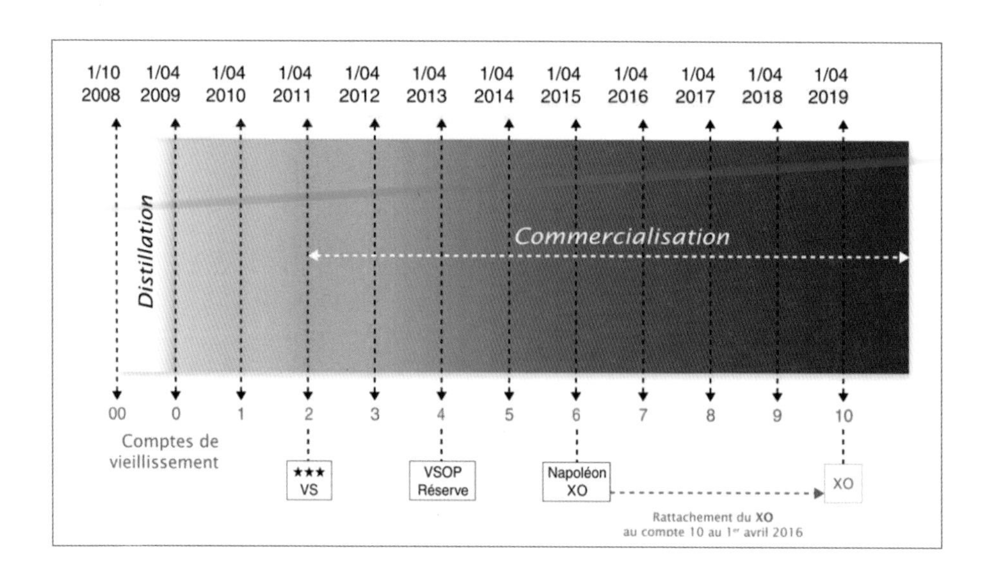

3. 알마냑(Armagnac)

프랑스 남서부에 위치한 알마냑 지방은 스페인에서 피레네산맥을 넘어 1411년 십자군 전쟁으로 브랜디 생산 기술이 전래된 것으로 추정된다. 이후 프랑스 전역에서 와인을 증류시켜 브랜디를 생산하게 된다. 알마냑은 사질토양에서 위니 블랑, 콜롱바르, 바코 등의 포도로 단식과 연속식 증류의 절충식으로 생산된다. 유명 산지로는 바 알마냑(Bas-Armagnac), 떼나레즈(Ténarèze), 오 알마냑(Haut Armagnac)이 있다.

1) 알마냑의 등급

꼬냑과 마찬가지로 브랜디의 저장연도에 따라 V.O(Very Old), ☆☆☆(Three star), V.S.O.P(Very Superior Old Pale), Extra, X.O(Extra Old), Napoleon 등으로 표기하며 생산사에 따라 기준이 다르다.

4. 칼바도스(Calvados)

프랑스 북부 노르망디 지방의 칼바도스는 겨울이 춥고 여름에 습기가 많아 포도 재배에 적합하지 않아 사과를 많이 생산하는 산지이다. 1606년부터 사과로 만든 사과와인 시드르(Cidre)을 증류시킨 증류주를 생산하기 시작하였다. 19세기 말에 필록세라 피해로 포도농가가 피해를 입어 와인 생산이 어려운 시기에 칼바도스는 황금기를 맞이하여 발전의 계기를 맞이하였다. 좋은 산지로 뻬이 도즈(Pays d'Auge)가 유명하다.

5. 기타 브랜디

독일에서 버찌를 증류한 키르쉬바서(Kirschwasser, 프랑스어 kirsch)와 여러 과일을 섞어 증류해서 만드는 독일, 오스트리아, 프랑스 알자스에서 생산하는 슈냅스(Schnaps)가 있다

▶ 천사의 몫(Angel's Share)

도수가 높은 증류된 와인을 오크통에서 숙성시키는 동안 해마다 약 2%의 브랜디가 증발하는 것을 천사가 가져간 것이라고 한다. 증발된 알코올은 와인셀러의 천장과 벽의 검은 곰팡이에게 영양을 공급해 주어 온 벽이 검은색으로 뒤덮여 있다. 오래 숙성시키는 동안 많은 양의 브랜디가 공중으로 날아가 점착성과 끈기가 생기며 양이 줄어 가격이 상승된다.

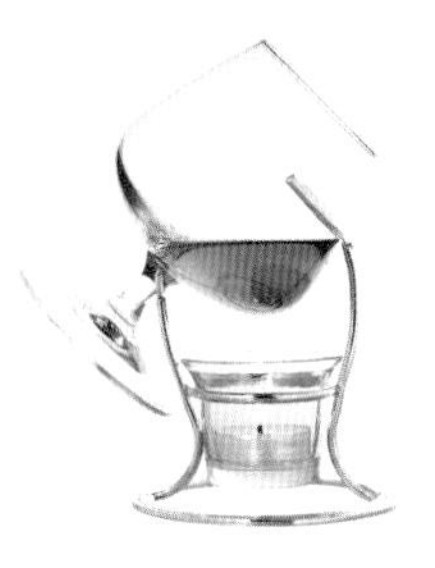

브랜디 즐기는 방법

향을 즐기고 극대화하고 보호하기 위하여 입구가 작고 볼이 넓은 브랜디 글라스를 이용한다. 약 30ml 정도의 소량의 브랜디를 따르고 잔을 손으로 감싸서 온도를 상승시켜 코로 향을 맡고 입으로 맛을 본다. 온도를 높여 향을 잘 즐기기 위하여 뜨거운 물로 잔을 데워 물기를 없애거나 따뜻하게 직접 데우는 브랜디 워머를 사용하기도 한다.

PART 8

한국의 와인, 아시아 와인

01
한국의 와인

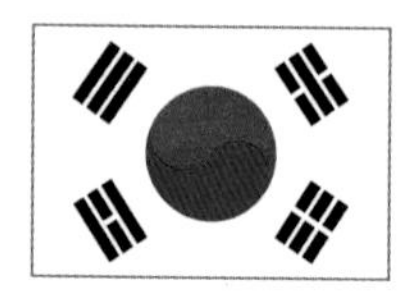

1. 한국 와인의 유래

우리나라에는 오래전부터 야생의 산포도가 있었고 포도가 재배되어 왔지만 언제 어떻게 포도가 유입되었는지 자세한 기록이 없다. 우리나라에 포도 재배에 관한 최초의 기록은 고려 중엽이며, 그 후 고려 말엽에 포도를 주제로 한 시가 등장한다. 고려 말 대성리학자인 목은 이색(1328~1396) 선생은 “포도송이 시렁에 가득하니 마치 푸른빛이 흘러내린 것 같네”라고 읊었다. 따라서 고려 말부터 포도의 재배가 일반화되었고, 서양식 포도주는 고려 말 13세기경에 전해졌을 것으로 사료된다.

포도주가 중국에서 도입된 서양식 포도주와 달리, 우리나라의 포도주 만드는 방법은 매우 상이한 것으로 기록되어 있다. 포도주는 포도에 붙어 있는 야생 천연효모를 이용하여 발효시키는 방법인데, 포도를 으깨어 즙을 낸 다음 서늘한 곳에 보관하면 야생효모가 발효시켜 포도주를 만드는 방법으로 알코올 도수가 낮고 이상발효가 일어나면 맛이 좋지 않게 된다. 전한시대의 역사가인 사마천(BC 145~86)이 저술한 ‘사기’에서는 포도로 포도주를 빚었다고 하였으나 품질이 매우 열악했을 것이다. 따라서 12세기 초 북송의 주익중이 지은 북산주경에서는 포도즙을 쌀과 누룩에 넣어 포도주를 빚었다고 했는데 앞에서 서술한 사마천의 사기에 나와 있는 포도주에 비해 맛과 향이 뛰어났을 것으로 사료된다. 이러한 포도주 양조기술이 12세기 말경에 우리나라에 알려졌을 것으로 생각되는데, 양주방에 의하면 고려시대의 포도주는 포도즙과 찐 찹쌀 그리고 소맥가루를 섞어 만들었다고 되어 있다. 이는 쌀막걸리를 만들 때 포도즙을 혼합하여 만드는 방식으로 쌀포도주를 말하는 것이다. 산림경제와 증보산림경제는 잘 익은 포도즙을 찹쌀밥 및 흰 누룩과 섞어 빚으면 자연스럽게 술이 되는데 맛이 훌륭하다고 하였다. 또한 '임원십육지'에서는 포도를 오래 저장해 놓으면 자연스럽게 발효되어 술이 되는데 이는 달고 매우 독하며 향기가 그윽하다고 기술하였다.

조선후기 실학자 서유구(1794~1845)가 저술한 '농림의학' 등 생활백과인 '임원십육지'에 보면 조선시대 초기부터 포도의 재배를 권장하였는데, 백포도를 수정포도, 검은 포도를 자포도라고 하였다. 또한 우리나라에서 재배되는 포도로는 자마유포도(자색의 길쭉한 형태)를 권장하였다. 이외에도 조선 중기에 안동 예안의 김유(1481~1552)가 저술한 전통 조리서인 '수운잡방', 조선 중기 실학의 선구자인 지봉 이수광(1563~1628)이 편찬한 백과사전인 '지봉유설', 조선 숙종 때 실학자 홍만선(1664~1715)이 저술한 농서 겸 가정생활서인 '산림경제', 조선 영조 때인 1766년에 유중림(1705~1771)이 산림경제를 증보하여 엮은 농서인 '증보산림경제', 조선시대 실학자 서유구(1764~1845) 선생이 1827년에 저술한 '임원십육지', 1837년경에 쓰여진 저자 미상의 술 만드는 법에 관한 책인 '양주방' 등에 포도양조에 대한 기록이 남아 있다.

한국의 전통 쌀포도주는 세계의 포도주 제조방법 중 독특하고 유일한 방법으로 제조된 고유의 포도주이나 쌀포도주의 제조방법이 잊혀지고 있는 실정이다. 최근 우리나라에서 한국 전통 쌀포도주의 복원연구가 시도되고 있다. 배상면주류연구소와 경북대학교에서 2004년에 쌀과 포도를 혼합하여 발효시킨 쌀포도주의 발효특성에 관한 논문을 발표하는 등 쌀과 포도를 동시에 발효시키는 연구가 진행되고 있다. 목포대학에서는 2008년에 한국 전통포도주의 제조와 품질특성이라는 논문을 발표하였는데, 임원십육지의 방법에 따라 전통포도주를 제조하였는데 제조된 전통포도주가 기존 일반포도주에 비하여 한국 특유의 전통포도주로서 손색이 없는 것으로 판단되었다. 또한 영남대학에서는 2010년에 포도품종을 달리한 포도약주의 품질 및 항산화 특성에 관한 연구논문을 발표하였다.

구한말, 서양 여러 나라와 교류를 하면서 다양한 종류의 와인이 본격적으로 국내에 반입되었을 것이다. 서양의 정통와인은 대부분 드라이한 와인으로 드라이 와인을 처음 맛본 우리나라 사람들 입맛에 맞지 않았을 것이고, 오히려 단맛이 있는 스페인의 쉐리이나 포르투갈의 포트 와인인 디저트 와인이 더 적합했을 것이다. 따라서 우리나라에 보급된 식용포도인 캠벨(Campbell Ealy)은 당이 부족하여 포도주로 적합하지 않아 캠벨포도를 으깨어 설탕과 섞은 다음 소주를 부어 1년 정도 숙성시킨 포도주가 1980년대까지 각 가정에서 만들어져 음용되었다. 우리나라의 서양식 와인을 산업적으로 만든 것은 1977년으로 마주앙(Majuang)이다. 샤르도네(Chardonnay)와 샤이벨(Seibel)을 블렌딩한 마주앙은 많은 국민의 사랑을 받았으나, 기후 특성상 국내에서 양질의 양조포도를 생산하기 어려워 프랑스 와인 원액을 공급받아 국내산 포도주와 블렌딩하여 생산하거나, 외국 와인 산지에서 주문자상표부착생산(OEM)방식으로 제조되어 국내에 유통하고 있다.

우리나라 국민의 와인에 대한 관심도 매년 크게 증가되어 우리나라 와인소비는 매년 폭발적으로 늘고 있다. 와인의 수입액은 1988년도에는 3.8백만 달러에서 2005년도에는 66.6백만 달러, 2007년도에는 처음으로 연간 1억 달러를 돌파한 150.3백만 달러, 2022년에는 581.3백만 달러로 크게 증가하였다. 이에 반하여 우리나라는 국내 포도주 산업의 부진과 외국산 포도주의 수입 증가로, 국내 포도재배 농가의 어려움이 날로 심화되는 형편이다. 우리나라는 포도 생산량의 93% 정도를 생과로 소비하고, 7%만을 가공품으로 소비한다. 또한 기후상의 특징으로 8, 9월에 포도 수확이 집중되어 생과용으로 일시적으로 출시되며 포도는 다른 과실에 비해 저장성이 떨어지므로 가격의 등락이 심하다. 이러한 위기를 극복하기 위하여 국내산 포도를 이용한 포도 가공품의 연구개발이 매우 시급하다.

유럽, 미국, 일본 등지에서는 포도 재배에서부터 포도주의 전 생산과정에 관한 연구가 광범위하고 깊게 연구되어 있으나, 우리나라의 경우 포도주 개발의 역사가 매우 짧아, 아직 대중화되지 못하고 최근 들어서야 일부 연구가 진행되는 단계에 있다. 그동안 국내에서 수행된 서양식 포도주 연구를 살펴보면, 캠벨(Campbell Early)과 머스캣 베일리(Muscat Bailey A), 네오 머스캣(Neo Muscat), 니아가라(Niagara), 샤이벨(Seibell 9110) 등을 이용한 포도주 제조에 관한 연구, Leuconostoc oenos를 이용한 말로-락틱 발효(malo-lactic fermentation)에 관한 연구, 효모균주에 따른 포도주의 화학성분 변화 연구, 포도주의 색도에 관한 연구 등이 수행되었다.

2. 한국 와이너리

1) 샤또무주

1999년 2월에 개설된 샤또무주는 같은 해 와이너리의 조건을 모두 갖춤으로써 와인 생산의 시작을 알렸다. 그 후 2003년에는 Vintage 와인을 최초로 양조함으로써 우리나라 와인의 서막을 알렸다. 2006년에는 베스트이머징 기업 & 브랜드 상 수상 국산 와인 부문(스포츠서울), 샤또무주 와인 미국 ATF 품질인증, 대한민국 특산품 와인 부문 대상을 수상(한국일보)함으로써 한국 최고 와이너리의 입지를 확립하게 되었다.

또한, 원료 재배에서부터 수확 양조 숙성과정을 거쳐 병입까지 한 장소의 농장에서 이루어지는 것을 도메인 와이너리(Domaine Winery)라고 하는데, 한국에서는 최초이다.

(1) 지리적 특징

해발 900m의 고원에 위치한 vineyard는 심한 일교차로 과실의 자기 보호 본능이 왕성하여 두꺼운 껍질을 형성하고 항산화물질인 폴리페놀 성분이 극대화되며, 높은 당도의 머루가 재배된다.

(2) 친환경적인 머루 재배

자연 친화적인 영농 방법을 적용하여 제초제를 사용하지 않고, 초생 재배법을 사용하여 녹비를 연중 공급하는 친환경농법으로 재배되는 머루만을 사용한다.

(3) 최신의 양조 설비

연간 30kcal 생산 규모의 발효, 숙성 시설을 보유하고 마이크로 여과시설과 자동병입 및 코르크 타전 시설 등 위생적인 최신의 양조 설비를 완비하였다.

(4) 숙성과정

900m 고원의 청정한 자연상태에서 빠른 숙성과정, 평균온도 15℃, 습도 70%의 숙성 조건 아래서 1년 이상 숙성시킨 후 상품으로 출고한다.

2) 그랑꼬또(대부도 와인)

경기도 안산시 대부도는 중부 서해안에 위치한 사면이 바다로 둘러싸인 청정지역이다. 1954년부터 시작해 현재 960농가가 630ha에서 포도를 재배하는 포도주산지이다.

(1) 대부도 포도의 특징

대부도의 포도는 바닷가의 뜨거운 열기와 습도, 낮과 밤의 큰 기온차, 미네랄이 풍부한 토양 등 포도 성장에 필요한 환경을 두루 갖춘 천혜의 입지 조건에서 재배되기 때문에 껍질이 두껍고 당도가 높은 것이 특징이다.

대부도의 포도는 육지에서 재배되는 포도같이 비닐하우스에서 재배되거나 인위적으로 생육을 촉진시켜 일찍 따는 것이 아니라, 포도나무를 자연 환경에 맡겨 해풍에 노출시켜 자연의 일부분으로 생육시킨다. 그렇기 때문에 뜨거운 여름에 생산되지 않고 늦은 가을철에 포도를 따내어 당도가 높고 향기가 진하다.

대부도의 포도는 1984년 30ha, 1990년 150ha, 1995년 300ha, 1997년 400ha 면적에서 재배되고 있으며 지역경제의 중심 작물로 자리 잡고 있다.

(2) 포도품종

그랑꼬또는 우리가 많이 생식하는 캠벨얼리 포도로 만드는데다 떫은맛이 없이 순하고 달콤해 누구나 즐거운 기분으로 마실 수 있다.

(3) 대부도 와인

그랑꼬또는 현재 레드 와인과 로제 와인 두 종류가 출시된다. 선물 세트는 나무상자에 고급스런 포장으로 750ml 두 병이 들어 있다. 크리스마스나 연말 연시 선물용으로 적합하다.

3) 샤또마니(Chateamani)

(1) 이름의 유래

1995년부터 충북 영동군 양산면 죽산리에 있는 마니산 산기슭에 위치한 십수만 평의 포도 농장에서 생산한 포도를 이용해 직접 와인을 생산하기 때문에 마니산에 있는 와이너리를 의미하는 샤또마니로 명명하였다.

(2) 지형적 특징

충북 영동 지방은 전형적인 내륙 고원 분지형 기후이다. 포도 수확기에는 강우량이 적고 낮에는 고온에다 일조량이 많고, 밤낮의 일교차가 10℃ 이상이 되어 와인을 만들기 위한 포도 성숙에 최적의 기후 조건이라 할 수 있다. 때문에 와인에 이용하는 포도는 전국 최고의 당도를 자랑하는 100% 영동 포도 원액만을 사용하니 와인의 맛이 좋을 수밖에 없다.

(3) 와인의 특징

포도의 자생 효모를 이용해 첨가물 없이 자연 발효에 의해 이루어지고, 항시

13℃로 유지되는 지하토굴에서 숙성된다.

4) 청도 감 와인

청도 감 와인은 세계 최초의 감으로 만든 와인이다. 별도의 주정을 첨가하지 않고 100% 청도 반시를 특수 효모를 이용해서 발효시킨 와인이다.

감 와인은 산업자원부 지역 특화 산업으로 선정돼 3년간의 연구개발 끝에 완성했으며 2004년 10월 전통식품 Best 5에 선정되었다. 2005년 11월 부산 APEC 정상회의 참가 대표단 리셉션 만찬주로 선정되는 성과를 거뒀다.

또한 와인의 숙성은 지금은 이용되지 않는 열차 터널을 이용하는데, 와인 숙성과, 카페로 변신시켜 화제가 되고 있는 이 와인 터널은 경북 청도군 화양읍 송금리에 소재하고 있다. 1.01km 길이에 높이 5.3m, 폭 4.5m 규모로 15만 병이 넘는 와인을 저장, 숙성하고 있다.

바깥 온도가 영하에 달하더라도 연중 14~16℃의 온도와 60~70%의 습도를 유지해 와인 숙성 및 보관에 최적지로 꼽히고 있다.

시원한 곳에서 와인을 맛볼 수 있는 '와인 터널'은 청도군민은 물론 대구 등지 인근 주민들 및 여름 최고의 피서지로 각광받았으며, 병마다 자신들만의 사연을 적어 보관할 수 있어 훗날 다시 찾아와 추억을 되살리게 된다.

5) 뱅꼬레(한국 와인)

전국 최대 포도 생산지인 경북 영천에서 국산 와인 육성에 나서고 있는 (주)한국 와인도 '한국형 와인'으로 와인 시장에 도전장을 낸 기업이다. 와인 브랜드 뱅꼬레(Vin Coree)는 와인의 프랑스어 '뱅'과 한국을 뜻하는 '꼬레'를 합성한 것

2007년부터 '뱅꼬레'(Vin Coree) 와인 4종을 출시하고 있다. 하형태 대표가 짧은 기간 레드, 화이트, 로제, 아이스 등 4종류의 와인을 내놓을 수 있었던 것은 '마주앙'에서 20여 년간 쌓은 기술력과 열정 덕분이다.

(1) 기후적 특성

맑은 날이 많아 포도를 생산할 수 있는 최적 기후 조건을 가지고 있으며 강우량이 적고, 밤낮의 일교차가 커서 포도의 당도가 높다.

뱅꼬레는 영천 금호의 적포도품종인 머스캣 베일리 A(Muscat Bailey A)와 캠벨을 주원료로 한 정통 고급 와인이다. 특히 고당도 과즙으로 만든 아이스 와인은 독특한 맛과 향 때문에 여성들에게 인기가 높다.

6) 산머루농원

우리나라에서 산머루가 재배되기 시작한 것은 1970년대 후반이며 본격적인 농가 소득 작목으로 부상된 것은 1990년대 중반이다. 재배 역사는 비교적 짧지만 최근 전국적으로 확산되고 있으며, 우리나라 대표적 토종 산과실로서 웰빙 시대에 맞는 건강 기능성 식품으로 점차 인식되고 있다. 산머루농원에서 재배된 머루 와인은 2010년에 대한민국 우리술품평회에서 과실주 부문 대상을 받아 한국 최고의 머루 와인으로 입지를 확립하게 되었다.

머루의 종류에는 새머루, 왕머루, 까마귀머루, 개머루가 있으며, 고문헌에서는 영욱(蘡薁), 목룡(木龍), 산포도(山葡萄)라고 부르기도 한다. 산머루농원의 시작은 1979년으로 500두의 흑염소를 감악산에서 방목하면서 우연한 기회에 탐스럽게 주렁주렁 달린 머루나무를 발견하고 고심 끝에 산머루를 이식하여 재배를 시작했다. 그 후 우리나라 야생 머루 중 새머루를 모본으로 하고, 미국계 포도품종 중 콩코드를 부본으로 교배시켜 육성한 개량 머루를 입수해 재배를 시작했다. 산머루농원에서는 1980년대 재배 기술 확립과 1990년대 농가 보급을 시작했고, 1995년 산머루 가공공장을 설립해 본격적으로 머루 와인을 생산하기 시작했다.

(1) 재배 면적 및 와인 생산량

파주 농장의 머루 재배 면적은 50ha이고, 수확량은 200~300톤에 달하며, 매년 100,000L의 머루 와인을 생산한다.

(2) 지리적 특징

머루는 파주시 적성면 감악산(해발 675m) 일대 약 50농가에서 50ha를 친환경으로 재배하고 있다.

(3) 산머루 와인의 제조과정

산머루는 9월 중순부터 수확을 시작한다. 잘 익은 머루만을 선별하여 수확하고, 줄기를 제거·파쇄하여 탱크에 넣고 약 7~10일 정도 1차 발효를 시킨 후, 여과 과정을 거친다. 1차 발효 후 약 15일 정도 2차 발효를 하게 되고, 겨울이 되면 자연 기후 조건(-20℃)을 활용하여 주석산 침출 공정(12월 중순 ~ 2월 말)이 진행된다. 주석산 침출 공정이 끝나면 본격적으로 지하 숙성실과 지하 숙성 터널에서 숙성을 진행하고, 품질에 따라 차별화하여 스테인리스탱크, 오크통, 항아리, 유리병입 숙성 등의 다양한 숙성 과정을 거쳐 생산하고 있다. 산머루농원을 예약 방문하면 이러한 공정에 대한 설명을 들으며 견학할 수 있고, 머루를 통한 다양한 체험을 할 수 있다.

02
중국의 와인

1. 중국 와인의 유래

장위공사 설립자 장비스

중국의 와인 시장은 경제 성장과 발맞추어 매년 20% 정도 성장하고 있다. 세계 와인기구(OIV)의 통계에 의하면 와인 생산량의 4.3%를 차지하는 세계 6위 생산국이다. 현재 약 15만 ha의 포도원에서 95만 L의 와인이 생산되고 있다.

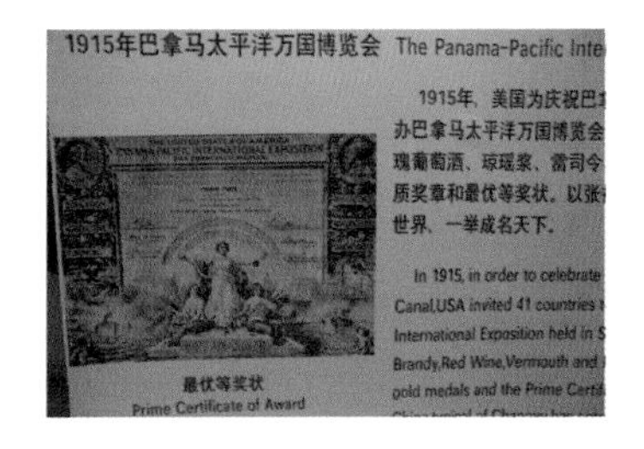

1915년 미국 샌프란시스코에서 개최된 파나마 태평양박람회에서 4종의 브랜디와 와인이 최고상인 그랑프리 수상

중국 와인 생산의 시작은 메소포타미아 지역에서 실크로드를 타고 중앙아시아를 거쳐 중국으로 들어왔다. BC 138년 한나라 시기에 서역에 파견한 장군이 우즈베키스탄에서 포도 양조 기술을 도입한 것이다. 이후 중국은 와인은 투루판을 중심으로 신장 일대에 급속히 퍼졌다. 기록에 의하면 당나라 시인 왕한(王翰)은 "신장의 변방을 지키는 병사들이 야광 잔에 와인을 따라 마시고 취해서 모래밭에 누워 즐긴다(葡萄美酒夜光杯 醉臥沙場君莫笑)"는 시를 지었다. 그러나 와인이 일반적으로 음용되었다는 흔적은 없고 당태종이 서역을 정벌하며, 와인의 양조가 널리 성행하였다는 허둥[河東]의 건화포도(乾和葡萄) 등의 주명(酒銘)이 문헌에 있다. 본격적으로 와인을 생산한 것은 19세기 말에 서양 문

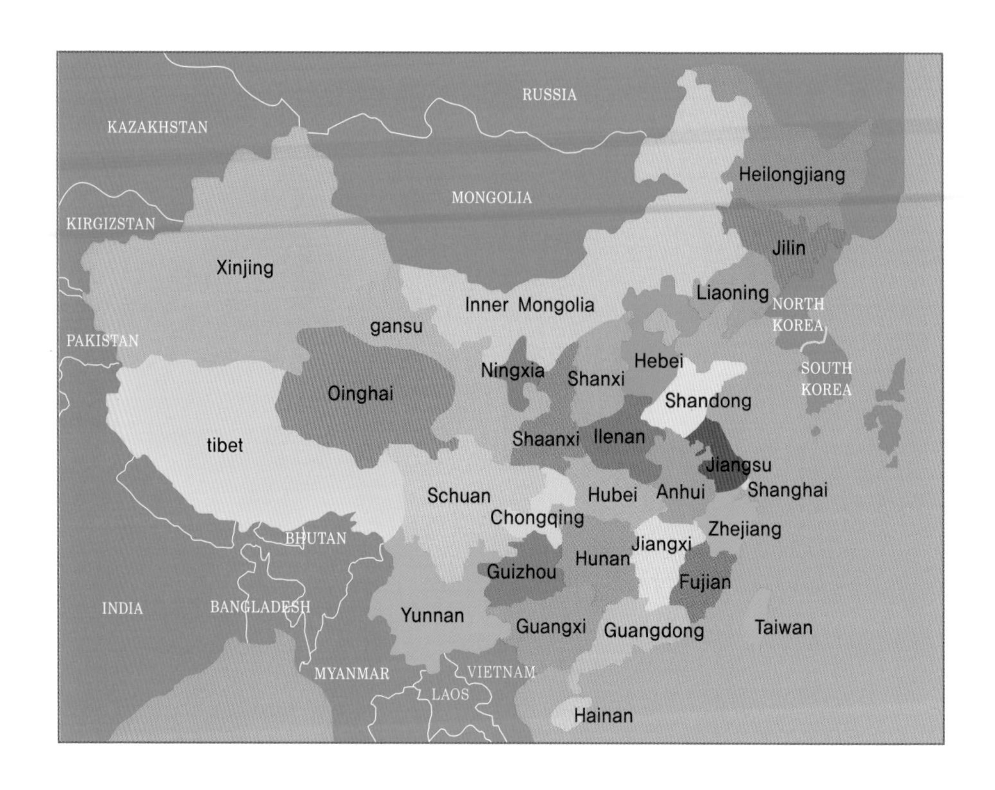

물이 들어오며 산둥(山東)반도에 포도원이 설립되었을 때였다.

현재 중국 와인 시장은 중국 와인 생산업체들이 시장의 90% 이상을 장악하고 있으며, 유럽과 미국 등지에서 수입되는 와인의 시장 점유율은 3~5%가량에 불과하다. 나머지 5%가량은 품질이 열악한 밀수입 와인과 가짜 와인이 차지하고 있어, 중국 와인의 명예를 실추시키는 데 큰 몫을 하고 있다. 중국 소비자들은 가짜 와인에 대한 불신으로 일부 중·상류층은 외국산 와인을 선호하게 되었고, 덕분에 외국산 와인의 판매가 계속 증가되는 실정이다. 초기에 수입산 와인의 시장 점유율이 낮은 이유는 수입 관세와 소비세를 비롯한 각종 세금이 150%에 달해 수입업체들이 현지 시장에 들어가기가

장위공사 정문

장위공사 포도주박물관 1층 벽화

쉽지 않았고, 중국의 저가 와인과 경쟁하였기 때문이다. 중국 와인 시장에서 수입 와인의 점유율이 5% 미만이기 때문에 중국은 규모와 총액 면에서 세계에서 가장 주목받는 와인 시장으로 부각되었다. 중국 현지 와인 생산업체들은 줄잡아 500개에 달한다. 이미 세계 수준에 올라 저가 시장 대신 고가 와인 시장을 노리는 대표적인 기업들 중에는 장위(張裕 ; Changyu)와 창청(長城 ; Greatwall), 왕차오(王朝 ; Dynasty)가 있다. 상기의 3개 업체는 전체 중국 와인 시장의 50%를 상위하고 있으며, 비교적 고가인 5만 원에서 10만 원대 제품도 출시하고 있다. 장위가 가장 시장 점유율이 높고 이어서 창청과 왕차오가 뒤를 따르고 있다. 최근에는 맥주로 유명한 칭다오(靑島)맥주도 와인 생산과 판매에 뛰어들었다.

2. 중국 와인의 포도품종

- 적포도품종 : 카베르네 소비뇽, 카베르네 게르니쉬트, 메를로, 머스캣 함부르크, 용안(龍眼, Dragon's Eyes)
- 청포도품종 : 샤르도네, 리슬링

3. 중국 와인의 생산지역

1) 산둥(山東)반도

북위 40도의 일조량이 풍부한 지역으로 고고학적으로 가장 오래된 와인 유적이 나온 지역으로 알려져 있다. 해안 도시 르자오(日照) 근교의 량이(兩城) 유적에서 4600년 전에 만든 도자기가 나왔는데, 여기에 남아 있던 잔류물을 화학적으로 분석해 본 결과 알코올이 검출된 것이다.

1892년 장비스(張弼士)가 유럽 유학을 하고 돌아올 때 유럽에서 비티스 비니페라(Vitis Vinifera) 품종의 포도 묘목을 들여와서 은화 300만 냥의 순수 중국 자본으로 옌타이(烟臺)에 '장위 양주공사(張裕釀酒公司)'를 설립하였고, 4년 후 오스트리아 현지 영사가 와인을 생산한 것이 최초의 중국 와인이다. 현재 산둥성 옌타이는 이미 중국의 '나파 밸리'로 변신하였으며, 중국 와인의 메카로 성장했다. 매년 9월 말부터 일주일간 '옌타이 국제 포도축제'를 개최하여 와인 생산을 장려하고 소비를 촉진하는 대규모 국제 행사를 벌이고 있다. 옌타이는 일조량이 풍부하고 바다를 끼고 있는 환경, 토질 및 기후 조건이 프랑스 보르도와 비슷하다는 평가를 받고 있다. 또한 옌타이 지역은 강수량이 적고, 여름철 태풍의 진로에서 벗어나 있어 비교적 당도가 높은 포도를 생산할 수 있는 장점이 있다.

장위공사 포도주박물관 지하 와인 저장고

장위공사 포도주박물관에 보관된 한 호텔의 저장 와인

장위공사에서 생산한 적포도주와 백포도주

장위 와인은 1915년 미국 샌프란시스코에서 개최된 '파나마 태평양박람회'에 출품했던 4종의 브랜디와 와인이 최고상인 그랑프리를 수상했다. 현재 장위 와인은 100년이 훨씬 넘는 중국에서 가장 오래된 포도원으로 중국 내 소비량의 20% 이상을 점유하며 아시아 최대 생산업체이다.

장위공사 포도주박물관 와인 시음장

장위공사 포도주박물관은 장위그룹 본사의 옛 벽돌 건물을 사용하고 있다. 총 3층 건물로 지하에는 포도주 저장고가 있는데, 그중 대형 오크통들 중에는 100년이 넘는 시간 동안 장위공사의 역사와 함께 해온 것들도 있다. 1층에는 건물 벽과 바닥에 장위 포도주와 중국 포도주 역사를 소개하는 사진과 설명판이 설치되어 있다.

장위공사에서 30분 떨어진 곳에 옌타이대학이 있다. 옌타이대학은 1984년 북경대학과 칭화대학이 공동 설립한 신흥 명문대학으로 산둥반도 북쪽 황해 입구의 바닷가 모래사장 바로 뒤에 위치하여 매우 아름다운 주변 경관을 자랑한다. 옌타이대학에는 현재 와인연구소가 설치되어 장위공사와 양조 관련 연구를 수행하고 있다.

(1) 칭다오(靑島)

칭다오 지역은 1897년 독일이 점령하여 1914년 일본이 다시 점령할 때까지 독일의 통치하에 놓여 있었다. 그 인연으로 칭다오시에는 독일인이 많이 거주하였으며, 선교사들에 의해 유명한 맥주 산지가 되었다. 칭다오 지역 화둥(華東)에는 포도원이 있다. 또한 칭다오시에는 제2차 세계대전 때 조성된 지하 터널이 있는데 이것은 제2차 세계대전 당시 미국의 핵공격에 대비하여 중국 정부가 칭다오시에 거미줄 같은 지하 터널을 조성해 놓은 것이다. 현재 지하 터널의 일부가 와인박물관 및 와인 저장고로 사용되고 있으며, 그 위에 와인거리가 조성되어 있어 관광 명소로 칭찬이 자자하다. 그 외에 1985년 산둥성에 설립된 화둥 양조회사가 있으며, 북경 근처에 롱후이(Dragon Seal) 양조회사가 있다.

칭다오시의 와인거리

칭다오시 와인거리에 위치한 와인박물관

(2) 허베이성

창청(長城)은 1983년 허베이성 화이라이현 사청에서 수백 명의 농민에게 포도를 납품받아 와인 제조를 시작하였다. 약 20년 후 지금은 장위와 양대 산맥을 이루는 포도주 생산업체로서 세계적인 와인브랜드로 성장했다. 2008년 베이징 올림픽과 2010년 상하이 엑스포에 중국 유일의 와인 공급업체로 선정되기도 했다. 포도주 생산 공장은 사청공장을 위시하여 현재 허베이성 창리와 산둥성 옌타이에도 있으며, 세계 20여 개국에 수출하고 있다.

창청의 적포도주와 백포도주

(3) 텐진

1980년에 설립된 왕차오(王朝)는 처음부터 프랑스 레미 꾸엥트로(Remy Cointreau)가 설립투자자로 공동 참여하여 프랑스의 양조 기술을 접목시킨 고급 와인 생산업체이다. 현재 왕차오는 적포도주, 백포도주, 스파클링 와인, 아이스 와인 및 브랜디 등 100여 종의 와인 제품을 생산하고 있다. 왕차오는 1984년 Dem Auf Der Leipziger Fruhjahrsmesse 국제와인대회에서 백포도주가 처음으로 금메달을 획득하였으며, 2010년 현재 와인 생산량은 7만 톤에 이른다.

왕차오 적포도주

2) 투루판(吐魯番)

투루판은 위구르어로 '움푹 들어간 땅'이라는 뜻이며 해수면보다 낮은 지역으로 중국 서북쪽 신장 위구르 자치구(新疆維爾吾自治區)의 사막지대에 위치한다. 실크로드 시대의 요충지로 서한(西漢) 시기부터 오랫동안 서역 지방의 정치, 경제, 문화의 중심지였던 고대 도시로 인구는 약 25만 명 정도이다. 여러 문화와 민족이 교차한 곳으로 위구르족이 70% 이상이며 한족, 회족 등 25개

옌타이대학 와인연구소

옌타이대학 와인연구소 내부

의 민족이 함께 어울려 산다.

연강수량은 15mm에 불과한데 그나마 모두 증발되어 버리는 무척 건조한 기후이다. 이곳은 맑은 날이 300일 이상 지속되어 일조량이 많고 서리가 오지 않는 등 중국에서 가장 기온이 높고 가장 건조한 지역이다. 한여름의 온도가 70℃까지 올라가는 화염산에서 '서유기'의 손오공이 파초선으로 불을 껐다는 곳이라 과일의 당도가 무척 높아서 어떤 과일이든 맛있다. 무역이 번성한 실크로드 시기에 서양에서 온 상인들은 유리나 향료를 중국의 비단과 투루판의 포도로 바꾸어 가져갔다고 한다. 포도는 투루판을 상징하는 과일이며 당나라 시대에 투루판의 와인과 건포도가 장안에서까지 판매되었다.

포도 재배의 역사는 2000년이 넘는다. 이곳이 세계적인 포도 생산지가 된 것은 여름에는 고온 현상이 지속되어 덥고 극심한 물 부족 현상에 시달리지만 티앤(天)산맥의 봉우리에서 만년설이 녹아내린 천연 미네랄 워터가 중요한 역할을 하고 있기 때문이다. 칸얼징(坎爾井 Karez)이라는 인공 관개수로 시스템이 무려 5,000km에 이르는 물줄기로 생활용수와 농업용수를 공급한다. 칸얼징은 만리장성, 대운하와 함께 중국의 3대 역사로 평가받는다. 사막 기후에서 포도가 만년설을 머금고 생산되어 당도가 일반 포도보다 두 배가 높다. 포도의 생장에는 아주 적합한 건조한 지역의 특성으로 병충해도 거의 없다. 특히 청포도는 옥색을 띠고 있어 중국에서 녹색 진주라고 부른다. 재배하는 포도품종은 마나이즈, 메이꿰이홍 등 약 600가지가 넘는다. 움막에서 포도를 걸어놓고 말려서 세계 제일의 건포도를 생산한다. 투루판은 포도절(葡萄節)이라는 가장 큰 축제가 있는 포도의 도시이다.

03
일본의 와인

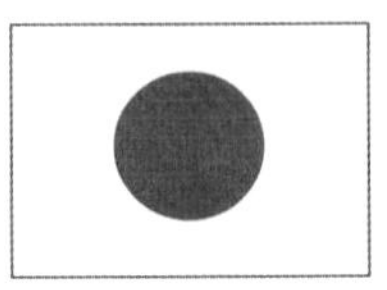

1. 개요

- 일본 와인의 재배면적 : 약 20,000ha(연간 수확량 225,400톤)
- 와인 생산량 : 총 82,319kl
- 1인당 와인 소비량 : 2.6ℓ(2019)
- 자연조건 : 포도나무 재배에 있어서 일본이 직면하는 문제점은 심한 산성토양과 포도에 제일 중요한 시기인 6월부터 9월에 비가 많은 기후이다. 특히 이 시기에는 여름 태풍이 온다.

따라서 일본도 다른 아시아 국가들과 마찬가지로 일본의 기후는 포도 재배에 적합하다고 할 수 없다. 그러므로 일본에서는 이러한 기후상의 어려움을 극복하는 방법으로 전통적으로 포도나무를 상당히 높게 설치하는 '평덕방식'으로 관리하여 포도송이가 잎의 그늘에 있도록 하여 온도를 낮춰주고 포도잎과 포도송이가 달려 있는 천장 아래에 상당한 공간을 확보하여 공기가 잘 순환하도록 하여 포도가 썩은 병을 예방하고 있다. 그러나 기후적인 조건으로 농약의 사용량이 많아 유기농법의 실시는 어렵다.

평덕방식 포도원 : 일본의 기후 조건을 극복하기 위해 고안한 방식

- 포도재배, 와인생산 : 2019년 3월 기준으로 일본에서 과실주를 생산하는 양조장은 총 466개소가 있고 그중 일본 와인을 생산하는 와이너리의 수는 331개소이다. 일본의 와이너리 수는 해마다 증가추세를 보이고 있으며 전년 대비 28개소가 증가했다.

2. 와인의 역사

- AD 8세기경 불교의 교키 스님이 대선사를 열어 근처에서 포도를 재배
- 1186년 카이의 아메노미야가 후지산 근처에 포도껍질이 두꺼운 야생포도를 발견하여 재배하였으며 '코슈'라 이름 붙여졌다.

  이 품종이 일본의 기후조건에 가장 적합한 화이트 와인 품종으로 현재까지 재배되고 있다.

- 1549 프란시코 자비엘이 그의 사무라이 장군을 위하여 '진다주' 를 헌상하였다.
- 1871년경 야마나시현에서 와인양조 개시(야마다 히로노리, 타쿠마 노리히사)
- 1876년 야마나시현 칸쿄우 시험장 개설
- 1877년 다카노, 츠치야가 프랑스로 파견되어 포도재배 및 양조기술을 일본에 전하였고 이 두 사람이 일본의 카츠누마의 상징으로 인식되고 있다.
- 1927년 니익타의 포도 재배자 '카와카미 젠베이'가 교배종인 레드 머스캣 베일리 A(Muscat Bailey A)를 개발
- 1947년 야마니시 공업 전문학교 부속 발효연구소(현 야마나시 대학 와인과학연구센터) 설립

일본의 대표적인 화이트 와인 품종 '코슈'

3. 주요 품종

엄격하게 말하면 일본이 원산지인 포도품종은 없다. 일본에서 생산하는 포도품종의 수확량으로는 1위 거봉, 2위 델라웨어 두 가지 품종이 포도 재배 전체 규모의 약 50%를 차지한다.

1) 청포도

- 코슈 : 1200년 전(800년 전이라는 설도 있음)에 실크로드로 일본에 들어온 비니페라계 청포

도이다. 껍질의 색이 약간 진하고 산도는 낮은 편이며 가벼운 스타일로 만들어진다. 와인용 생산량이 3,416t이다. 최신 양조기술의 발달로 코슈 품종에 소비뇽 블랑과 유사한 아로마가 들어 있는 것이 밝혀지고, 그 아로마를 끌어내는 양조도 실행되고 있다.

- 네오 머스캣 : 코슈와 아세산드리아(Asexandria)의 교배종이다.
- 젠코우지 : 중국의 '용안'과 같은 비니페라계 품종이다.
- 케르너 : 주로 북해도에서 재배된다.
- 국제품종 : 샤르도네, 소비뇽 블랑, 쎄미용, 리슬링 등도 재배된다.

2) 적포도

- 머스켓 베일리 A(Muscat Bailey A) : 베일리(Bailey)와 엠씨 햄버거(MC Hamburger)의 교배종으로 병충해에 강하며 생산성이 좋은 와인용 품종으로 생산량 1위(11,700톤)이다.
  카와카미 젠베이에 의해 제작된 교배종(Hybrid), 병충해에 강하며 생산성이 좋음. 와인용 품종으로 생산량 1위(11,700톤)이다.

'카와카미 젠베이'가 개발한 교배종 '머스켓 베일리 A(Muscat Bailey A)'로 병충해에 강하며 생산성이 좋아 와인 품종으로 생산량 1위(11,700톤)

- 비티스 아뮤렌시(Vitis Amurensis) : 북해도 원산의 산포도로 아로마틱하고 추위에 강하다.
- 키요미 : 야마나시의 산토리농장에서 도입한 '세이벨-13053'을 클론 선발해 개발한 품종으로 조생종이다.
- 블랙 퀸(Black Queen) : 베일리(Baily)와 퀸(Queen)의 교배종으로 생산성이 좋고

색이 진하고 탄닌함량이 높다.

- 카이 노아루 : 카베르네 소비뇽과 블랙 퀸의 교배종. 높은 산도와 탄닌 함량이 높다.
- 국제품종 : 카베르네 소비뇽, 메를로 등이 있다.

4. 주요 산지 및 원산지 인증제도

1) 야마나시현

- 최대 생산지로 전국의 약 30%를 차지
- 주요 재배지구는 카츠누마, 시오야마, 이치노미야, 코우후, 아케노(서늘한 지구) 등
- 와인주조조합의 심사에 합격한 와인에 표시 또는 공식마크 부착이 허용됨

야마나시현 와인 관광상품

2) 나가노현

- 야마나시보다 기온의 차이가 큼
- 주요 산지는 젠코우지다이라, 마츠모토, 시오지리, 우에다, 코모로 등
- 원산지호칭제도로 산지, 품종, 당도 등에 대해 현이 정한 규정이 있음

3) 야마가타현

- 일찍이 스위트 과실주의 산지
- 주요 재배지는 텐도우, 카와카미, 요네자와 주변 등
- 야마가타 현지산을 위한 인증제도가 있으며 해당 와인에는 인증스티커 부착

4) 북해도

- 포도를 와인으로 이용하는 비율이 높음
- 주요 재배지는 토카치, 후라노, 오타루, 하코다테, 추루누마 등
- 독일의 케르너, 뮐러 투르가우 등을 전통적으로 사용

※ 수출용 와인 : EU에 수출하는 와인이 100리터를 넘을 경우, '주류종합연구소(EU의 승인기관)'에 의한 증명이 필요

5. 와인법

일본의 와인법은 아직 세금 제도상의 규정일 뿐이며, 품질관리의 측면으로는 거의 고려되지 않고 있다. 주세법과 같이 국세청의 관할을 받는다(주세법으로는 알코올 1% 이상이 주류로 규정).

'카와카미 젠베이'가 개발한 교배종 '머스캣 베일리 A(Muscat Bailey A)로 병충해에 강하며 생산성이 좋아 와인 품종으로 생산량 1위(11,700톤)

주세법상, 와인은 '과실주'에 해당하며, 과실주는 아래와 같은 규정을 받는다. 그 외, 예를 들어 알코올 15% 이상을 포함한 와인은 '감미 과실주'로 다루어진다.

- 과실 또는 과실과 물 그리고 그것에 당분을 첨가해 발효시킨 것
- 가당할 경우, 알코올분이 15% 미만이며, 가당량은 과실이 함유하는 당분을 넘지 않는 것
- 가당의 일부 또는 전부를 브랜디와 같은 알코올로 대용할 경우, 그 첨가 알코올은 10% 이하일 것
- 가당할 수 있는 당은 설탕, 포도당, 과당뿐일 것

1) 일본산 과실주 기준(2006년 개정)

- 국산와인 : 국내 제조와인과 수입와인의 블렌딩으로 만들어진 와인
  표시사항은 업자명, 주원료(*), 포도산지, 품종, 빈티지(**) 등
- 주원료 표시 : 국산포도, 수입포도, 국산포도과즙, 수입포도과즙, 수입와인을 표시
  복수로 표시한 경우, 사용 비율이 높은 것부터 기재(예 : 국산포도, 수입와인⇒국산포도로 제조된 와인가 수입 벌크 와인의 블렌딩)
- 국산포도 100% 와인 : 산지, 품종, 빈티지는 75% 이상 사용하면 표시 가능
  수입원료를 사용할 경우, 그 내용을 기재하며 75% 이상 사용하면 품종만 표시 가능
- 기타 야마나시, 야마가타, 나가노에서 인증제도에 의한 마크 표시 혹은 스티커 부착

일본 시장의 관찰

세계에서 7번째로 큰 와인 수입국인 일본은 3천만 명 이상의 소비자를 보유한 선진 시장을 가지고 있다.
일본 소비자는 호기심이 많으며 배우고 싶어 하고 실험정신이 강하다. 이탈리아를 제외한 다른 국가보다 일본에 더 많은 소믈리에가 있다는 사실은 시장 성장에 긍정적인 신호를 주고 있다.
최근 일본의 와인 소비는 전통적인 맥락에서 문화, 우정, 호기심에 기반한 것으로 바뀌었다.
40세 이상의 일본 와인 소비자는 비즈니스나 사교를 위해 식당에서 와인을 소비할 가능성이 높은 반면 새로운 젊은 소비자들은 와인바, 레스토랑 및 파티에서 와인 마시는 것을 선호한다.

PART 9

와인에 어울리는 음식과 매너

01 테이블 배치(와인 잔, 물잔 등)

1. 기본 테이블 세팅

양식인 경우 테이블 위에는 Show Plate라 하여 가운데 접시가 놓여 있고 그 위에 냅킨이 보기 좋게 놓여 있다. 접시를 중심으로 양쪽으로 포크(Fork), 나이프(Knife) 등이 놓여 있다. 그리고 왼쪽에 빵 접시, 오른쪽에는 글라스가 놓여 있는데, 글라스가 몇 개 놓여 있는가에 따라 술이 몇 종류가 나오는지 알 수 있다.

테이블에서 오른쪽의 물컵과 잔 및 왼쪽의 빵이 나의 것이다.

기본 테이블 세팅

2. 일반적 테이블 세팅

> 나이프는 오른쪽에, 포크는 왼쪽에 놓여 있다.

식사용 포크와 나이프는 중심에 놓인 접시 양쪽으로 세팅되어 있다. 수프용 스푼은 나이프의 바깥쪽이나 주문한 음식의 순서에 따라 다를 수 있다. 그런데 나이프와 포크는 모두 엇비슷해 보이기 때문에 어느 것을 집어야 할지 당황하기도 하는데, 양쪽 다 요리가 나오는 순서로 진열되어 있으므로 바깥쪽 것부터 차례로 사용하면 된다.

서양 요리가 언제나 이와 같이 세팅되는 것은 아니다. 이것은 코스 요리인 경우이고 보통은 알 라 까르테(A La Carte/일품요리) 세팅이 되어 있다. 이때 테이블에 놓여 있는 것은 식사용 나이프와 포크, 와인 글라스와 물컵, 빵 접시와 버터나이프 정도이다. 여기에 주문에 따라 더 필요한 용기나 글라스가 세팅된다.

(---→ 밖에서 안으로 ←---) 일반적 테이블 세팅

02 와인과 어울리는 음식 1

요리 재료와 조리가 맛의 약함에서 진함의 순서	요리 방법에 따른 맛의 약함에서 진함의 순서	적포도품종에 따른 맛의 약함에서 진함의 순서	청포도품종에 따른 맛의 약함에서 진함의 순서	발효 방법에 따른 맛의 약함에서 진함의 순서	
가자미(Sole)	찜(Steam)	가메이	리슬링	스테인리스 발효 및 숙성	약함
도다리(Flounder)	데침(Poach)	피노 누아	피노 그리지오	스테인리스 발효 후 오크통 숙성	↓
가리비(Scallop)	삶은 것(Boil)	템프라니요	슈냉 블랑	오크통 발효 후 오크통 숙성	
농어(Bass)	버터로 살짝 튀김 (Sauté)	산지오베제	소비뇽 블랑		
대구(Cod)	볶음(Roast)	메를로	피노 그리		
새우(Shrimp)	기름에 튀긴 후 삶기 (Braise/Stew)	진판델	샤르도네		
송어(Trout)	굽기 (Grill/Broil/Barbecue)	카베르네 소비뇽			
닭고기(Chicken)		네비올로			
칠면조(Turkey)		시라/쉬라즈			
연어(Salmon)					
돼지(Pork)					
참치(Tuna)					
오리(Duck)					
쇠고기(Beef)					
스테이크(Steak)					강함

03

와인의 선택 요령

와인의 종류는 셀 수 없이 많다. 와인 맛도 매우 다양하며 포도품종, 생산연도 및 생산지에 따라 특성이 다르다. 즉 테이블 와인은 우리나라의 반찬 개념으로 음식과 잘 조화될 수 있는 와인이어야 한다. 음식이 싱거우면 가벼운 와인을 선택하고, 양념이 진한 음식에는 묵직한 와인을 선택한다.

전통적인 방법은 흰색 요리 즉 생선이나 흰색 육류 요리에는 화이트 와인, 붉은색 육류 요리에는 레드 와인을 마시는 것이 정석이다.

1. 화이트 와인

산뜻하고 향이 뛰어나며, 신맛이 나고 떫지 않은 것이 좋다. 연한 노란색은 품질이 우수한 화이트 와인이다. 제조 후 약 2년 정도가 마시기에 적기이다.

2. 레드 와인

떫은 탄닌맛이 나며 제조 초기에는 진한 적색이지만 시간이 경과하면서 색이 연해지며 적갈색으로 된다. 제조 후 약 3년 정도가 마시기에 적기이며, 약 5년이 지나면 일반적으로 노쇠해진다.

3. 로제 와인

모든 음식에 잘 어울리며 제조 후 2~3년 된 것이 좋다.

와인을 마실 때 주의할 것은 짠 음식과 알코올(Alcohol) 도수가 높은 와인을 함께 마시지 않는 것이다. 알코올 도수가 높으면 음식이 더 짜게 느껴지므로 음식과 와인 맛을 나쁘게 한다. 이때는 알코올(Alcohol) 농도가 낮고, 과일 향이 높거나 약간 단맛 나는 화이트 와인이 양쪽 맛을 살린다. 또한 크림류가 들어 있는 음식과 떫은맛이 강한 레드 와인과 같이 먹으면 음식의 지방과 단백질이 탄닌을 중화시키는데, 이때 와인과 음식의 조화가 맞지 않을 경우 이상한 맛을 내기도 한다.

04 와인 마시는 순서

와인은 용도에 따라 식전 와인, 음식과 같이 마시는 와인, 디저트 와인 등 세 가지로 나누어진다.

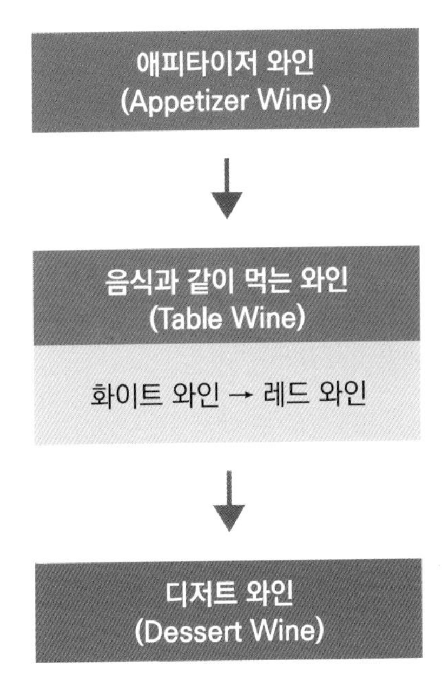

1. 애피타이저 와인(Appetizer Wine)

식전에 마시는 와인으로 산미가 있는 드라이 화이트 와인이나 샴페인이 있다.

1) 샴페인 : 샴페인은 드라이한 것에서 단맛 나는 종류가 있는데, 가장 단것은 독스(Doux/듀로 표기)이며 중간 단것은 쎅 또는 드미 쎅(Sec/Demi-Sec)이다. 가장 드라이한 것은 브루트(Brut/부륏으로 표기) 또는 네이처(Nature)라고 한다.

2) 화이트 와인 : 산미가 있는 화이트 와인으로 대표적으로 소비뇽 블랑(Sauvignon blanc)이 좋다.

2. 음식과 같이 먹는 와인(Table Wine)

양념이 연한 음식에는 화이트 와인, 양념이 진한 음식에는 레드 와인을 마신다. 요리가 입에 남아 있으면 다음 요리의 맛에 영향을 미치므로 드라이한 와인 한 모금으로 입을 개운하게 하면 다음 요리의 맛을 새롭게 즐길 수 있다. 우리나라에서 국의 역할에 해당된다. 와인은 모두 맛이 약한 것에서부터 진한 것의 순서로 마신다. 정리하면 화이트 와인에서 레드 와인으로 넘어가며, 약한 맛에서 진한 맛의 순서로 마시는 것이 정석이다.

1) 약한 맛의 화이트/레드 와인(Light Bodied Wine) → 진한 맛의 화이트/레드 와인(Full Bodied Wine)

2) 화이트 와인 → 레드 와인

3. 디저트 와인(Dessert Wine)

디저트 와인으로는 강화 와인이나 스위트 와인이 있다. 강화 와인은 단맛이 나며 알코올 농도가 18~21%로, 포트(Port) 와인이나 스위트 쉐리(Sherry)가 유명하다.

1) 스위트 와인 : 단맛이 진한 스위트 와인은 독일의 아이스 와인(Ice Wine), 헝가

리 토카이(Tokaji), 레잇 하베스트(Late Harvest), 가벼운 단맛은 세미스위트 와인(Semi-Sweet Wine) 혹은 오프드라이 와인(Off-Dry Wine)이 있다.

2) 강화 와인 : 포트 와인이나 쉐리가 적당하다.

05
레스토랑에서 와인 주문하기

1. 와인 주문과 가격 결정

어떤 와인을 주문할 것인지 몰라 답답할 때는 소믈리에 또는 지배인에게 지금까지 마셔본 와인의 상표를 이야기하면서 그것보다 약간 더 단맛이라든가 떫은맛이라든가, 산미가 없는 것, 희망하는 가격대 등으로 이야기하면 소믈리에는 거기에 따라 적당한 와인을 선택해 준다.

식사 접대 시 일반적으로 음식 값/와인 값이 40/60 정도면 무난한 수준이며, 10/90 정도 감동을 줄 수 있다.
일반 식사에서는 음식 값이 20만 원인 경우 와인 값은 5~7만 원 정도가 무난하다.

1) 식사 접대 : 와인을 좋아하는 서양사람들에게는 와인을 곁들인 식사 접대의 경우 음식 값보다 와인 가격의 고저가 접대의 기준이 되므로 음식 값에 비해 와인 값이 싸다면 상대방이 자기를 무시한다고 생각할 수도 있으므로, 와인은 최소한 음식 값과 같거나 그 이상의 가격대를 선정해야 한다. 일반적으로 음식 값/와인 값이 40/60 정도이면 무난한 수준이며, 10/90 정도이면 감동을 줄 수 있다. 따라서 예산을 염두에 두고 음식 값과 와인 값의 윤곽을 정한 다음 메뉴를 선택하고, 메뉴와 가장 잘 어울리는 와인 종류로 가격을 고려하여 선택한다.

2) 일반 식사 : 와인의 가격은 요리 가격의 1/3~1/4 정도선이 적당하다. 만일 음식 값이 20만 원인 경우 와인 값은 5~7만 원 정도가 무난하다.

2. 와인 차림표(Wine List)

와인 리스트의 편성은 레스토랑마다 다르지만 대체로 와인 종류, 생산지역, 와인 품종 등 크게 3가지 방식으로 나눈다.

1) 와인 종류

와인은 일반적으로 색상에 따라 레드 와인, 화이트 와인, 발포성 와인/샴페인, 로제 와인 등의 큰 제목으로 나누고 그 밑에 각 와인의 상호, 생산자, 생산지역, 품종 및 생산연도 등을 기술한다.

2) 생산지역

구대륙 중 프랑스에서는 여러 품종의 와인을 혼합하여 그 지역의 특징적인 맛을 내므로 지역 중심으로 와인 리스트를 편성한다.

3) 와인 품종

전 세계적으로 가장 보편적으로 사용하는 편제이다. 예를 들면 샤르도네, 소비뇽 블랑, 카베르네 소비뇽 등의 큰 타이틀로 분류한 다음 각 와인의 생산자 및 생산연도 등 특정 사항을 기술한다. 많은 와인은 두 가지 이상 품종을 블렌딩하여 생산하므로 한 가지 품종 이름으로 분류할 수 없다. 이런 때는 블렌딩된 품종 이름을 병기하는 경우도 있다. 예를 들어 카베르네 소비뇽과 메를로를 블렌딩하여 만든 와인은 'Cabernet-Merlot'라고 표시한다.

3. 와인 레벨 읽기

1) 프랑스

2) 미국

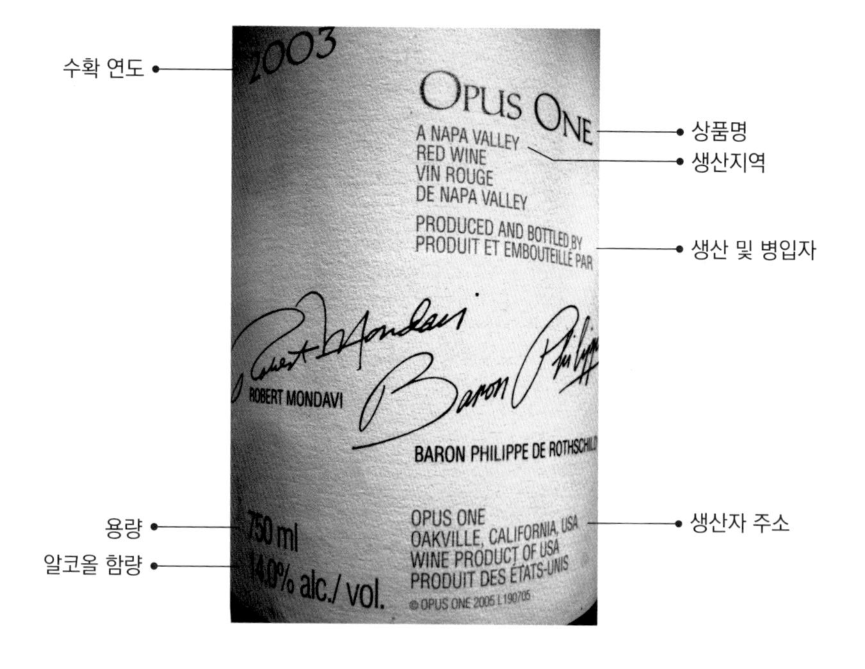

3) 칠레

오퍼스 원(Opus One)

Marchigue L Cabernet Sauvignon
(마르치구 엘 카베르네 소비뇽)

4. 와인의 확인

1) 라벨 확인

웨이터가 병 뚜껑이 개봉되지 않은 것을 가져와야 한다. 우선 라벨을 확인하여 주문한 와인이 맞는지 생산자, 연도, 품종, 지역 등을 확인하고 개봉하게 한다.

2) 코르크의 이상 유무 확인

웨이터가 병마개를 개봉하면 코르크 검사를 한다. 눈으로 보았을 때 코르크가 약간 습하고 신선한 상태인 것이 좋다. 일반적으로 코르크 마개 밑부분이 말라 있지 않으면 대체적으로 와인은 양호한 경우가 많다. 그러나 코르크가 건조하여 부서지거나 변색되어 있다면 와인이 노쇠하거나 변질되었을 확률이 높다.

3) 시음

코르크 마개에 이상이 없으면 웨이터에게 소량의 와인을 따르게 하여 시음한다. 이때 와인의 맛과 향이 나쁘면 와인이 변질된 것이기 때문에 반품시킨다.

06
와인과 어울리는 음식 2

1. 와인과 음식 조화의 원칙

대부분의 와인은 음식과 함께하도록 만들어졌고 성공적인 조화를 위한 지침이 이미 많이 존재한다. 사실 와인의 스타일이란 그 지역의 요리를 더 맛있게 먹기 위해 개발된 것인데 바로 이것이 음식과 와인의 조화를 시도하는 시작점일 것이다.

음식과 와인의 매칭에 있어 특정 와인은 특정 음식과 먹어야 한다는 절대적인 규칙은 없다. 다만 음식과 와인을 더 맛있게 먹기 위해 음식과 와인의 조화를 시도하는 것이다.

음식과 와인의 매칭에 있어 절대적인 규칙이 있는 것은 아니다. 예를 들어 특정 와인은 특정 음식하고만 먹어야 한다든지 하는 것 말이다.

음식과 와인의 상호 조화
- 음식의 재료와 소스 - 음식과 와인의 상호작용

하지만 특정 음식과 와인을 함께하는 것이 다른 어떤 것보다 훌륭한 조화를 이룰 때가 있는 것은 분명하다. 즉 부부관계는 궁합이 좋아야 하듯이 와인과 음식도 궁합이 맞아야 제맛이 난다. 최고의 궁합을 찾기 위해서는 와인과 음식이 가지고 있는 맛의 기본 요소들을 분석하는 것이 필요하다.

이때 와인과 음식 중 하나가 지배적인 것이 아니라 서로 균형을 이루는지를 보는 것이 중요하다.

음식은 다양한 재료와 소스의 상호작용으로 맛을 낸다. 음식과 와인이 입안에서 만나면 음식과의 상호작용으로 새로운 맛을 내게 되며, 둘이 궁합이 잘 맞으면 본래 음식이나 와인 자체의 맛보다 훨씬 좋은 맛을 내게 된다. 그렇지만 둘의 궁합이 맞지 않으면 본래의 와인이나 음식보다 맛이 못한 경우가 있다. 즉 음식의 기본적인 맛(단맛, 쓴맛, 신맛, 짠맛)과 와인의 주요 구성성분(알코올, 단맛, 신맛, 떫은맛)이 잘 균형을 이룰 때 새로운 맛이 나며 궁합도 잘 맞는다.

소테른 와인과 푸아그라

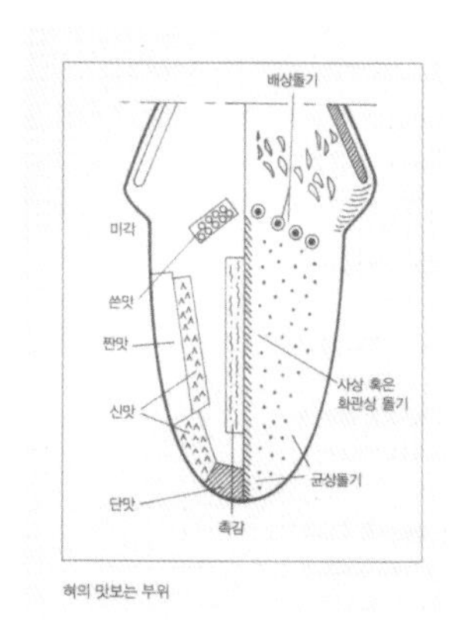

혀의 모양과 부위별 맛 인식표

▶ 비슷한 무게감의 음식과 와인을 선택한다.(Choose Similar Weight)

음식과 와인을 매칭하는 데 있어 가장 중요한 것이자 먼저 고려해야 할 요소는 각각의 무게감이다.

게임(Game : 사냥에서 잡은 새, 짐승)음식이나 로스팅한 고기 혹은 붉은색 고기로 만든 캐서롤(Casserole : 스튜처럼 오래 조리한 음식) 같은 진하고 무거운 음식에는 풀바디의 와인이 필요하다.

이 경우 파워풀한 레드 와인이 제격일 것이다. 이때 중요한 것은 정작 와인의 색보다(White/Red) 무게감이다.

고기 요리가 가벼운 레드 와인보다는 오히려 풀 바디의 묵직한 화이트 와인이 더 잘 어울리는 것도 이런 이유에서이다. 아무 양념도 하지 않은 흰 살코기나 생선은 보다 섬세한 와인과 잘 어울릴 것이다. 화이트 와인을 선택하는 것이 일반적이겠지만, 탄닌이 적은 라이트 바디의 레드 와인 또한 매칭할 수 있다.

기본적으로 고려해야 할 사항
- 음식의 맛과 질감 - 음식의 무게감/풍부함 - 맛의 깊이 - 음식에서 핵심이 되는 맛

▶ 맛의 강도와 캐릭터를 고려한 선택(Choose Similar Flavors Intensity and Character)

무게감 다음으로 고려해야 할 중요한 요소는 맛과 그 맛의 강도이다.

맛의 강도와 무게감이 비슷하다고 생각할 수 있으나 사실 같지 않다.

무게감은 높지만 맛이 아주 밋밋한 경우를 생각해 보자. 삶은 감자나 밥이 좋은 예가 될 수 있을 것이다.

화이트 와인과 해산물

이들은 무게감은 매우 높지만 풍미는 매우 약하다. 반대의 예를 들자면 얇게 썬 고추나 그린 페퍼는 맛은 아주 강하지만 무게감은 아주 낮다. 와인의 경우도 마찬가지다. 예를 들어 리슬링처럼 무게감은 가볍지만 풍미가 진한 와인이 있는가 하면, 풀 바디하면서 상대적으로 맛이 강하지 않은 샤르도네도 있다. 섬세한 와인들과 강한 맛을 지닌 음식은 잘 어울리지 않는다. 음식에 있어서 지배적인 맛을 내는 요소를 분리해 내는 것은 말처럼 단순한 일이 아닌데, 이들은 소스 안에서 발견될 때가 많다. 치킨 커리의 경우 이 음식의 풍미를 이루는 것은 치킨에 있는 것이 아니다.

와인의 맛과 질감
- 와인의 무게감/바디 - 맛의 깊이와 캐릭터 - 산도 - 탄닌 - 당도

따라서 음식에 어울리는 와인을 선택할 때 무게감을 먼저 생각한 다음 맛의 강도를 고려하도록 한다.

진한 크림소스가 들어간 음식은 와인에 제법 무게감이 있거나 크리미하면서 버터의 풍미가 있는 부드러운 소스와 조화를 이룰 수 있는 와인이어야 한다.

음식의 조리방법 또한 중요하다. 찜처럼 수분을 이용해 천천히 조리한 음식이라면 가벼운 바디의 와인이 좋고 로스팅한 경우라면 조리 방식으로 인해 음식에 풍미가 깊어지므로 더 묵직하고 바디가 강한 와인을 필요로 한다. 튀기거나 볶은 요리는 지방으로 인해 산도가 있는 가벼운 스타일의 와인이 필요하다. 뭉근한 불에서 오래 끓이는 유의 음식은 풍미가 강해지기 때문에 좀 더 풀 바디한 와인이 필요하다.

음식의 산도를 고려한 와인의 선택	탄닌의 정도를 고려한다.
- 와인의 산미는 음식의 산도와 함께 가거나 높게 간다. - 적절한 산도를 지닌 와인은 지방과 기름진 음식과 잘 어울린다. - 산도가 높은 와인은 오리나 거위와 같은 지방이 많은 고기와 좋은 매칭을 이룬다. - 드라이 와인은 단맛이 있는 음식과 같이하면 와인이 더욱 시고 산도가 너무 강하게 느껴진다.	- 레드 와인속의 탄닌은 육류처럼 단백질이 높은 음식을 부드럽게 한다. - 탄닌이 강한 와인은 짠 음식을 같이하면 쓴 맛이 난다. - 스위트한 와인은 단맛의 정도가 비슷한 음식 또는 짠 음식과도 조화를 잘 이룬다. - 단백질이 많은 스튜, 로스팅한 육류는 탄닌이 풍부한 카베르네 소비뇽, 쉬라즈와 잘 어울린다. - 단백질이 낮은 흰 살코기는 탄닌이 낮은 보졸레나 바르돌리노와 잘 어울린다.

음식에서 맛을 내는 특성에 따라서도 달라질 수 있다. 예를 들면

- 플로랄(floral)한 뮈스카 품종으로 만든 와인은 과일과 잘 어울리고 게부르츠트라미너처럼 스파이시한 와인은 음식 역시 스파이시한 것이 좋다(와인에 있어 스파이스(spice)라는 것은 화이트 페퍼, 블랙 페퍼, 정향(cloves), 계피, 육두구(nutmeg), 생강 등과 같은 여러 아로마를 지닌 향신료).

- 오크 숙성 와인은 훈제 음식과 잘 어울린다(훈제한 정도와 오크 향은 비례).
- 뮈스카데나 쏘아베처럼 맛이 강하지 않은 와인은 해산물과 같이 강하지 않은 맛의 음식이 좋은데, 음식이 너무 강하면 와인이 압도될 수 있기 때문이다.

▶ 음식의 산도를 고려한 와인의 선택(Consider Acid Levels)

와인의 산미는 음식의 산도와 함께 가거나 높게 간다. 서양의 많은 음식에 자주 사용되는 식재료인 토마토는 산미가 매우 높다. 이탈리아 레드 와인의 특성 중 하나는 산도가 높다는 것이다. 이는 이탈리아 음식에 사용되는 두 가지 재료 때문이다. 바로 올리브 오일과 토마토이다. 이들을 주로 사용해 만드는 음식과 매칭하려면 와인에는 적절한 산도가 있어야 하는 것이다.

음식에 신맛을 주기 위해 첨가하는 샐러드 드레싱 비네그레뜨(Vinaigrette) 역시 하나의 예가 될 수 있다. 기름은 톡 쏘는 신맛으로 꺾이게 된다.

그래서 비네그레뜨를 만들 때 올리브 오일과 식초를 함께 넣어 섞는 것이다. 레몬, 라임 혹은 식초의 신맛이 강한 요리는 이들이 와인의 맛마저 압도하기 때문에 와인을 선택하기 매우 어렵다.

▶ 탄닌의 정도를 고려한다.(Consider Tannins Levels)

레드 와인 속의 탄닌은 단백질 입자와 작용을 한다. 특히 붉은색 육류처럼 단백질이 높은 음식은 와인의 탄닌을 부드럽게 하는 역할을 한다.

이런 원리로 카베르네 소비뇽이나 시라/쉬라즈와 같은 탄닌이 풍부한 품종의 와인들이 로스팅한 고기나 스튜와 잘 어울리는 것이다.

보졸레나 바르돌리노처럼 탄닌이 아주 낮은 가벼운 스타일의 레드 와인은 단백질이 낮은 흰 살코기와 잘 어울린다.

기름진 생선과 탄닌이 만나면 불쾌한 메탈 느낌이 나기 때문에 일반적으로 레드 와인과 생선의 매칭을 피하라는 것이다. 하지만 탄닌이 낮은 레드 와인은 참치처럼 미티한(meaty) 생선과 괜찮다. 탄닌이 강한 와인과 짠 음식을 같이하면 쓴맛이 난다.

▶ 비슷한 단맛의 음식과 와인을 선택한다.(Choose the Same Sweetness Level)

드라이 와인을 단맛이 있는 음식과 같이하면 와인이 더욱 시고 산도가 너무 강하게 느껴진다. 음식이 달 경우 와인 역시 그와 비슷한 정도 내지는 그보다 좀 더 단것이 좋다. 다시 말해 음식이 달수록 와인도 함께 스위트해야 한다. 특히 보트리티스에 의한 늦게 수확한 와인들과 달콤한 뮈스카로 만든 와인은 푸딩과 잘 들어맞는다.

▶ 지방과 기름을 고려한 선택(Choose Fat and Oiliness)

적절한 산도를 지닌 와인은 빠떼(Pate)처럼 지방이나 기름진 음식과 잘 어울린다. 대표적인 예로 소테른 와인과 푸아그라(Foie-Gras)가 있다. 여기서 와인과 음식의 무게감은 비슷하고, 와인의 산도가 음식의 느끼함을 줄여준다. 또한 스위트 와인과 짭조름(Savoury)한 음식도 잘 어울린다. 리슬링과 오크 숙성을 하지 않은 바르베라처럼 산도가 높은 와인은 오리나 거위와 같이 지방이 많은 고기와 좋은 매칭을 이룬다.

매운맛의 음식	짠맛의 음식
약간의 단맛의 와인과 조화를 잘 이룬다. 드라이 레드 와인은 더욱 드라이하게 느껴진다. - 독일의 리슬링 - 뉴질랜드의 소비뇽 블랑 - 칠레산 메를로	약간의 스위트함으로 배가될 수 있다. - 스위트 와인, 신맛의 와인과 조화를 잘 이룬다. - 탄닌과 짠맛의 음식은 와인이 쓰게 느껴진다.

▶ 매운맛 음식과의 조화(Spicy Foods)

고추처럼 매운 향신료는 와인의 단맛을 감소시키고 드라이 레드 와인을 더 드라이하게 만든다. 또한 스파이스는 오크의 맛을 더 두드러지게 한다. 때문에 매운 음식과 잘 어울리는 것은 약간의 단맛이 있는 독일의 리슬링 와인이나, 아주 잘 익어 즙이 풍부한 포도로 만들어 오크 숙성을 약간만, 혹은 아예 시지 않은 뉴질랜드의 소비뇽 블랑과 잘 익은 칠레산 메를로가 잘 어울릴 수 있다.

▶ 짠맛의 음식(Salty Foods)

짠 음식은 약간의 스위트함으로 배가될 수 있는데, 프로슈또(Prosciutto) 햄과 무화과의 매칭은 고전이다. 로끄포르(Roquefort)치즈와 소테른 와인, 포트와 스틸턴(Stilton) 치즈 역시 이미 잘 알려져 있다. 짠맛은 또한 신맛과도 조화를 이룬다. 탄닌과 짠맛이 만나면 탄닌이 쓰게 느껴지므로 피하는 것이 좋다. 올리브, 굴, 조개류와 같은 재료는 산도가 있으면서 드라이하고 바디가 라이트한 화이트 와인과 잘 어울린다.

▶ "그 나라 음심에는 그 나라의 와인"(Consider Regional Dishes with the Same Region's Wine)

와인과 음식의 선택에 있어 기본적인 원칙 중의 하나가 지역적 특성을 고려한 선택이다. 각 나라의 음식 문화가 다르듯이 식재료와 요리의 성질이 다르므로 동일한 나라의 와인과 음식의 매칭은 잘 어울린다.

이러한 지침과 추천은 음식과 와인을 매칭하는 데 있어 발생할 수 있는 최악의 상황을 피하기 위한 것일 뿐 최종적인 선택은 개인의 취향에 달렸다.

2. 한국 음식과 궁합이 잘 맞는 와인

우리는 예부터 음식을 먹을 때 쌀로 빚은 청주나 막걸리를 반주로 마셔왔다. 청주는 알코올 도수 13% 내외의 술로 알코올 농도로는 와인과 비슷하다. 이런 관점에서 보면 와인이 한국 음식과도 어울릴 수 있으며, 실제로 너무 짜거나 매운 음식이 아닌 한국의 대표적인 음식을 선정하여 이에 어울리는 와인을 선택하는 데 참고가 될 수 있도록 그 내용을 간추려보기로 한다.

1) 전(煎)

기름진 전(煎)요리에는 기름기를 없애주는 깔끔한 맛의 소비뇽 블랑(Sauvignon Blanc) 품종의 화이트 와인 혹은 템프라니요(Tempranillo)를 주품종으로 하는 스페인의 리오하(Rioja) 와인, 저렴한 보르도 레드 와인 같은 미디엄 바디 레드 와인이면 무난하다. 해물파전이면 독일 리슬링(Riesling) 품종의 화이트 와인이, 굴전에는 스테인리스통에서 숙성되어 미네랄 향이 살아 있는 프랑스 부르고뉴의 샤블리(Chablis) 화이트 와인이, 김치전에는 소비뇽 블랑(Sauvignon Blanc) 품종의 와인이 더 어울릴 것 같다. 녹두와 돼지고기가 들어 있는 녹두 빈대떡에는 카베르네 소비뇽(Cabernet Sauvignon) 품종 레드 와인도 괜찮다. 감자전에도 무게감이 어느 정도 느껴지는 레드 와인을 곁들일 수 있다.

기름진 전(煎)요리에는 깔끔한 맛의 소비뇽 블랑 품종의 화이트 와인
해물파전 - 독일 리슬링 품종의 화이트 와인
굴전 - 프랑스 샤블리
김치전 - 소비뇽 블랑 품종의 화이트 와인

2) 불고기

불고기의 경우 소스가 많고 진하지 않으며 단맛이 있기 때문에 미디엄 바디 레드 와인이 딱이다. 메를로(Merlot) 품종이 많이 들어 있어 맛이 부드러운 보르도 지방의 쌩 떼밀리옹이나 포므롤 지역산 레드 와인이 어울리고, 부르고뉴 지방의 피노 누아(Pinot Noir) 품종의 레드 와인인 샤샤뉴 몽라쉐, 마콩빌라주, 뉘 생 조르주, 보졸레 빌라주 와인, 이탈리아의 키

불고기의 경우 단맛이 있기 때문에 미디엄 바디 레드 와인
보르도 쌩 떼밀리옹 또는 포므롤 지역 레드 와인
이탈리아의 키안티 와인 정도면 훌륭하다.

안티(Chianti) 와인 정도면 훌륭하다.

3) 안심구이 / 로스구이

양념을 많이 사용하지 않고 부드러운 육질을 강조한 요리이므로 와인 맛이 거칠면 고기 맛이 없어진다. 따라서 숙성이 잘 되어 부드럽고 섬세한 느낌의 와인이 잘 어울린다. 보르도 지방의 샤토급 고급 레드 와인이면 무난하고 부르고뉴 지방 꼬뜨 드 본 지역의 알록스 코르똥, 포마르 등의 레드 와인을 권할 만하다.

그리고 소금기름에 살짝 찍어 먹는 로스구이에는 적당한 산도(신맛)가 있으면서 무난한 이탈리아 산지오베제(Sangiovese) 품종의 키안티(Chianti) 와인이 잘 어울린다.

4) 갈비구이 / 갈비찜

양념이 많고 맛이 달착지근 혹은 살짝 매운맛이 날 수도 있는 고기요리이므로 탄닌 성분이 풍부한 와인이 좋다. 기본적으로 프랑스 북부 론 지방의 시라(Syrah), 호주의 쉬라즈(Shiraz), 칠레의 카르메네르(Carmenere)나 카베르네 소비뇽(Cabernet Sauvignon) 품종의 레드 와인이 어울린다.

양념 갈비구이의 경우 프랑스 북부 론 지방의 시라, 호주의 쉬라즈, 칠레의 카르메네르나 카베르네 소비뇽

5) 삼겹살 / 항정살

삼겹살은 진한 소스의 거친 육류는 아니지만 마늘, 고추, 파, 쌈장 같은 자극적인 음식을 곁들여 먹는 것이 일반적이므로 미디엄 바디 정도의 레드 와인과 좋은 매치를 이룬다. 이탈리아의 키안티 와인 프랑스 론 지방의 샤토네프 뒤 파프(Chateauneuf-du-Pape) 와인 등도 여기에 속한다.

삼겹살을 소금 기름에 찍어 먹는다면 깔끔한 소비뇽 블랑이나 샤르도네처럼 오크 향이 적당히 가미된 화이트 와인이 삼겹살 고유의 맛을 더 살려줄 것이다.

또한 마늘 등 자극적인 양념 없이 삼겹살을 소금 기름에 찍어 먹는다면 깔끔한 소비뇽 블랑(Sauvignon Blanc) 품종이나 몬테스 알파의 샤르도네처럼 오크 향이 적당히 가미된 샤르도네(Chardonnay) 품종 화이트 와인이 삼겹살 고유의 맛을 더 살려줄 것이다.

6) 생선회

생선회의 경우 대체로 산미가 약간 있고 과일 향이 풍부한 화이트 와인이 권할 만하다. 붉은 색깔의 참치, 고등어, 정어리 등의 기름진 생선요리에는 뮈스카데(Muscadet) 같은 화이트 와인이나 보졸레 빌라주(Beaujolais Villages) 같은 가벼운 레드 와인, 대구, 광어, 농어 등 비교적 담백하고 섬세한 연한 생선이면 은은한 풍미와 적당한 산도가 있는 부르고뉴 지방의 화이트 와인이나 오크 향이 있는 샤르도네 화이트 와인이 좋다.

생선을 겨자소스 장에 찍어 먹을 경우 장맛은 금방 가시고 생선 맛이 오래 남으므로 풍미가 좋고 신선한 부르고뉴 지방의 샤블리 화이트 와인이 괜찮다. 초고추장과 함께 먹을 때는 매운맛을 빼주어야 하므로 보르도 지방의 그라브나 앙트레 듀 메르 지역산 드라이 화이트 와인이 어울린다.

7) 생선구이

알자스 지방의 리슬링(Riesling) 품종 화이트 와인처럼 적당한 산도(신맛)가 있고 부케가 강한 드라이 화이트 와인이 어울린다.

담백하고 섬세한 흰 살 생선에는 부르고뉴 지방의 화이트 와인이 잘 어울린다.

특히 장어구이에는 기름진 맛을 상쇄해 주는 산도가 있고 신선한 화이트 와인이나 스파클링 와인이 어울린다. 루아르 지방의 가벼운 레드 와인인 카베르네 프랑(Cabernet Franc) 품종의 와인도 좋다. 미켈란젤로도 건강을 위해 장어에 와인을 곁들여 먹었다고 한다. 89살까지 산 그의 장수 비결은 이 때문이 아닐까요?

8) 삼계탕 / 수육

삼계탕처럼 국물이 있는 한국 요리는 와인과 매칭하기가 쉽지 않다. 삼계탕이야 인삼주 한 잔이 딱이긴 하지만 부드럽고 담백한 살코기는 산뜻하고 신선한 과일 향이 있는 와인과도 꽤 잘 어울린다. 예를 들어 드라이 로제 와인이나 산도가 뛰어난 알자스 지방의 리슬링 품종의 화이트 와인 정도면 좋을 것 같다.

부드럽고 담백한 살코기는 산뜻하고 신선한 과일 향이 있는 드라이 로제 와인이나 산도가 뛰어난 알자스 지방의 리슬링 품종의 화이트 와인 정도면 좋을 것 같다.

레드 와인으로 부드러운 과일 향의 메를로(Merlot) 품종이 많이 들어 있는 보르도 지방의 쌩 떼밀리옹 혹은 포므롤 지역의 와인을 권할 만하다. 같은 국물 음식이지만 김치찌개나 매운탕처럼 맵고 뜨거운 국물에는 달콤한 레드 와인이 나름 잘 어울리는데 대형 할인마트에서도 콩코드(Concord) 품종으로 만든 미국 스위트 레드 와인들을 쉽게 구할 수 있다. 화이트 와인으로는 게부르츠트라미너(Gewurztraminer) 품종이 좋다.

프랑스 론 지방의 샤토네프 뒤 파프(Chateauneuf-de-Pape) 와인은 보신탕이나 얼큰한 전골 요리에 아주 잘 어울리는 것으로 정평이 나 있다. 최대 13가지 품종으로 만들어 오래 숙성시킨 이 와인의 깊고 다양한 맛이 요리의 맵고 짠맛을 순화시키고 고기의 느끼한 노린내도 없애주는 것 같다. 닭백숙이나 돼지고기 수육에는 샤르도네(Chardonnay) 품종의 화이트 와인을 추천한다.

비빔밥의 경우 부드러우면서도 사과 향이 있는 이탈리아 피노 그리지오(Pinot Grigio) 품종의 화이트 와인, 산도가 높고 상큼한 프랑스 리슬링 품종의 화이트 와인이 잘 어울린다.

9) 비빔밥

부드러우면서도 그린 애플 향이 은은한 이탈리아의 피노 그리지오(Pinot Grigio) 품종의 화이트 와인이나 산도가 높은 상큼한 리슬링(Riesling) 와인 그리고 보졸레 누보(Beaujolais Nouveau)처럼 풋풋한 과일 향이 살아 있는 레드 와인은 나물이나 야채가 들어 있는 비빔밥의 풍미를 더욱 살려준다.

10) 김밥

피크닉 갈 때 김밥이나 샌드위치를 준비했다면 왠지 미국의 화이트 진판델(White Zinfandel) 로제 와인이나, 이탈리아 모스카토 다스티(Moscato d'Asti) 같은 세미 스위트 스파클링 와인을 추천하고 싶다.

3. 정찬과 와인

서양요리에서의 정찬은 가벼운 전채요리부터 시작하여 수프, 생선요리, 그리고 닭고기나 오리고기 요리 등 가벼운 육류에서 비프스테이크 등 본격적인 육류요리 순서로 진행되며, 샐러드, 치즈, 디저트, 기호 식품인 커피나 홍차로 마무리하게 된다. 와인도 이에 따라 가벼운 와인에서 묵직한 와인으로 식전주, 화이트 와인, 레드 와인 순으로 진행되며, 마지막으로 디저트 와인이 나온다. 이와 같이 정찬과 와인을 분류하면 다음과 같다.

코스	특징	음료/주류	사진
식전주	- 좋아하는 식전주를 서버에게 주문하여 받는다. - 칵테일 코너가 있을 경우 칵테일이나 주스, 샴페인 등 음료가 제공된다.	- 쉐리(스페인) - 베르뭇(이탈리아) - 달지 않은 샴페인 또는 스파클링 와인, 리슬링, 피노 그리지오	
1코스 전채 요리	- 산미가 있고 쌉쌀한 맛의 음식 - 침의 분비를 촉진시켜 식욕을 더욱 왕성하게 자극한다. - 종류(캐비어, 훈제연어, 생굴, 식초 향의 전복, 프로슈토 햄)	- 캐비어-샴페인 또는 스파클링 와인 - 푸아그라와 미트빠테-소테른, 뮈스카 - 해산물과 생선빠테-피노 그리지오, 리슬링	
2코스 수프	- 수프는 소리나지 않게 먹어야 한다. - 종류는 맑은 수프인 콘소메와 진한 농도의 포타주 - 빵은 맛이 다른 요리를 먹기 전에 입안을 청소하는 역할을 한다. - 빵은 반드시 손으로 먹을 만큼 떼어먹는다.	- 수프와 와인은 마시는 경우는 드물다.	
3코스 생선 요리	- 본격적인 요리의 시작이다. - 생선은 먹을 때 뒤집지 말고 있는 그대로 먹는다. - 갑각류는 껍질을 자를 때 튀지 않도록 조심해야 한다. - 셔벗 : 생선의 비린내를 중화시켜주고, 입안을 씻어준다.	- 기름진 생선 : 보졸레 빌라주, 뮈스카데 - 훈제생선 : 샴페인(Brut : 브뤼), 모젤 - 민물고기 : 샤블리, 리슬링, 게부르츠트라미너 - 바다물고기 : 샤르도네, 화이트 부르고뉴 와인	
4코스 메인 (육류)	- 풀 코스의 하이라이트 - 종류 : 소고기, 양고기, 돼지고기, 송아지 등 - 스테이크는 주문 시 굽는 정도를 일러주어야 한다. - 여성들은 생선을 메인요리로 선택하는 경우가 많다.	- 소고기 : 보르도, 부르고뉴, 피에몬테 - 돼지고기 : 키안티, 발폴리첼라, 리오하 - 양고기 : 그르나슈, 보르도의 포므롤 와인 - 차갑게 서빙하는 고기 : 론 지역의 풀 바디 와인, 피노 누아	

코스	특징	음료/주류	사진
5코스 가금류	- 아주 공식적인 정찬에만 제공되고 대부분의 경우 생략한다. - 종류 : 칠면조, 오리, 닭, 꿩 - 반드시 나이프나 포크를 사용해서 먹어야 하며, 손으로 먹지 말아야 한다.	- 로스트치킨 : 샤블리 - 삶은 닭가슴살 : 리슬링 - 오븐, 석쇠에 구운 닭 : 쉬라즈, 영 레드 와인 - 양념닭 : 게부르츠트라미너	
6코스 (샐러드/ 야채)	- 유럽식은 메인요리 다음에 나온다. - 미국식은 메인요리 전에 나온다. - 요즘은 메인요리와 거의 동시에 나오기도 한다.	- 가지, 서양호박, 토마토, 피망 등의 지중해 채소를 오븐에 구운 요리에는 산도가 조금 있는 와인을 서빙한다.	
7코스 치즈	- 디저트에 앞서 웨이터가 치즈 왜건을 테이블 앞으로 밀고 와 치즈의 주문을 받는다.	- 크림 및 소프트치즈 : 샴페인, 샤르도네 - 블루치즈 : 소테른, 포트, 에르미타주 - 경질치즈 : 바롤로, 키안티	
8코스 디저트	정찬의 최종코스 - 식후 입안을 개운하게 하고, 식욕억제 및 소화촉진용으로 단 것이 주로 나온다. - 종류 : 케이크, 푸딩, 아이스크림,과일	- 초콜릿 : 뮈스카, 모리(Maury) - 과일 : 리슬링, 소테른 - 차가운 디저트 : 모스카토 다스티, 뮈스카 - 뜨거운 디저트 : 맘지 마데이라, 슈냉 블랑, 소테른	
9코스 기호품	- 공식 만찬이 끝났음을 의미 - 종류 : 홍차, 커피, 기타 음료 - 소리 내지 않고 마셔야 한다. - 이때부터 주위의 양해를 구하고 담배를 피울 수 있다.	- 홍차, 커피	
식후주	- 커피를 마신 후 남성은 꼬냑이나 브랜디로, 여성은 리큐어(Liqueur)로 최종 마무리를 한다. - 식후주는 소화를 촉진하는 역할을 한다. - 커피를 마시고 있으면 웨이터가 식후주 왜건을 테이블 앞으로 밀고와 식후주 주문을 받는다.	- 꼬냑은 식사코스의 마지막을 장식한다. 꼬냑, 위스키, 리큐어 - 이탈리아의 그라파	

07
테이블 매너와 와인

1. 테이블 매너의 필요성

"식사하는 모습을 보면 그 사람의 성장 과정을 알 수 있다고 하였다." 다른 사람과 함께 식사를 할 때면 누구나 가족과 식사할 때와는 달리 이렇게 해도 괜찮은 것인지, 결례가 되는 것은 아닌지 하면서 보기 좋게 하려고 신경을 쓰게 된다. 처음 만난 남녀, 그 설레는 자리에서의 식사 매너는 서로가 오랜 세월을 함께할 동반자가 될 수 있는지 없는지를 예감케 하는 보이지 않는 힘이 될지도 모른다.

국제화 시대라 불리는 21세기, 좁게는 음식 문화가 국제화되기도 하였거니와 우리 삶의 공간 자체가 국제무대로 확장되고 있다. 이러한 시대의 테이블 매너는 우리의 생활에서 큰 비중을 차지하고 있다.

원만한 사회생활, 해외에 나갔을 때의 비즈니스, 사교적인 모임에서 친구가 될 수 있는지의 분석은 함께 식사를 할 때 판단되는 것이다. 테이블

테이블 매너의 기본

- 테이블 매너가 완성된 것은 19세기 영국의 빅토리아 여왕 때라고 한다.
- 테이블 매너의 기본 정신은 형식이 있는 것이 아니라 상대방에게 불쾌감을 주지 않고 서로 요리를 맛있게 먹기 위한 약속이다.
- 요리의 맛은 기본적으로 요리사의 솜씨나 재료에 따라 결정되는 것이지만 함께 식사하는 사람이 어떠냐에 따라서도 식사의 질이 달라질 수 있다.

매너를 착실히 터득하여 예의바른 국제적인 신사 숙녀로 성장하기 바란다.

2. 레스토랑에서의 테이블 매너

레스토랑의 흐름에 맞춰 테이블 매너에 대해 순서대로 정리해 보았다. 이런 순서가 항상 지켜지거나 옳은 것은 아니지만 테이블 매너의 일반적 원칙이므로 올바른 식사 매너를 익히는 데 도움이 되길 바란다.

1) 식탁의 매너 자리 앉기

서비스맨이 안내하여 자리에 앉을 때는 의자의 왼쪽부터 앉는 것이 매너이다. 자신이 오른손으로 의자를 잡아당겨서 앉을 때도 왼쪽으로 들어가는 것이 편하다. 그러나 여성은 보통 서비스맨이 오른쪽에서 의자를 잡아당겨 주므로 기다렸다가 왼쪽으로 앉는 것이 좋다.

여성이 먼저 착석하고, 여성이 착석 시 남성이 도와준다. 참석자 가운데 여성이나 고령자가 있으면 그들이 앉을 때까지 의자 뒤에 서서 기다리는 것이 좋다.

만일 함께 간 남성이 의자를 빼주고 싶으면 서비스맨을 가볍게 멈추게 한다. 서양 남성들은 이와 같은 분들이 많기 때문에 서비스맨은 남성의 표정을 읽으면서 의자를 잡아당길 것인가 말 것인가를 판단한다.

참석하는 손님이 많을 경우 좌석 배치는 남녀가 번갈아 가며 앉도록 한다.
중요한 여성 손님은 자리를 주선한 사람의 오른쪽에 앉게 한다.

여성이 먼저 착석하고, 여성이 착석 시 남성이 도와준다.

테이블 서비스의 유형 | 미국식-Plate 서비스 오른쪽, 러시아식(중식)-왼쪽 서비스
그러나 음식에 따라 손님께 음식을 덜어서 드리는 경우, 수프 또는 소스를 직접 제공하는 경우는 왼쪽에서 서비스를 하나 요즘 대부분의 식당에서는 미국식 서비스인 Plate Service를 실시하므로 오른쪽 서비스를 한다.

2) 음식을 고르는 자체도 하나의 즐거움이다.

메뉴판을 받아 음식을 주문할 때에는 음식을 고르는 자체도 하나의 즐거움이므로 급히 서두를 필요 없이 천천히 메뉴를 보면서 주문할 음식을 고르는 것이 품위 있는 행동이다. 음식은 개별적으로 선택하되, 남성은 여성의 선택을 도와주고 여성이 선택한 음식을 자신의 것과 함께 주문하는 것이 적절한 방법이다.

메뉴를 정할 때 풀코스를 주문하지 않아도 관계없다. 메뉴를 양손으로 펴고 읽어본다. 그리고 "무엇을 주문하시겠습니까?" 하면 2~3가지 주문해도 무난하다.

메뉴는 애피타이저, 수프, 샐러드, 생선종류, 육류요리, 후식 등의 순서로 되어 있으므로 그중에서 한 가지씩 선택하는 것이다.

3) 와인을 따라줄 때 잔은 테이블에 있는 그대로 둔다. 만약 높은 분이 따라줄 때는 오른손을 잔의 밑부분에 손을 살짝 대는 정도로 충분하다. 단, 샴페인과 같은 탄산음료의 경우는 잔을 약간 기울여 넘치지 않도록 주의한다.

와인을 따라줄 때는 오른손을 잔의 밑부분에 살짝 대는 정도로 감사 인사를 한다.

4) 식사 중 나이프와 포크로 서비스맨과 의사 소통하는 법

나이프와 포크를 어떠한 형태로 접시에 놓는가는 서비스맨에게 하나의 신호가 된다. 요리를 다 먹은 후에 나이프는 바깥쪽, 포크는 안쪽으로 나란히 접시 중앙에서 오른쪽 방향으로 비스듬히 놓아두어야 한다. 이때 나이프의

날은 안쪽(자신을 향해)으로 향하게 하고 포크는 등을 밑으로 한다. 요리가 끝나지 않아도 나이프와 포크를 이렇게 놓으면 서비스맨은 요리를 다 먹은 것으로 간주하고 접시를 거두어 가게 된다. 식사 중 나이프와 포크를 잠시 놓아둘 때 취할 수 있는 방법은, 미국식은 나이프와 포크 끝부분을 접시 위에 걸쳐 놓고 손잡이 부분을 테이블 위에 한자의 팔자 모양으로 놓아두며, 영국식은 X자 모양으로 손잡이가 접시 둘레에 오도록 놓아둔다.

| 정찬 시 나이프와 포크로 서비스맨과의 의사 소통법 |

식사 후 나이프와 포크의 위치

식사 중 나이프와 포크를 잠시 놓아둘 때(미국식)

식사 중 나이프와 포크를 잠시 놓아둘 때(영국식)

식사 후 식탁 위의 빵 부스러기와 음식물 찌꺼기는 서비스맨이 깨끗이 정돈해 준다.

5) 계산은 직원을 불러 테이블에서 하는 것이 예의이다.

돈은 반드시 남성이 지불하게 한다. 부인이 돈을 가지고 있으면 남편에게 건네준다. 더치페이를 할 경우에도 반드시 남성에게 주어 함께 지불하도록 한다. 이

때 조용히 직원을 불러 계산서를 요구하고, 계산서는 동행한 다른 손님에게 보이지 않는 것이 좋다. 현금을 지불할 경우 큰돈을 주어서 거스름돈을 가져오도록 하는 것이 여유 있어 보이므로 좋다.

6) 서비스맨에게 감사의 표시는 어떻게?

구미의 경우 통상 15~20% 정도의 팁을 계산이 끝난 후 접시 밑이나 테이블 위에 두는 것이 예의이다. 직접 건네는 것은 예의가 아니다.

서비스맨에게 감사의 표시로 주는 팁은 접시 밑이나 테이블 위에 두는 것이 예의이다.

08 와인 서비스와 매너

우리나라에는 와인을 즐기는 사람이 그다지 많지 않으나 양식을 먹을 때 와인을 함께 마시는 것은 어느 정도 일반화되어 있다.

정찬 시 본격적인 요리가 시작되면 요리와 맛의 조화를 이루는 와인이 제공된다. 와인과 요리는 부부로 비교될 수 있을 만큼 밀접한 관계를 가지고 있기 때문에, 와인과 곁들여 정찬을 들 때에는 와인의 종류와 특징 및 요리와의 조화를 알면 배로 즐길 수 있다. 식전에는 식전주로 샴페인, 쉐리나 화이트 와인을, 생선요리나 흰 육류에는 화이트 와인을, 붉은 고기(肉)에는 레드 와인을, 식후 디저트에는 스위트 와인을 주로 마신다. 메인 코스가 시작되면 와인은 두세 가지 다른 종류의 와인을 제공하게 된다. 와인을 제공하는 순서는 가벼운 와인에서 묵직한 와인으로(light to full bodied), 덜 숙성된 와인에서 숙성된 와인(young to old)의 순으로 하되, 뒤에 서비스하는 것을 더 고급으로 내놓는다.

1. 호스트 테이스팅(Host Tasting)

호스트 테이스팅은 상대방을 위한 호스트, 주인의 배려와 상대방을 존중하는 깊은 뜻이 담겨 있는 격식이며 절차이다. 호스트 테이스팅의 유래는, 상대방에게 이 술은 아무런 해가 없다는 표시로 시작되었다는 설이 있다. 현대적 의미로는 주문한 와인의 이상 유무를 확인하고 참석자들에게 즐거움을 주기 위함이다. 호스트 테이스팅은 다음과 같은 절차로 진행된다.

| 호스트 테이스팅 |

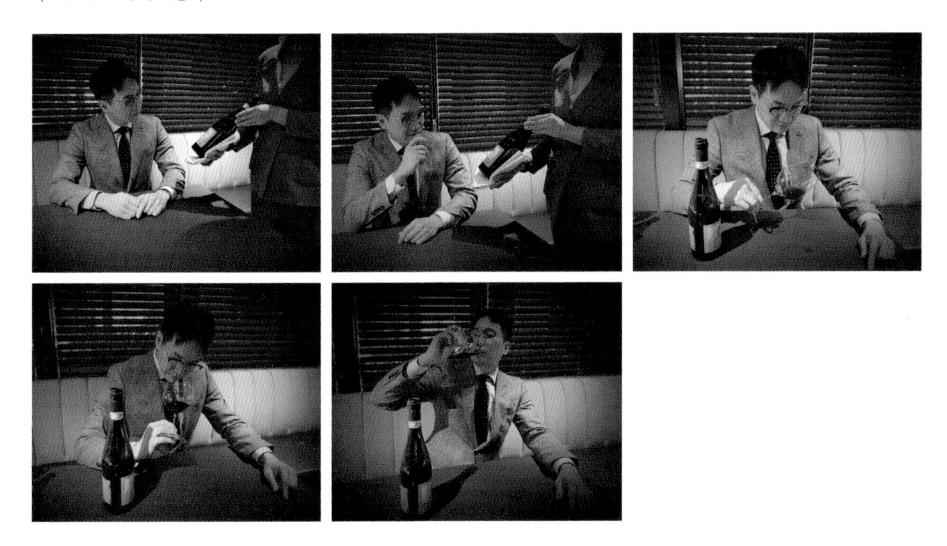

1) 서비스맨이나 소믈리에(와인담당 웨이터)가 주문한 와인을 라벨이 잘 보이게 흰 냅킨에 싸서 호스트에게 라벨을 보인다.
2) 호스트는 주문한 와인이 맞는지 라벨을 확인한다. 라벨을 보고 자기가 주문한 와인이 아니면 바로 그 자리에서 다시 가져올 것을 요청해야 한다. 가장 많이 하는 실수는 동일 브랜드의 다른 품종이 나온다거나 빈티지 와인이 틀리게 나오는 경우이다. 이 절차가 끝나면 웨이터는 병을 오픈한 후 코르크 마개를 호스트에게 건네준다.
3) 호스트는 코르크 상태를 확인한다. 코르크 마개의 밑부분이 말라 있으면 병을 세워 보관했다는 증거이다. 병을 세워두면 코르크가 건조해 공기가 병 안으로 스며들면서 와인이 산화되어 변질될 수 있다. 혹시 코르크 마개에서 곰팡이 냄새가 나는지 맡아본다. 최종적인 확인은 와인의 색상과 냄새를 맡아보면 변질 여부를 확실히 알 수 있다.
4) 글라스에 와인을 따르게 한다. 웨이터는 글라스의 1/6 정도를 호스트에게

따라준다. 이는 테이스팅 시 문제가 있으면 그 와인을 거절하기 위함이다.

5) 색상을 관찰한다. 글라스의 스템을 잡고 흰 천이나 약한 불빛을 배경으로 색깔을 살펴본다. 레드 와인이든 화이트 와인이든 간에 갈색을 띠고 있으면 변질되었다는 증거이다.

6) 잔을 서너 번 돌린 다음 와인 잔에 코를 갖다 대고 향기를 맡아본다. 고급 와인일수록 복합적인 향기가 오래 지속된다. 거북한 냄새가 나면 변질되었다는 증거이다.

7) 와인을 한 모금 입안에 넣고 골고루 적시며 맛을 본다.

8) 와인이 만족스러우면 고개를 끄덕이든가, "좋아요. 손님들에게 서비스하세요." 등의 만족한 표시를 하며, 다른 손님에게 와인을 따르도록 허락한다. 만약 와인이 문제가 있으면 즉시 거절하고 다른 병을 요청한다.

9) 와인을 따를 때 절대로 와인 잔을 들고 받지 말아야 하며, 와인 잔이 테이블 위에 놓인 상태에서 와인을 따르게 한다.

2. 와인 즐기기와 매너

1) 와인 따르기

중요한 자리에선 호스트가 와인을 직접 서브하는 것이 좋다. 호스트는 게스트에게 강권하지 않고 편안하게 원하는 만큼의 와인을 즐기며 마실 수 있게 분위기를 조성해야 한다. 어떤 손님이든 와인 잔의 수면이 내려가면 "좀 더 하시지요.", "이 와인 어떻습니까?" 등 상대방의 의견을 물어보고 손님이 원하는 만큼 와인을 계속 권하는 것이 호스트의 주된 임무이다. 손님이 계속 다른 사람과 대화 중이라면 기다렸다가 따르거나 눈으로 신호를 보내고 그냥 따라도 좋다. 와인을 따를 때 와인에 대한 간단한 설명을 하거나 와인에 관련된 재미있는 유머를 한마디 덧붙인다면 더욱 분위기가 살아난다.

2) 샴페인 또는 와인으로 건배하기

샴페인이나 와인으로 건배할 때는 먼저 잔의 링 부분을 눈높이로 올리고 상대방과 가볍게 눈을 맞춘 후 와인 잔을 자기 쪽으로 15도 정도 기울여서 와인글라스의 볼록한 부분끼리 살짝 부딪치도록 한다. 와인글라스의 윗부분은 얇기 때문에 윗부분끼리 부딪칠 때 간혹 잔에 금이 가는 등 사고가 발생할 수 있기 때문이다.

와인 건배하기 |

1) 와인 잔의 링 부분을 자신의 눈높이로 들어 올린다.
2) 건배할 상대방과 가볍게 눈을 맞춘다.
3) 와인 잔을 자기 쪽으로 15도 정도 기울인다.
4) 잔의 볼록한 부분끼리 와인 잔을 살짝 부딪친다.
5) 우아하게 와인의 향과 맛을 음미하며 천천히 마신다.

3) 와인 잔 잡기

- 샴페인 또는 화이트 와인은 와인 잔의 스템 밑부분을 잡는 것이 정석이다. 와인 잔의 볼 부분을 잡으면 체온으로 와인의 온도가 올라가 와인의 맛이 떨어질 수 있기 때문이다.
- 레드 와인의 경우 온도가 너무 차면 일부러 볼 부분을 잡을 수 있으나 그렇지 않을 경우 와인 잔의 스템 밑부분을 잡는다.

4) 와인을 거절할 때

이제는 와인을 그만 마시고 싶다고 생각될 때 서비스맨이 와인을 따르려고 하면 가볍게 글라스를 손으로 덮는 제스처(Gesture)를 보이면 거절의 표시가 된다. 글라스를 엎어놓는다든지 손을 흔들면서 못 마시겠다고 하는 것보다는 말없는 제스처가 스마트하게 보인다.

5) 만찬이나 공식적인 파티 장소에서 내 와인은 비어 있고, 와인을 더 마시고 싶을 때 어떻게 할까?

옆 사람에게 "한 잔 더 하시겠어요?" 하고 먼저 권한다. 그러면 상대방이 내 잔을 채워줄 것이다. 만일 상대방이 사양하고 내 잔도 채워주지 않으면 그때는 스스로 따라 마셔도 무방하다. 그러나 원칙적으로 내 잔이 비어 있게 놓아두는 것은 상대방의 와인 매너에 문제가 있는 것이다.

6) 저렴하게 즐기는 하우스 와인

하우스 와인이란 그 집에서 특별히 보유하고 있거나, 그 집의 음식과 조화가 잘 이루어진 와인을 뜻한다. 잔으로 판매하는 것을 원칙으로 하므로 와인의 품질대비 값이 싼 것이 특징이다.

하우스 와인이란 | 하우스 와인이란 레스토랑이나 호텔 등에서 식당의 음식과 조화가 잘 이루어진 와인을 선택하여 대개 잔으로 판매하는 것으로 와인의 품질대비 가격이 저렴하다.

7) 일반적인 파티나 연회 석상에서는 단숨에 마시지 않는다.

공식적인 파티가 아닌 자리에서 분위기 조성을 위해 잔을 비우라고 권하고 싶으면 건배, 즉 '바텀스 업(Bottoms up)'이라고 말한다.

8) 건배는 주최자가 하는 것이 원칙이다.

손님은 절대로 먼저 건배 제의를 해서는 안 된다. 다만, 건배 제의를 받았을 때에는 자리에서 일어나 간단한 건배사와 함께 건배를 제의한다. 누군가가 당신을 위해 건배를 제의할 때, 절대로 자리에서 일어나지 말고 앉아 있다가 건배가 끝난 후 일어나서 감사의 답례를 정중히 하면 된다.

9) 술을 마시지 않는 사람도 건배는 해야 하며, 술 대신 물 잔으로라도 건배를 하는 것이 예의이다.

3. 외국인의 집에 초대받았을 경우의 예의

외국인들의 저녁식사 시간은 우리나라의 식사 시간에 비해 무척 긴 편이다. 특히 프랑스인의 집에 초대받으면 단단히 마음의 준비를 해야 하는데, 그 이유는 우선 저녁식사 시간이 무척 길기 때문이다. 대체로 저녁 7시 30분 정도에 시작해서 밤 12시경이 되어야 끝나는데 경우에 따라서는 새벽까지 진행되기도 한다. 저녁식사에 초대받으면 대체로 샴페인, 1~2종의 화이트 와인, 2~3종의 레드 와인을 마시며 마무리로 디저트 와인을 마신다. 따라서 마시는 와인의 종류가 많고 마시는 양이 많아지기 때문에 주량이 약한 사람들은 조심해야 하며, 같이 있는 시간이 4~5시간이 되기 때문에 많은 이야깃거리를 준비해 갈 필요가 있다.

프랑스 몽펠리에대학 스테판 길버트 교수집에서 저녁식사

PART 10

영화 속 와인

01
영화 속 와인 이야기

1. 와인은 문화인가?

와인은 음식문화의 주요한 요소로 서양 테이블에서 빠질 수 없는 알코올 음료라고 할 수 있다. 음식문화는 먹거리가 풍부하고 생활이 윤택한 나라에서 발달하였다. 와인과 음식의 궁합을 중시하고 음식의 영원한 동반자인 와인은 서로 맛을 더욱 잘 느끼고 즐기게 하는 빼어난 역할을 한다. 와인을 많이 마시는 나라일수록 음식문화가 발달되어 있다. 그들은 음식의 맛과 향을 즐기며 무엇을 먹었는가를 중시하는 것이 아니라 어떻게 먹었는지, 무슨 요리를 어떤 음악과 함께 즐겼고 식탁의 분위기와 조명과 대화와 옷차림 등 음식 외적인 부분을 더욱 중요하게 인식한다. 먹고 살기 힘든 나라에서 술을 문화로 받아들여 자리매김할 수 있는 것일까? 아무래도 생존이 급박한 사회에서는 먹거리가 문화로 받아들여지기는 어렵다.

와인이 문화의 한 축이 되고 인류가 창조한 가장 대중적인 환타지를 품고 있는 종합예술의 대표적인 상징이라고 할 수 있는 영화와 와인은 문화라는 공동 코드로 조화의 미적 창조 과정을 거치며 훌륭한 파트너십을 보여준다. 바로 영화 속 와인의 모습이다. 그렇다면 영화 속에서 와인이 자리매김하게 되고 음식이 문화가 되고 와인이 문화가 될 수 있었던 인류 문화학적인 역사적 사건의 뿌리는 무엇이었을지 궁금해진다.

예술과 문화를 생산하며 인간을 존중하는 휴머니즘으로 회귀하는 종교의 억압과 통제된 감성에서 벗어난 지성과 영혼의 혁명이라 할 수 있는 르네상스는 메디치 가문에서 싹을 틔웠으나 그 꽃은 프랑스에서 꽃 피우게 된다. 따라서 문화의 재생이라는 뜻의 프랑스어로 '르네상스'로 불리게 된다. 프랑스에서 르네상스의 흐름이 활발하게 진행될 수 있었던 중요한 사건은 바로 메디치 가문의 카트린느(1519~1589)와 프랑스 앙리 2세의 결혼이라고 할 수 있다. 프랑스는 유럽의 다른 나라에 비해 중세의 종교적 분쟁이 일찍 종식되어 궁정의 파티문화와 더불어 음식문화가 발달하게 되었다. 프랑스의 음식문화가 발달하게 된 계기는 역사적으로 메디치 가문과 혼맥을 이루면서부터라고 할 수 있다.

음식문화의 동반자는 무엇이었을까?

음식을 보다 맛있고 품격있게 먹을 수 있고 품격있게 만들고 말꼬를 트게 하며 건강에도 좋은 음료가 바로 와인이란 알코올 음료이다. 와인은 음식문화의 동반자로 와인이 담고 있는 역사성과 문화성으로 인해 무한한 생명력과 상상력과 미학을 겸비한 신의 창조물이자 예술인 것이다. 인류가 창조한 예술로는 음악, 미술, 건축, 시, 문학, 무용, 연극, 조각 등 무수한 분야가 있지만 그 모든 예술이 수북하게 담겨 있는 종합선물세트로 묶인 대표적인 예술이라면 뭐니 뭐니 해도 영화를 꼽을 수 있다. 신의 창조물인 와인과 인류의 창조물인 영화의 만남은 누가 봐도 예사롭지 않은 흐뭇하고 아름다운 멋진 동거라고 표현할 수 있다.

영화는 1895년 12월 28일 프랑스 파리에서 오귀스트와 루이 뤼미에르 형제가 처음 움직이는 사진으로 이루어진 활동사진을 선보인 것에서 비롯되었다. 그들은 '열차도착'이라는 3분짜리 짧은 무성영화를 제작하였고 씨오타 기차역에 도착하는 커다란 화물 열차가 돌진하여 들어오는 장면을 시네마 포토그래픽으로 보여줌으로써 충격적인 반향을 불러일으키게 된다. 극장에 앉아서 영화를 관람하던 관객들은 열차가 돌진하며 튀어나오는 모습을 보며 자리를 박차고 뛰어나갔을 정도로 최초의 무성 활동사진은 엄청난 변화의 예고편이었다. 이 영화가 바로 최초의 상업영화인 것이다. 영화가 탄생한 것이다. 인류 최고 최대의 문화적인 업적이 태동하게 된 것이다. 1891년 에디슨은 영화의 촬영기와 영사기를 발명했을 때 영화라는 불멸의 창조예술을 위한 하드웨어가 완성되었을 때 무궁무진한 상상력의 집합체로 영화라는 예술이 탄생하는 거대한 꿈틀거림이나 지각변동을 느꼈을까?

이제 예술의 분야는 넓고 크고 깊게 인간 내면의 사랑, 고뇌, 감성, 흥분, 절망 등 희로애락을 보여주며 때로는 음흉하게 남의 생활을 엿보는 관음증을 충족시키며 영화가 산업의 한 분야가 되어 엄청난 부를 창조하는 마이더스의 손이 된 것이다. 영화의 역사는 이제 갓 100여 년이 되었다. 영화는 때로는 공산주의자들의 선동용으로 정치적으로 이용되기도 하였고 무자비한 폭력성과 선정성으로 논란의 중심에 놓이기도 하지만 한편으로는 여전히 영화가 품고 있는 환타지는 대리충족과 만족과 행복감으로 영화를 보는 내내 풋풋한 생명감을 선사한다. 이 얼마나 멋진 일인가?

영화가 우리의 지친 일상을 깨워주고 삶이 때론 고달프지만 그래도 살 만한 가치가 있다고 느끼게 해준다면 우리의 삶을 풍요롭고 따사롭고 화사하게 이끌며 깊은 성찰을 통해 타인에 대한 배려와 이해와 사랑까지도 가져올 수 있고 영화 한 편으로 절망에 빠진 실의에 지친 생활에 탄력과 활력을 가져온다면 영화의 영향력은 엄청나다고 할 수도 있다. 이것이 바로 영화가 품고 있는 잠재력이며 영화의 영향력이다. 좋은 영화는 파괴력 대신 창조력을, 폭력성 대신 인간에 대한 예의를 보여주는 것이다. 이 위대한 영화와 음식의 동반자로 와인이 조우하는 영화를 보면서 심미적인 행복감을 맛볼 수 있는 것은 물론 인생의 깊이에 인간과 삶에 대한 사랑까지 느낄 수 있다면 이것이야말로 신의 축복이라 하겠다.

영화 '멋진 인생(It's a wonderful life)'은 스티븐 스필버그 감독이 가장 사랑하는 영화라고 한다. 이 영화는 해마다 미국에서는 크리스마스마다 빠지지 않고 소개되는 프랑크 카프라 감독이 1946년에 만든 고전영화이다. 찰스 디킨스의 '크리스마스 캐롤' 같은 크리스마스의 기적이 나타나 일상의 행복을 되찾게 되는 그런 영화이다. 이 영화에는 성실한 생활인의 이미지가 강한 조지역의 제임스 스튜어트와 유명 TV 드라마 '도나리드쇼'의 주인공 도나 리드가 주인공 메리역으로 등장한다. 조지와 메리는 우리가 흔히 일상에서 만날 수 있는 평범하고 마음이 따뜻한 사람들로 가난한 이탈리아 이민자가 이웃으로 이사를 올 때 그들에게 선물을 건네며 "빵은 이 집에 가난이 결코 없기 위해서, 소금은 삶의 향을 항상 지니기 위해서, 와인은 기쁨과 번영이 늘 함께하기를 바라는 마음에서 빵과 소금과 와인을 드립니다"고 말한다. 영화 속의 와인은 지친 삶에 뿌려지는 성스러운 축복을 전파하는 기적의 성수인 것이다. 영화의 마지막 장면에서 천사는 조지에게 선물을 주고 간 '톰 소여의 모험'의 책갈피에 "친구가 있는 사람은 결코 실패자가 아닌 것을 기억하기 바라(Remember no man is a failure who has friend)"라는 글을 남기고 이 장면과 함께 미치밀라 합창단의 올드 랭 사인(Auld Lang Sign)이 흘러나온다.

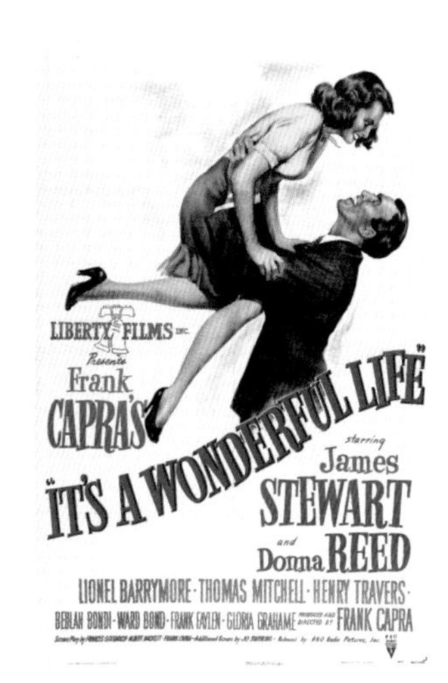

그리고 감동의 물결에 실린 감성은 주체할 수 없는 눈물을 끝내 보이며 스크린은 마지막 인사말을 전한다. 인간에 대한 사랑과 예절과 인생살이가 괴롭고 힘들어도 꿋꿋하게 웃음을 잃지 않고 사는 자세에 감동하게 되는 영화이다.

와인은 영화와의 멋진 만남에서 관객에게 훌륭한 말없는 조연으로 묵묵히 제 몫을 다하며 문화의 자취를 드러내 보인다. 영화 '멋진 세상'에서 와인은 조용히 일상에 다소곳이 다가와 평범한 사람들의 삶의 영원한 행복을 지켜주는 수호신이다. 와인은 문화이다. 바로 음식문화가 영화에서 꽃피운 새로운 르네상스이다.

이 글을 읽는 독자에게 항상 빵과 소금과 와인이 영원하소서.…

2. 로마의 휴일

그리스 철학자 플라톤은 "와인은 신이 주신 위대한 축복"이라고 했을 정도로 와인은 오래전부터 건강의 필수품으로 사용되었다. 지중해 연안은 석회석이 많은 토양이라 마음놓고 안전하게 마실 수 있는 음료로 와인만 한 것이 없었다. 와인은 안정제, 수면제로 사용되고 상처에 바르면 파상풍을 예방하는 외상치료제였으며 물에 넣어 마시면 수인성 전염병을 예방하였다. 시저는 전쟁터에 나가는 군인들의 보급품에 빵, 소금과 함께 와인을 포함시켰고 로마가 지배한 지중해 연안에는 어김없이 드넓은 포도밭이 펼쳐지며 와인문화는 급속하게 유럽에 퍼지게 되었다. 로마가 심었던 포도가 뿌리를 내리며 세계 최고의 산지들이 형성되었다.

와인의 종주국 이탈리아는 전국 토가 와인 산지이며 이탈리아 와인의 중심은 2500년 와인역사를 간직한 토스카나주이다. 이탈리아 20개의 주에서 와인 생산량이 가장 많은 토스카나주는 르네상스의 후원자 역할을 한 메디치 가문의 코시모 3세의 칙령으로 피렌체와 시에나 사이의 지역을 와인 산지로 지정하며 발전되어 왔다.

이 와인 산지는 이탈리아를 대표하며 단일 와인 산지로 최대의 규모를 자랑하는 키안티(Chianti)이다. '제우스의 피'라는 뜻을 가진 산미가 많은 토착품종 '산지오베제'도 생산한다. 키안티 와인이 워낙 유명하고 인기가 있다 보니 생산면적이 점점 넓어지게 되었다. 오랜 역사를 간직한 산지에는 병목에 '검은 수탉(Gallo Nero)'의 심벌을 넣고 "키안티 클라시코"라고 하여 일반 키안티 와인과 엄격히 구분했다.

영화 '로마의 휴일'에서 유럽 순방 중인 앤 공주가 왕실의 공식행사 스케줄이 힘들어 몰래 빠져나온다. 그녀는 우연히 만난 신문기자의 도움을 받으며 로마에서 일탈의 행복을 마음껏 누린다. 그러나 그녀의 신분을 알게 된 기자는 파파라치 친구를 동원해 그녀의 사진을 몰래 찍으며 특종보도를 계획한다. 서로의 신분을 속인 공주와 기자의 만남 사이에 라디오에서 뉴스가 흘러 나온다. "공주가 아파서 공식행사가 취소되었다"는 소리에 공주는 다시 궁으로 돌아가기로 결심하고 짧은 행복에 이별을 고해야 한다는 것을 깨닫는다. 기자도 이제 순수하고 아름다운 소녀를 떠나 보내야 한다는 것을 알고 있다. 침묵이 흐르고… 그들 사이에는 짚으로 둘러싸인 동그랗고 통통한 와인병이 놓여 있다. 누가 봐도 키안티 와인이다. 키안티는 와인병이 귀하던 시기부터 짚으로 병을 감싼 피아스코라는 병에 와인을 담는 전통이 있으며 현재는 관광용을 제외한 대부분의 키안티 와인은 일반 병을 사용한다.

파파라치는 공주의 모습이 담긴 사진을 들고 기자에게 와서 흥분하며 들떠 멋진 성과에 자축하고자 한다. 그들 사이에 키안티가 놓여 있다. 기자는 어렵게 파파라치에게 그녀의 사진을 포기하겠다는 말을 한다. 파파라치는 특종을 놓아버리는 그에게 미쳤느냐며 소리친다. 키안티 와인이 조용히 그들 사이의 긴장을 증폭시킨다. 그리고 그들은 로마를 떠나는 공주의 공식기자 회견장에 참석한다. 공주는 기자 인터뷰에서 그들을 발견하고 그들이 기자였음을 알고 놀라서 눈빛이 흔들린다. 공주는 계단을 내려가 모든 기자들과 일일이 악수를 하며 인사를 한다. 공주가 파파라치와 악수를 할 때 그는 그녀에게 특별한 로마의 휴일이 담긴 선물이라며 봉투를 전한다. 공주는 봉투 안에 담긴 자신의 놀랄 만한 일탈 사진들을 보고 파파라치에게 고맙다는 말을 한다. 그리고 공주는 다음 순서로 기자와 악수를 한다. 그를 보며 그와 함께한 짧은 시간이

그녀의 삶에서 가장 자유롭고 행복한 시간이었으며 지켜줘서 고맙다고 눈빛으로 말한다. 모든 공식일정을 마친 기자가 그것은 사랑이었다고 생각하듯이 텅 빈 궁전을 뚜벅뚜벅 묵묵히 걸어나온다.

공주는 키안티를 기억할까?

3. 러브 어페어

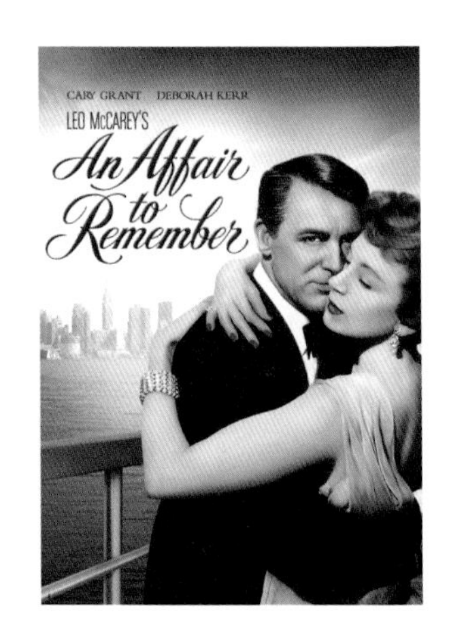

핑크빛 샴페인의 유혹

영화 '러브 어페어'는 사랑과 환상의 감동 로맨스 영화이다. 해마다 크리스마스를 전후하여 이 영화가 방영되면 그때마다 필자는 진실한 사랑의 힘을 확인하고 싶은 마음에 이 영화의 손아귀에서 벗어나지 못하고 기어이 사랑의 목격자가 되기를 자청했다. 뻔한 결말을 알면서도 번번이 영화를 끝까지 본다. 그리고 이 영화를 볼 때마다 눈물은 얼굴을 타고 내리고 엔딩 자막이 흐를 때까지 파도치는 감동을 벅찬 가슴으로 받아들였다.

두 번의 아카데미 감독상과 오리지널 극본상을 받은 레오 맥케리 감독이 자신의 시나리오로 1939년 아이린 던과 샤를르 보와이에 주연으로 만든 흑백 영화를 1957년 리메이크한 영화이다. 남자 주인공 니키 페란티(케리 그란트)는 핸섬한 용모와 세련된 매너로 미국과 유럽 사교계의 소문난 바람둥이다. 그는 백만장자 상속녀와 결혼하러 유럽 남부에서 뉴욕으로 S.S. 컨스티튜션(Constitution)을 타고 크루즈 여행을 한다. 테리 메케이(데보라 카)는 보스턴 출신의 밤무대 가수로 부유한 약혼자의 도움으로 뉴욕의 고급 펜트 하우스에서 살며 그가 보내준 지중해 여행을 한다.

같은 배에 탑승한 테리가 니키의 잃어버린 담배 케이스를 줍게 되면서 그들의 만남은 시작된다. 무료한 여행에 지친 니키는 테리에게 호기심을 갖고 접근한다. 니키는 "인생이 샴페인처럼 밝고 명랑해야 한다고 생각하지 않나요? 이 여행도 핑크 샴페인처럼 되면 안 될까요?" 라며 작업을 건다.

희대의 바람둥이 카사노바가 "여성을 유혹하는 무기로 샴페인만 한 것은 없다" 라고 하지 않았던가! 샴페인은 기쁨, 행복, 사랑, 탄생, 승진, 대박 등 축복의 와인이다. 니키는 샴페인 중에서도 생산량이 적은 핑크 샴페인으로 테리를 유혹한다. 핑크 샴페인은 핑크빛 로맨스를 유발시키려는 니키의 작업주이다.

약혼자가 있는 테리에게 니키의 핑크 샴페인은 당연히 거절하기 어려운 유혹이다. 약혼자와 5년 동안 성실한 관계를 유지하며 참한 아내가 되기 위하여 노래, 음악, 예술, 문학을 배우고 있는 테리가 과연 니키의 큐피드를 피할 수 있을까?

배 안의 바에 들어선 니키는 웨이터에게 습관처럼 샴페인 칵테일을 주문한다. 그리고 바로 마음을 바꾸어 "핑크 샴페인도 있나요?"라며 주문한다. 그리고 담배를 사러 잠시 밖으로 나간다. 마침 그때 바에 들어와 카운터에 앉은 테리는 주저 없이 샴페인 칵테일을 주문한다. 그리곤 잠깐 생각을 하다가 "핑크 샴페인도 있나요?"라며 주문한다. 니키가 그랬던 것처럼… 두 사람의 심리 변화와 감정의 일치가 나타난다. 핑크 샴페인을 기다리는 테리는 거울을 꺼내어 얼굴의 화장을 살펴본다.

웨이터는 테리 앞에 두 잔의 샴페인 잔을 놓는다. 테리는 두 잔의 샴페인을 바라보며 의아한 표정을 한다. 그리고 한 손에 담배를 든 니키가 들어온다. 그는 샴페인 잔을 잡으려다가 뜻밖에 옆자리에 앉아 있는 테리를 발견한다. 니키와 테리 앞에 장밋빛 샴페인이 놓여 있다.

샴페인 칵테일은 샴페인 글라스에 앙고스타 비터의 향이 스민 각설탕을 넣고 그 위에 샴페인을 부은 후 레몬 슬라이스로 장식하는 가벼운 알코올 음료이다. 각설탕과 샴페인이 만나면 순간적으로 힘차게 기포가 피어 오르다 바로 사라진다. 그러나 순수한 샴페인은 맑고 투명하고 빛나며 보석 같은 거품이 오랫동안 피어오른다. 그들에게 다가올 순수한 사랑처럼…

그들이 탄 배는 프랑스 남부의 빌 프랑슈에 잠시 머물게 된다. 지중해 연안 천국의 향기가 그득한 곳이다. 니키는 빌 프랑슈에 사는 할머니를 만나러 테리와 함께 간다. 그리고 할머니에게 자신이 그린 할아버지의 초상화를 선물한다. 할머니는 화가로서의 재능을 탕진하며 방탕한 생활을 하는 니키를 안타까워한다. 어느덧 뱃고동 소리가 멀리서 울리고 그들은 할머니에게 작별인사를 한다. 할머니는 언젠가 테리에게 할머니가 두르고 있는 아름다운 숄을 주겠다고 한다.

다시 그들의 크루즈 여행은 시작되고 그들은 서로 깊이 사랑하고 있음을 깨달을 때 뉴욕의 모습이 서서히 드러난다. 그리고 엠파이어 스테이트 빌딩이 그들 앞에 나타낸다. 사랑을 확신한 니키와 테리는 서로의 생활을 정리하고 6개월 후 엠파이어 스테이트 빌딩 위에서 만나기로 약속한다. 그곳은 뉴욕에서 천국이 가장 가까운 곳이니까.

뉴욕으로 돌아와 니키는 화가로서 성공하기 위해 노력하고 테리는 약혼자를 떠나 독립적인 생활을 하며 가수로 활동하며 지낸다. 시간이 흘러 그들이 만나기로 한 날 테리는 예쁘게 보이려고 새 옷을 사 입느라 시간이 늦어진다. 들뜬 마음에 택시를 타고 가다 길이 막히자 테리는 차에서 내려서 엠파이어 스테이트 빌딩으로 서둘러 가다 교통사고를 당한다.

밤이 되어 천둥 번개가 칠 때까지 테리가 나타나지 않자 니키는 분노한다. 그 시간에 수술대에 오른 테리는 결국 휠체어를 타게 되고 고아들에게 음악을 가르치며 생활하게 된다. 어느 날, 우연히 음악회에서 두 사람은 재회하지만 간단한 눈인사만 하고 헤어진다.

무심하게 시간은 흐르고 크리스마스 아침에 테리의 집에 뜻밖의 방문객이 찾아온다. 니키가 돌아가신 할머니의 숄을 전하러 찾아온 것이다. 테리에게 화가 난 니키는 "약속장소에 나가지 못해 사과한다"며 거짓말을 한다. 테리는 그의 말에 가슴 아파하며 "나는 그곳에서 당신을 기다렸어요"라고 말한다.

테리의 거짓말에 화가 난 니키는 코트를 집어 들고 그녀의 집을 떠나며 "당신 모습을 그린 그림이 있었는데 간절히 원하는 사람에게 무료로 주었어요. 젊은 여자가 돈도 없고 다리가…"라고 말하다 니키는 불현듯 테리가 소파에 계속 앉아 있었다는 것을 깨닫는다.

니키는 집안을 두리번거리다 침실의 벽에 걸린 그 그림을 찾아낸다. 짧은 순간에 모든 상황을 이해하게 된 니키는 "우리 둘 중 당해야 한다면 왜 당신이야?"라며 안타까워한다.

"천국에서 가까운 그곳을 보며 걸었어요. 당신이 그곳에 있었으니까. 당신이 그림을 그리는데 내가 왜 못 걷겠어요"라며 테리는 그를 위로한다. 그리고 니키와 테리는 뜨겁게 서로를 포옹한다. 필자의 가슴에 격한 감정의 쓰나미가 몰려온다.

러브 어페어의 로맨스는 영화 '시애틀의 잠 못 이루는 밤'에서 만남의 장소로 재현된다. 그리고 1994년 워렌 비티와 아네트 베닝의 러브 어페어가 다시 리메이크 된다.

연인들이여!

이번 크리스마스에는 핑크빛 샴페인의 유혹을 담은 영화 러브 어페어를…

4. 바베트의 만찬

1987년 아카데미 외국어 영화상을 비롯하여 수많은 상과 찬사를 받은 '바베트의 만찬'은 자전적 소설 '아웃 어브 아프리카'를 쓴 작가이며 두 차례 노벨 문학상 후보에 오른 이자크 데네센의 단편소설을 각색한 영화로 덴마크 서부 해변의 벽촌에 사는 청교도 마을이 배경이다. 마을 사람들은 음식에 소금도 넣지 않고 먹는 종교적 우울주의자라고 할 정도로 철저하게 세속적인 모든 욕망을 절제하고 금욕주의적인 생활을 하며 음식도 간소하게 조리하여 먹을 뿐

이다. 이 교파를 이끄는 목사에게는 마틴 루터의 이름에서 온 '마르틴느'와 그의 제자 필리 멜랑히튼의 이름에서 온 '필리파'라는 두 딸이 있다.

이 자매의 눈부신 아름다움은 많은 젊은 청년들의 사랑의 대상이었다. 어느 날 마을을 방문한 기병대 장교 로렌스는 우연히 마주친 목사의 딸 마르틴느에게 구애를 하지만 흔들리던 그녀는 종교적 의무를 위해 사랑을 거절한다. 그 무렵 유명한 파리의 오페라 가수 아쉴 파팽은 건강상의 이유로 이 마을에 오게 된다. 그는 필리파의 노래를 듣고 "온 프랑스가 그대 발 밑에 엎드릴 것이오. 왕들이 줄이어 그대를 맞이할 것이고 그대는 마차에 실려 화려한 카페 앙글로(Café Anglais)에서 만찬을 즐길 것이요" 라며 노래를 가르친다. 그와 함께 돈 조반니의 아리아를 부르던 필리파의 마음을 눈치 챈 목사의 반대로 그는 떠난다.

세월이 흘러 목사는 세상을 떠났지만 마르틴느와 필리파는 목사의 추종자를 이끌며 살고 있는데 마을 사람들은 금욕과 절제를 최고의 가치로 여기면서도 시간이 흐를수록 서로 반목과 미움과 갈등으로 질시하며 적대감을 갖고 대하며 생활한다.

어느 비가 몹시 심한 저녁에 자매의 집에 파핀의 편지를 지닌 지친 모습의 바베트라는 프랑스 여성이 나타난다. 파핀은 프랑스 혁명으로 가족을 잃고 덴마크로 탈출하였고 오갈 곳 없는 그녀를 자매의 하인으로 함께 살도록 권했다. 그래서 소박하고 검소한 생활을 하는 마르틴느와 필리파에게 어울리지도 않는 프랑스 출신 하인과 함께 지내게 된다.

어느 날 파리에서 편지가 도착하고 바베트의 유일한 희망인 복권이 당첨되어 만 프랑이라는 어마어마한 돈을 얻게 된다. 바베트는 목사의 탄생 100주년 기념에 프랑스식 정식 만찬을 자신이 차리겠다며 마르틴느와 필리파를 설득하고 프랑스에서 요리 재료를 구입한다. 살아 있는 거북, 메추라기, 얼음, 도자기는 물론 나무박스 안에 지푸라기로 감싼 와인들이 부엌에 놓인 것이다. 마르틴느와 필리파는 새로운 식재료를 보며 탐욕을 경계

하는 그들의 신앙생활에 불길한 예감이 들 것이라는 생각에 사로잡히게 되고 마을 사람들에게 음식에 대해 아무런 말도 하지 말 것을 당부한다.

바베트가 만찬에는 젊은 날에 마르틴느를 사랑했던 로렌스 장군이 숙모와 함께 만찬에 와서 12명의 만찬의 자리에 앉는다. 만찬이 그들에게 베풀어지는 순간에 장군이 식사를 시작하자는 말을 하자마자 마을 사람들은 “우리 몸이 건강하게 하여 영혼을 위하여 일하게 하소서. 우리 영혼이 전진하게 하소서…”라며 서로 손을 잡고 목사가 늘 하던 기도를 한다. 이윽고 이웃에 사는 소년이 스페인의 식전주 쉐리의 한 종류인 아몬티야도(Amontillado)를 서브하지만 숨막히는 테이블에 압도되어 경직되어 있을 뿐이다.

겨우 정신을 차린 마르틴느는 서둘러서 공작새 모양으로 접힌 냅킨을 펼치자 모두 부지런히 따라한다. 장군은 수프를 한 모금 먹고 “이럴 수가…” 하는 놀라움과 감격에 겨워 수프 그릇의 손잡이를 양손으로 잡고 마신다. 이윽고 그를 따라 마을 남자도 수줍게 손잡이를 잡고 수프를 마신다. 장군은 아몬티야도를 마시고 정말 근사해(Exquisite)라고 감탄한다.

미각에 탐닉하지 않는 미덕을 자랑하던 마을 사람들은 조용히 그리고 부지런히 자신의 앞에 놓인 음식을 먹으며 욕망을 자제한다. 마을 사람이 “레모네이드 같아.”라고 말한 생애 처음으로 마셔보는 샴페인과 얇은 빵 위에 캐비아가 얹어진 러시아 요리 블리니 데미도프(Blini Demidoff au Caviar)가 애피타이저로 나온다. 샴페인을 마신 장군이 놀라움에 “이것은 틀림없이 베브 끌리꼬 1860이다”고 하자 이 말을 알아듣지 못한 마을 사람은 “맞아요. 틀림없이 내일 눈이 많이 올걸요.”라고 대답한다. 다음 코스로 퍼프 페이스트리에 메추리가 와인 소스와 함께 서브된다. 와인은 프랑스 부르고뉴의 초특급 레드 와인 끌로 드 부조(Clos de Vougeot)로 각자의 글라스를 채운다.

장군은 손으로 메추리 고기를 떼어내어 쪽쪽 빨며 먹는다. 그리고 그는 “이것은 젊어서 파리에서 기마대회의 승리로 먹었던 카페 앙글레의 여자 요리사가 창안한 까이유 엉 싸꼬파즈(Caille en Sarcophage) 요리예요. 그 요리사는 요리가 사랑의 행위(Love Affair)라고 생각하지요. 육체와 정신의 욕구가 충만한 정열적인 사랑을 말합니다."라고 격찬하며 감격스러운 만찬의 기쁨을 표현하고 일부 마을 사람은 정체가 드러난 욕망의 선정적 표현에 몸 둘 바를 모르지만 점차 장군의 음식찬미와 표현의 다양함에 빠져들게 된다.

장군이 한 손으로 접시를 기울여 스푼으로 소스를 떠서 먹자 하나둘 슬그머니 포크를 내려놓고 스푼을 든다. 마을 사람들은 눈치껏 부지런히 장군이 식사하는 방법을 따라하며 처음 먹어보는 황홀한 음식에 대한 감정을 억제하며 서서히 식탐을 드러내며 식탁의 풍요로움과 아름다움과 다채로움의 오르가슴을 느낀다.

거실에서 브랜디와 디저트를 먹을 때 반목하던 마을 사람들은 서로 화해의 언어를 나누며 신의 축복이 그들 사이사이에 넘친다. 필리파는 피아노를 치며 노래를 선사하고 테이블을 치우던 소년은 글라스에 약간 남은 와인을 몰래 마신다. 그리고 장군은 마르틴느에게 영원무궁한 영혼의 사랑을 고백하며 그녀의 손에 키스하고 떠난다.

집으로 향하던 마을 사람들은 음식에 대한 탐욕이 금기시되던 약속을 잊고 음식과 와인에 대한 찬미를 한다. 그들은 손에 손을 잡고 우물 주위에 둥글게 서서 신을 축복하며 찬송한다.

만찬이 끝나고 나서야 마르틴느와 필리파는 바베트의 만찬에 복권 당첨금을 전부 사용한 것을 알고 놀란다. 바베트는 "예술가는 가난하지 않아요"라고 담담하게 말한다. 다시는 베풀 수 없는 바베트의 만찬은 12사도의 최후의 만찬이요 종교와 예술의 하모니이며 신의 축복이다. 마을 사람들에게 용서와 화해를 가져온 바베트의 기적이다.

5. 사이드웨이

미국 골든 글로브의 코미디와 뮤지컬 부문 최우수 작품상과 각본상을 수상하고 뉴욕, 로스앤젤레스, 시카고, 보스턴 비평가협회의 최우수 작품상은 물론 아카데미의 주요 5개 부분에 올랐던 영화 '사이드웨이(Sideways)'는 제목이 뜻하는 것처럼 샛길로 들어가 일상의 틀에 박힌 생활을 벗어나 와인 산지를 다니며 포도가 지닌 모습을 통해 삶의 무게와 의미를 생각해 보는 와인 로드 무비이다.

주인공 '마일즈'는 문단에 등단하고 싶은 꿈을 꾸는 중학교 영어 선생이다. 그는 결혼을 앞둔 친구 '잭'과 함께 로스앤젤레스 북부의 와인 산지 산타 바바라 지역의 포도 산지에서 와인을 마시고 골프를 치며 여가를 즐기러 여행을 떠난다.

이들이 함께 떠난 와인투어에서 마일즈는 끊임없이 와인에게 구애하며 와인을 찬미한다. 심지어 친구 앞에서 와인을 이야기할 때 마치 수도사 같은 장엄함까지 보여줄 정도로 와인 마니아를 넘어서 와인이라는 애인을 가진 작가 지망생이다. 소심한 마일즈는 와인 이야기를 할 때는 이혼의 아쉬움이나 현실에 불만족한 자신의 모습에서 벗어나 인생을 탐사하는 철학자와 같은 자세로 사랑스러운 자기의 애인 같은 와인을 잭에게 소개한다.

마일즈와 달리 잭은 와인보다는 눈앞에 보이는 모든 여인들을 사랑하고 모든 여인의 애인이 되고 싶은 이미 한물간 바람둥이 배우이다. 이들의 여행은 와인을 사랑하는 마일즈와 눈앞에 보이는 모든 여성을 사랑하는 잭의 행동이 오버랩되며 완전히 상반된 두 사람의 모습을 보여주고 있다.

마일즈가 가장 즐기는 포도품종은 '피노 누아'이다. 프랑스 부르고뉴의 품종으로 껍질이 얇고 서늘하고 온도변화에 민감하고 빨리 익어서 아무 곳에서나 자라지 않아 생산량이 적다. 피노 누아 품종의 와인은 묵직하고 듬직한 카베르네 소비뇽 품종과 달리 식탁의 보석 루비와 같은 찬란한 용모를 드러내며 화려함을 뿌려

준다. 이들이 여행을 떠난 산타 바바라 지역은 캘리포니아에서 드물게 피노 누아를 생산하는 산지이다. 마일즈는 상처받기 쉽고 까탈스러운 피노 누아는 항상 손길을 주어 돌보아주어야 살아 남기 때문에 극진한 사랑을 품는다.

이들은 여행 길에서 양조학을 공부하는 웨이트리스 '마야'와 자기 주장이 강하고 화려한 용모의 '스테파니'를 만나며 개성이 각기 다른 4명의 남녀와 와인이 동행한 여행 탐사기이다. 그러나 이 영화의 주인공은 와인이다. 때론 도도하게 때로는 만만하게 때로는 힘겹게 이들의 곁을 맴돌고 있다. 양조학을 공부하는 마야는 인생과 와인을 비유하여 마일즈와 대화를 나눈다.

평소 마일즈를 사모하던 마야는 "와인은 우리의 인생이랑 너무나 닮아 있어요. 나는 포도가 자라는 과정을 지켜보는 게 너무 좋아요. 그 여름에 태양은 어떻게 비추었고, 날씨가 어땠는지 생각하는 것이 너무 좋아요. 포도를 정성스레 가꾸고 따던 모든 사람을 가끔 생각해요. 한 병의 와인은 인생 그 자체예요."라고 마일즈에게 말한다.

포도는 자라는 환경을 흡수하여 다양한 맛을 그대로 담아 와인을 잉태한다. 영화에 나오는 마일즈, 잭, 마야, 스테파니는 서로 다른 개성과 취향을 가졌고 이들은 서로 다른 인생의 샛길을 걷고 있다. 이들은 모두 샛길에서 만나 와인과 함께 인생의 시고 떫고 달고 쓴맛을 보며 저마다 자신의 지표에서 삶의 진정한 의미를 부여받고 각자의 꿈을 지니고 있다.

이혼남인 마일즈는 아직도 전처를 못 잊어 그녀와 재결합하는 것과 그가 쓴 소설이 출판되는 두 가지 꿈을 가지고 있다. 그는 지난 3년 동안 그의 아픔을 담은 자전적 소설의 원고를 출판사에 보내고 희소식이 오기를 기다리고 있다. 마일즈는 그의 꿈이 이루어지는 가장 행복한 날을 고대하며 가격을 측정하기도 어려운 명품 와인을 꺼내어 쓰다듬으며 이 와인을 마시게 될 최고의 순간을 기다리고 있다. 마일즈에게 호감을 지닌 마야는 그의 소설에 관심을 갖는다.

그러나 마일즈의 기대와 달리 전처와의 재결합은 물론이고 작가로 성공하고 싶은 그의 기대가 무참하게 짓밟힌 가장 비참한 순간에 오랫동안 아끼며 간직한 와인을 꺼내어 종이 봉투에 담아 들고 햄버거 집으로 달려간다. 마일즈의 인생에서 다시 그는 샛길로 빠져 나간다.

그러나 마일즈는 차마 미안한 마음에 와인을 테이블 위에 드러내 놓고 꺼내지 못한다. 이 와인에게 최소한의 예우마저 지켜줄 수 없었던 마일즈는 미안한 마음에 와인의 레이블을 가리고 거칠게 플라스틱 컵에 따라 와인을 마신다. 바로 샤토 슈발 블랑 1961년이다.

이 와인은 프랑스의 쌩 떼밀리옹 지역의 그랑 크뤼 1등급 와인으로 1961년 빈티지는 가격을 측정하기 어려운 귀한 와인이다. 프랑스 보르도 시의 북동부로 40km 떨어진 도르도뉴강의 북쪽에 위치한 쌩 떼밀리옹(St. Emilion) 산지는 예전에 에밀리옹 성자가 기적을 체험하여 성자가 된 것에서 이름이 유래된 곳으로 이 지역의 와인 생산이 유네스코 무형문화유산으로 등록되어 있는 아주 역사적인 와인 생산지역이다.

샤토 슈발 블랑은 '하얀 말'이라는 뜻을 지닌 와인이라 와인 레이블에 하얀 말이 그려져 있다. 재배 면적 41ha 중의 30h는 메를로가 아닌 카베르네 프랑이 주품종으로 와인을 생산하는 포도원이다.

드물게도 카베르네 프랑은 메를로와 카베르네 소비뇽을 블렌딩한 와인에 소량 첨가하여, 그 블렌딩한 와인의 섬세함과 화려함을 더 잘 표현할 수 있게 해주는 와인이다.

샤토 슈발 블랑의 토양은 자갈이 많으며 배수가 좋고 철분을 다량 함유하여 특이하게 메를로 산지에서 카베르네 프랑이 잘 자라는 쌩 떼밀리옹 최고의 포도원이다.

그의 위대한 와인은 샛길로 빠져 나가 무참함 속에 소비되고 허무함이 그를 짓누르고 있을 때 그의 전화기에서는 그의 작품을 읽고 감동한 마야의 격려와 애정이 담긴 메시지가 흘러 나온다. 이 영화는 가장 힘든 순간에 마일즈와 이 영화를 관람하는 모든 이들에게 '희망'이라는 메시지를 친절하게 전해주는 반전을 잊지 않는다. 마일즈는 마야의 메시지를 듣자마자 그녀의 집으로 행복을 향해 뛰어간다.

영화 사이드 웨이즈는 인생에서 원하지 않았던 샛길로 빠져서 당황하고 길을 잃어도 인생은 살 만한 가치가 있는 것이라는 평범한 진리를 다시 깨닫게 해준다.

6. 킹스맨

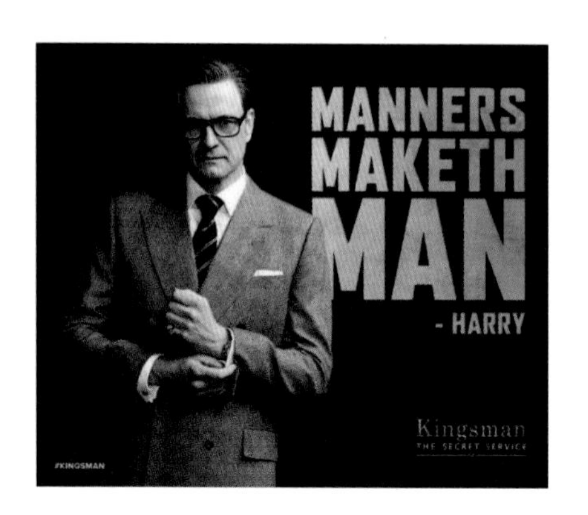

'매너가 사람을 만든다(Manners maketh man)'이라는 명대사로 유명한 영화 킹스맨의 열풍이 거세다. 마크 밀러의 만화형태의 소설 'The Secret Service'를 원작으로 제작된 첩보영화이다. 킹스맨은 1894년 귀족들에게 옷을 만들어주던 재단사들이 설립한 단체이다. 제1차 세계대전으로 후계자를 잃은 귀족들이 재산을 물려줄 곳이 없어지자 세계평화를 위해 킹스맨에 자본과 권력을 투자해 탄생한 범세계적으로 활동하는 조직이다. 그들은 국가권력을 능가하는 초법규적인 집단으로 어느 국가의 법도 그들의 행동을 방해할 수 없는 국제비밀 정보조직이다.

킹스맨은 단순한 코믹액션물이 아니라 영국인 감독 메튜 본과 영국인 배우 콜린 퍼스와 마이클 케인이 담은 영국 아더왕의 신화를 기반으로 하는 영국문화가 담겨 있다. 아더왕은 영국인에게 역사상 가장 이상적인 구국영웅으로 그의 기사도 정신은 영국문화의 형성에 큰 공헌을 하였다. "이 검을 뽑아낸 자가 장차 왕이 될 것이다"라는 바위에서 검을 뽑아내 명장으로 성장한다. 그는 카멜롯을 거점으로 호수의 요정에게 받은 엑스칼리버 검을 들고 모험을 한다. 그가 결혼선물로 받은 마법사 멀린이 만든 원탁에는 성배탐색의 임무를 수행하는 13인의 기사 지정석이 있었다. 예수와 제자를 상징하는 아더왕을 포함한 12명의 기사가 앉고 나머지 한 자리는 배신자 유다의 자리로 비어두었으나 결국 성배를 찾아낸 갤러헤드가 차지한다.

영화에는 아더왕의 신화에 나오는 인물들의 이름이 킹스맨 소속 요원들의 코드네임으로 등장한다. 지도자로 나오는 아더, 성배를 찾는 갤러헤드, 마술사 멀린, 뛰어난 기사 랜슬롯 등이다. 갤러헤드는 특수요원으로 중동에서 테러리스트와 전투 중에 동료의 희생으로 목숨을 건지게 된다. 그는 동료의 가족을 찾아가 언제고 곤란한 일을 겪으면 최선을 다해 도와주겠다고 약속한다.

17년의 세월이 흐른 후 랜슬롯의 사망으로 킹스맨의 공석이 나오게 되자 갤러헤드는 자신을 구해준 동료의 아들 에그시를 찾아 킹스맨의 가능성을 살피려고 에그시와 펍에 앉아 맥주를 마시는데 동네 깡패들이 모욕하며 조롱하자 그는 문을 걸어 잠그며 “매너가 사람을 만든다(Manners Maketh Man)”라고 말하며 통쾌하게 그들을 손봐준다. 에그시는 체조선수 출신으로 학교를 중퇴하고 마땅한 직업도 없이 패싸움을 하는 불만이 가득한 루저이지만 겔러헤드는 그의 잠재능력을 직감적으로 알아채고 킹스맨 후보로 지명한다. 그리고 에그시는 킹스맨이 되기 위한 훈련으로 기사도 정신을 배우고 품격있는 옷차림과 매너 등 고결함을 배우는 것은 물론 무시무시한 훈련과정을 통과하고 최종 지명을 기다리게 된다.

한편 갤러헤드는 위장신분으로 미국인 악당 사업가 발렌타인의 호화저택에 초대된다. 발렌타인은 요란한 힙합스타일에 운동모자를 쓰고 있다. 그들의 저녁 식사로는 은쟁반에 맥도날드 햄버거 세트와 샤토 라피트 로칠드(Chateau Lafite Rothschid)가 함께 나온다. 와우, 이 와인은 전설적인 프랑스 보르도 그랑 크뤼 1등급 와인이다. 1755년 리슐리 공작이 지방총독으로 부임하며 즐겨서 마셨는데 임기 후 루이 15세가 젊음의 비결을 물었더니 “샤토 라피트 로칠드는 영원한 젊음을 주는 와인입니다. 올림포스산의 신에게나 어울릴 신주이옵니다”라고 하여 베르사유 궁전

에 입성하여 왕의 와인이 되었고 젊음, 부, 품격, 역사, 존경 등의 상징이 되는 명품 와인이다.

와인을 마실 때에는 음식과의 마리아주가 가장 중요한데 이 고귀한 와인과 햄버거라니… 기가 막힌 갤러헤드는 천연덕스럽게 "후식으로는 트윙키와 샤토 디켐이 어울리겠군요"라고 말한다. 샤토 디켐은 디저트 와인으로 보트리스 시네리아균에 감염된 포도를 손으로 골라서 생산하여 귀부(貴腐)와인이라고 한다. 늦수확으로 햇빛을 오래 받아 짙은 호박색의 당도가 매우 높으며 100년의 세월도 견디는 최고급 디저트 와인이다. 변덕스런 기후의 일교차로 오묘한 맛과 과일 향이 풍부하며 포도나무 한 그루에서 한 잔의 와인이 생산되는 귀한 와인이다. 샤토 디켐과 노란색 케이크에 하얀 크림이 든 싸구려 디저트 트윙키가 어울리겠다고 말한 갤러헤드는 와인과 음식의 마리아주로 발렌타인의 천박함을 지적한다.

에그시는 천신만고 끝에 킹스맨이 되어 멋진 양복을 입고 동네 펍에 들어가 어머니를 만난다. 마침 동네 건달이 그를 모욕하고 조롱하자 에거시는 문을 걸어 잠그며 갤러헤드가 그랬던 것 처럼 "매너가 사람을 만든다(Manners Maketh Man)"라고 말한다. 킹스맨의 정신은 갤러헤드에서 에그시로 이어진다.

킹스맨은 영화를 통해 미국의 천박한 자본주의를 조롱하고 명예를 중시하는 원탁의 기사도 정신을 찬양하는 영국의 정서가 담겨 있다.

7. 필라델피아

영화 '필라델피아'는 세계 최고의 법률회사인 뉴욕의 베이커 앤 맥킨지를 상대로 변호사 제프리 보우어의 에이즈로 인한 부당 해고 소송을 한 법정 투쟁 실화를 각색하고 조나단 드미가 감독한 1994년도 영화이다.

소수 아웃사이더의 인권을 다룬 이 영화 속에서 사건의 배경은 미국 펜실베이니아주의 가장 큰 도시 필라델피아이다. 그리스어로 어원이 '형제의 사랑'이라는 형제애의 도시 필라델피아는 자유가 태어난 곳이며 독립 전쟁이 선포된 곳으로 바로 소수의 인권에 대한 통찰의 역사를 지닌 도시이다.

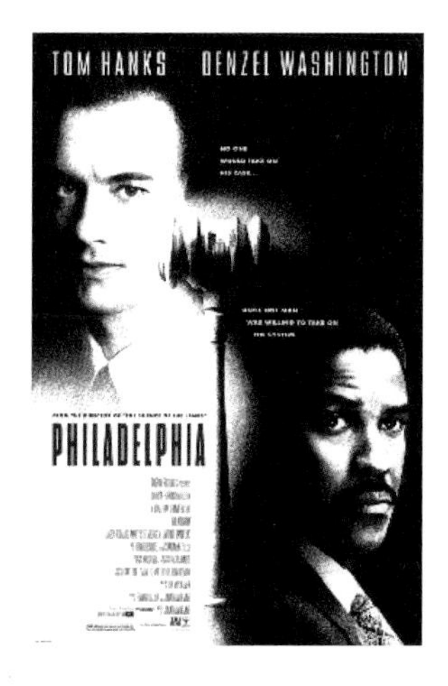

자신의 권리를 찾으려는 주인공 앤드류 버켓(톰 행크스)은 최고의 법률회사 와인츠 웰러의 유능한 변호사이다. 그는 회사의 사활이 걸린 중요한 하인라인 사건의 변호를 맡는 큰 행운을 얻고 회사의 신뢰에 대한 무안한 감사의 마음에 최선을 다해서 재판을 위한 소송장을 작성하여 회사에 제출하였으나 하드 디스크의 원본은 물론 사본까지 갑자기 사라진다. 가까스로 재판이 개시되기 직전에 복사본을 찾아 위기를 모면하고 회사는 앤드류를 무능력하고 무책임하며 주요한 사건을 맡기기에 부족한 인물임을 주장하며 그를 해고한다.

앤드류는 그의 이마 위에 생긴 반점을 보고 상사는 앤트류가 에이즈에 걸렸음을 의심하여 그를 덫에 걸리게 해서 무능력자로 누명을 씌워 해고한 것임을 확신한다. 앤드류는 자신을 도와줄 변호사를 찾아 나서지만 동성애자이며 에이즈 환자인 앤드류를 위해 최고의 법률회사를 상대로 싸울 변호사는 없다. 마침내 텔레비전의 무료 법률 상담을 하는 무명의 흑인 변호사 조 밀러(덴젤 워싱턴)를 찾아간다. 조는 아내가 첫아이를 낳았을 때 아내를 위해 연어와 샴페인 '동 페리뇽'을 주문했으나 높은 가격을 알고 캘리포니아산 스파클링 와인으로 대신하는 가난한 변호사이다.

조의 사무실에 유능한 변호사 앤드류가 방문하자 악수를 하며 맞이하던 조는 그가 에이즈에 걸렸다고 말하자 바로 잡았던 손을 슬그머니 놓고 뒷걸음질을 치며 되도록이면 앤드류와 거리를 두고 멀리 서서 그를 바라본다.

앤드류는 질병으로 인한 회사의 해고가 불법임을 주장하며 변호를 부탁하고 조는 판례가 없다는 이유로 변호할 수 없음을 밝힌다. 이미 9명의 변호사에게 거절당한 앤드류는 조의 반응에 익숙한 듯 행동한다. 앤드류의 피부 곳곳에는 에이즈균의 흔적이 역력하다.…

앤드류가 사무실을 나간 후 조는 그와 악수했던 손을 찜찜한 표정으로 바라보고 불편한 마음에 의사를 방문해 에이즈가 어떤 경로로 인해 감염되는지 확인한다. 조의 아내는 앤드류의 이야기를 듣고 가깝게 지내는 주위에 많은 동성애자가 있다며 평범하고 선량한 우리의 이웃에 소수의 차별받은 인권이 있음을 일깨워준다. 그러나 동성애에 대한 선입견과 보수적 혐오감을 지닌 조는 에이즈 환자와의 접촉조차도 불결하게 여긴다.

어느 날 도서관에서 자료를 조사하던 조는 에이즈 관련 서적을 쌓아놓고 스스로를 변호하기 위해 자료를 조사하는 앤드류를 발견한다. 주위 사람들은 온몸에 균이 번진 앤드류를 힐끔거리며 쳐다보며 슬금슬금 피하고 도서관의 사서는 그에게 다가와 개인 연구실로 갈 것을 권유한다. 조는 책을 높게 쌓아 올리고 숨어서 앤드류가 인격적 모독과 차별받는 모멸감의 현장을 목격하고 앤드류에게 다가가 그를 위한 변호를 자청한다.

앤드류는 조에게 고통을 호소하며 조르다노의 오페라 '안드레이 셰니에'의 '나의 어머니는 돌아가셨소(La mamma morta)'를 마리아 칼라스의 절규하듯 울리는 노래를 들려준다. 재판을 준비하던 그들은 1973년 최고 법정의 판례에 "장애자라도 의무를 수행할 수 있으면 그들에 대한 차별을 금지한다"는 미 연방의 복직 법령에 의거해 에이즈 환자가 신체적 장애 주위의 편견으로 사망하기도 전에 사회적으로 매장되기 때문이고, 에이즈 환자는 장애자로 분류되어 해고되지 않은 판례가 있음을 알게 되고 사회의 공식화된 생각이 차별의 본질임을 깨닫는다.

온 가족이 모인 가운데 앤드류는 재판으로 인해 가족이 겪게 될 어려움을 우려한다. 앤드류의 엄마는 "나는 내 아이들을 강하게 키웠어. 너희를 버스의 뒷자리에만 앉아 있으라고 가르치지 않았지. 너의 권리를 위해 싸우는 거야."라고 말한다. 가족은 정의를 위해 싸우는 주체로 앤드류의 용기있는 행동에 동참한다. 회사는 앤드류가 에이즈 때문이 아니라 능력의 부적격으로 해고되었음을 주장하며 재판은 시작된다. 재판이 진행되는 동안 회사 측 변호사는 앤드류의 숨겨진 불편한 사생활을 들춰내며 배심원이 동성애의 혐오감을 갖도록 자극한다.

심지어 거울을 들고 나와 얼굴의 반점 때문에 해고된 것이 아니라며 앤드류를 궁지로 몬다. 급기야 앤드류는 셔츠를 벗고 온몸을 뒤덮은 에이즈의 흔적을 보여주는 치욕을 견디며 소수의 정의를 위해 싸운다. 처절한 앤드류를 공격하던 회사측 변호사는 혼잣말로 "나는 이 재판이 싫어!"라며 교묘하게 잔인한 질문을 유도하는 자신을 경멸한다. 재판에 출두한 회사의 중역들도 죽음을 앞둔 앤드류의 끔찍한 모습을 차마 똑바로 바라보지 못하고 눈을 가린다. 생명의 끈이 얼마 남지 않은 앤드류는 재판 도중에 기어이 쓰러진다.

에이즈 환자도 감염경로에 따라 사회적 차별이 존재하는 위선을 직접적으로 고발하며 영화는 편견에 대한 깊은 성찰을 요구한다. 수혈로 인한 에이즈 환자는 동성애로 인한 환자보다 우호적 동정을 베풀며 부당한 해고를 하지 않는 사례를 보여준다. 에이즈라는 질병보다 동성애자에 대한 경멸이 부지불식간에 사회적으로 팽배한 편견이 존재함을 나타낸다. 재판소 앞에는 앤드류의 지지파와 반대파가 데모를 하고 필라델피아 시장은 "우리는 차별을 경멸한다"는 성명이 공허하게 맴돌 뿐이다.

영화는 길고 고통스런 재판 과정에서 모든 이성애자의 평등권만이 중요한 것이 아니라 성적 취향을 넘어 모든 사람은 평등하다고 외친다. 성적 취향으로 인한 불평등을 위해 투쟁한 것이다. 결국 배심원은 앤드류의 부당한 해고를 인정하며 회사가 막대한 보상을 할 것을 평결한다. 실제 이 사건의 판결은 원고가 죽은 지 7년이 지나서 나왔고 영화에는 53명의 에이즈 환자가 직접 출연하여 에이즈 환자의 사회적 권리와 인권을 주장하며 감동을 더 깊게 한다.

재판에 승리한 조는 앤드류의 병원에 최고급 샴페인 동 페리뇽을 내보이고 앤드류는 엄지손가락을 힘들게 치켜든다. 첫아이를 낳은 아내를 위해 동 페리뇽을 살 수 없었던 조는 앤드류를 위해 아낌없이 최상급 샴페인을 준비해 가서 얼음이 담긴 아이스 버켓 안에 넣어둔다. 샴페인은 기쁨, 행복, 승리, 사랑, 탄생의 의미를 지닌 축복의 음료이다.

조에게 자유와 평등의 승리를 위해 소중한 투쟁을 한 앤드류를 위한 동 페리뇽이 아깝지 않았으리라. 게다가 거액의 수임료까지 챙겼을 조가 동 페리뇽이 아까웠을까…?

형제의 도시 필라델리아에는 편견을 넘어선 형제의 사랑이 담겨 있다.

PART 11

와인과 건강

01 알코올이 인체에 미치는 영향

1. 알코올 음료

알코올 음료는 당분을 발효시켜 만들어진 알코올 함유 음료의 총칭으로 증류를 통해 알코올의 양을 적정량 증가시키기도 한다. 만들어지는 과정을 보면, 효모(Yeast)는 공기가 차단된 상태, 즉 산소(O2)가 제거된 상태에서 설탕을 발효하여 알코올과 탄산가스를 생산하게 된다. 이후, 탄산가스는 발효과정에서 방출되고 알코올만 용액 중에 남게 되는데 이렇게 생성된 알코올은 주로 두 개의 탄소로 이루어진 에틸알코올(Ethyl alcohol : CH3CH2OH), 즉 에탄올이다. 효모의 종류에 따라 정도의 차이는 있지만 알코올 농도가 12~15%가 되면 알코올의 독성으로 효모는 사멸한다.

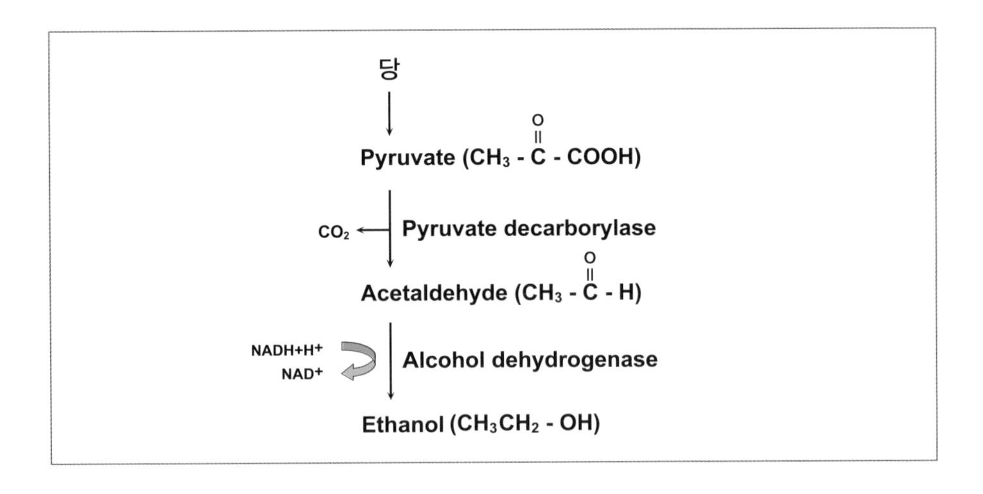

여러 알코올 종류 중 에탄올만이 식용으로 가능하며 이것이 알코올 음료, 즉 술의 주성분이 된다. 또한 발효 시 사용된 원료(포도, 보리, 쌀, 밀 등)에 따라 극소량의 여러 가지 화학물질들이 생성되는데 이들이 맛, 향기, 색, 기타 술의 특징을 나타낸다. 따라서 술은 주로 에탄올과 물에 소량의 화학물질이 적당 비율로 혼합된 것이다.

알코올 함량이 15% 이상인 술은 증류된 순수 알코올 즉 주정(Spirit)을 적정 농도로 희석하여 만든다. 소주는 약 16~20%, 위스키는 45%, 꼬냑은 45%, 보드카는 45~90%의 에탄올을 함유하고 있다. 이와 같이 고농도의 주류는 알코올 함량 퍼센트(%) 이외에 proof alcohol로 표시한다. Proof alcohol은 알코올 함량 퍼센트의 2배에 해당한다. 따라서 100 proof alcohol은 50%의 알코올 함량과 같다.

고농도의 주류는 알코올 함량을 percent(%) 이외에 proof alcohol로 표시한다. Proof alcohol은 percent의 2배에 해당한다.
즉 100 proof alcohol은 50%의 알코올과 같다.

여러 면에서 알코올은 물과 유사한 성질을 가지고 있으므로, 인체의 어느 부분에도 침투가 가능하며, 어떠한 약품보다도 많은 양을 섭취할 수 있다. 즉 혈액량의 1/2까지 함유해도 사망하지 않으며 체질에 따라서는 전혀 알코올을 느끼지 않는 경우도 있다.

2. 체내에서의 알코올 분해

술을 마셨을 때, 체내에 들어온 알코올은 어떻게 변화될까? 알코올은 체내에 있으나 체외에 있으나 근본적으로는 동일한 변화, 즉 초산(식초)으로 변한다. 알코올을 공기 중에 노출시키면 초산세균(Acetobacteria)에 의하여 초산(Acetic acid)으로 된다. 반면에 인체 내에서는 여러 효소들에 의해 무독성화된다. 이와 같은 체내 알코올 분해는 간의 싸이토졸(Cytosol), 마이크로좀(Microsome) 및 페인체 내에서는 알코올 탈수소효소(Alcohol dehydrogenase)와 알데하이드 탈수소효소(Aldehyde dehydrogenase)라는 두 가지 효소가 작용하여 초산이 된다.

록시좀(Peroxisome)에서 일어나는데, 이 중 대부분의 알코올 분해는 싸이토졸 내에 있는 알코올 탈수소효소(Alcohol dehydrogenase)와 알데하이드 탈수소효소(Aldehyde dehydrogenase)라는 두 가지 효소의 작용에 의하여 일어난다. 알코올 탈수소효소는 알코올을 알데하이드로 변화시키며, 이 알데하이드는 알데하이드 탈수소효소에 의하여 초산으로 변한다. 알코올 탈수소효소는 알코올만 분해하는 역할을 한다. 왜 이런 효소가 생겼을까? 고맙게도 하나님께서 인간을 창조하실 때 먼 훗날 인간이 술을 발명하여 마실 것에 대비하셨을까? 이 효소는 100 proof alcohol을 시간당 약 28mL 정도 분해한다. 따라서 분해 속도가 매우 완만하여 조금만 술을 마셔도 분해되지 않은 알코올이 혈중으로 확산된다. 이외에 알코올 분해에 관여하는 효소는 마이크로좀에서의 싸이토크롬 P-450 2E1 효소와 페록시좀에서의 카탈라제(Catalase)이다.

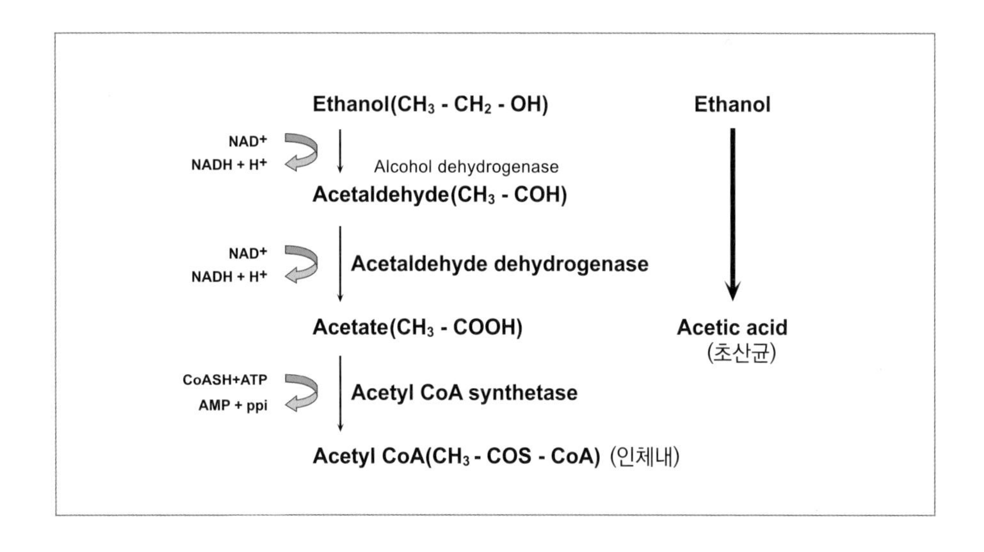

알코올과 초산의 중간 단계인 알데하이드는 매우 유독하다. 이 알데하이드를 분해하여 무독한 초산으로 전환시키는 효소가 알데하이드 탈수소효소이다. 이

효소는 간뿐만 아니라 몸 전신에 퍼져 있어서 어디에서든지 알데하이드가 생성되면 즉시 이를 분해하여 무해한 초산으로 전환시킨다. 초산은 대사과정에서 탄산가스와 물로 소멸되며 약간의 에너지를 생산한다. 그러나 체내 알코올 분해과정에서 생성된 에너지는 인체 내에서 활용되지 않아 안타깝게도 알코올은 탄수화물, 단백질, 지방과 같은 우리 인체가 필요로 하는 에너지를 제공하는 필수 영양소의 반열에 들지 못한다. 만약, 술이 에너지원으로서의 식품으로 간주되었다면 우리 식단은 어떻게 변했을까?

알코올은 기호품이지만 또한 약물이므로 습관성 알코올 중독은 세계에서 가장 빈도가 높은 약물 중독의 하나로 인식되고 있다. 이렇게 습관적으로 술을 먹게 되면 간 건강을 해칠 우려가 있는데, 실제로 간질환의 약 15%가 알코올에서 유래된다는 것에 주목할 필요가 있겠다. 우리나라에서는 최근 여성, 청소년, 노인의 만성적 알코올 섭취가 늘고 있어 사회적인 관심이 증대되고 있다. 술을 만성적으로 먹거나 많은 양을 섭취하게 되는 경우는 싸이토크롬 P-450 2E1 효소의 역할이 중요해진다. 이 효소는 기본적으로 체내로 들어온 알코올을 알데하이드로 변환시키는 긍정적인 역할을 하지만 이와 함께 활성산소종(Reactive oxygen species)을 생산함으로써 이 효소의 활성이 왕성해질 경우 산화적 스트레스(Oxidative stress)에 노출된다. 우리 인체가 산화적 스트레스 환경에 놓이면 심장질환, 간질환, 염증, 암 등 다양한 질환이 유발된다. 따라서 과량의 만성적 음주는 피하는 것이 우리 건강을 지키는 현명한 방법이다.

02
와인이 인체에 미치는 영향

와인은 인류에게 있어서 가장 오래된 약이라 일컬어졌고, 우리 인생에 있어서 즐거움과 유익함을 동시에 가져다준다는 것은 극히 드문 일이라 할 수 있겠다. 아마도 이러한 이유 때문에 와인을 마시는 것이 취미가 되었고, 전통적으로 마셔오지 않았던 아시아 지역까지도 적극적으로 마시게 되었을 것이다.

역사적으로 고대 중국과 인도에서는 와인이 약으로 사용되었다는 보고가 있고, 메소포타미아에서는 소독제, 진정제, 마취제, 이뇨제 등으로 이용되었다.

와인의 건강증진에 대한 인식은 1990년대 초반에 적당한 와인 섭취가 심장질환에 의한 사망률을 낮춰준다는 보고에 의해 관심을 받게 되었다.

1. 와인의 기능성분

심장질환과 페놀성 화합물(Phenolic compound)의 상관관계는 잘 알려져 있다. 즉, 페놀성 화합물의 섭취가 심장질환 발병률을 낮춰준다는 것이다. 와인에는 다양한 종류의 페놀성 화합물이 다량 함유되어 있다. 따라서 와인의 다양한 기능성은 이에 유래한다고 볼 수 있다. 그러면 이 페놀성 화합물은 레드 와인과 화이트 와인에 비슷한 양으로 들어 있을까? 그렇지는 않다. 실제로 레드 와인에 6배나 많은 페놀성 화합물이 들어 있다. 와인에 함유된 대표적 페놀성 화합물에는 스틸벤(Stilbene)계에 속하는 레스베라트롤(Resveratrol)과 플라보노이드(Flavonoid)

계에 속하는 쿼르세틴(Quercetin) 및 카테킨(Catechin)이 있다. 이들의 생체 이용률은 비교적 높은 편인데, 이들 중에서는 레스베라트롤이 다소 낮다.

와인의 효능

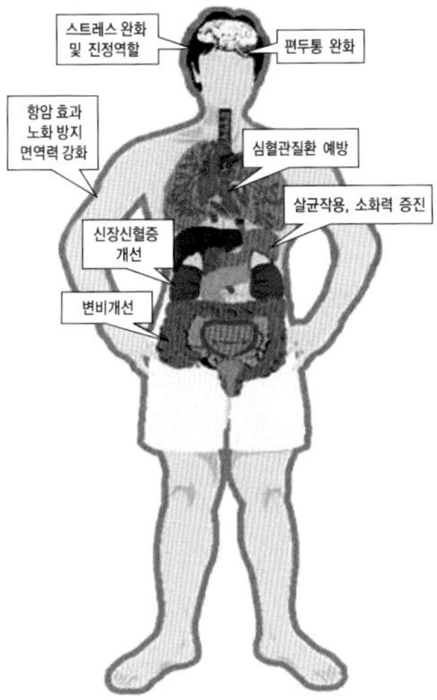

2. 와인과 건강

페놀성 화합물의 대표적 생리활성은 항산화 기능이다. 다양한 페놀성 화합물이 들어 있는 와인은 좋은 항산화제라 할 수 있다. 하루에 적포도주를 250mL씩 섭취하면 체내 항산화 기능이 향상되어 산화적 스트레스를 감소시켜 많은 질병을 예방할 수 있다고 한다.

1) 항산화 작용

와인에서 항산화 작용을 하는 물질은 주로 페놀성 화합물이다. 이 페놀성 화합물은 관상동맥과 뇌동맥경화증을 감소시키고, 좁아진 동맥에서 혈소판 응집에 의한 혈전을 감소시키며, 각종 퇴행성 성인병에 효과가 있다. 페놀성 화합물은 포도의 껍질과 씨에 많이 들어 있고, 또 오크통에서 숙성될 때 오크통에서도 우러나오므로 껍질과 씨를 함께 발효시킨다. 이것은 오크통에서 숙성시킨 레드 와인에 많이 들어 있다. 따라서 레드 와인은 붉은 색깔을 내고 쓰고 떫은맛을 나타낸다. 또 레드 와인은 화이트 와인에 비해서 발효 온도가 높고, 생성된 알코올이 껍질과 씨의 페놀성 화합물을 추출하는 효과가 있기 때문에, 페놀성 화합물이 많을 수밖에 없다. 레드 와인을 화이트 와인에 비해 오랜 기간 보관할 수 있는 까닭도 바로 이 페놀성 화합물 때문이다.

2) 심장병

와인은 혈관확장제 역할을 해서 협심증과 뇌졸중을 포함한 심장병의 가능성을 줄인다. 두 가지 방법으로 도움을 주는데, 레드 와인은 동맥에 있는 나쁜 콜레스테롤을 없애는 역할을 하는 고밀도 콜레스테롤(HDL ; 유용한 콜레스테롤)을 증가시키는 역할을 한다. 또한 레드 와인의 주요 페놀성 화합물인 레스베라트롤은 저밀도 콜레스테롤(LDL ; 나쁜 콜레스테롤)의 산화를 억제함으로써 심장병 발병을 억제시켜 준다.

3) 소화기능

와인은 소화를 촉진시키는 위장액을 분비할 수 있도록 도와준다. 이것은 또한 콜레라, 박테리아와 장티푸스를 죽이는 역할을 한다.

4) 바이러스

레드 와인은 폴리페놀 성분이 있어서 감기 바이러스 등에 효과적이다.

5) 노화 방지

적당한 양의 와인을 주로 마시는 나이든 많은 사람들은 정신적인 질병에 잘 걸리지 않고 건강을 유지하고 있다. 와인 속의 미네랄 붕소는 나이든 여성에게 칼슘의 흡수를 도와주고 에스트로겐 호르몬을 유지하게 하는 역할을 하는 데 도움을 준다.

6) 암

레드 와인은 쿼르세틴으로 알려진 강한 항암 성분을 가지고 있다. 이 포도 주스의 발효 성분이 인체에 들어가면서 활성화되기 때문이라고 한다. 와인은 또한 발암 예방을 위한 성분으로 알려진 갈산 성분이 있다.

7) 신장(콩팥)

와인은 알칼리 성분을 가지고 있어서 신장 산혈증에 좋은 효능이 있다.

8) 편두통

레드 와인은 창자 속에 있는 모든 종류의 박테리아를 제거하고 해독 역할을 하는 PST-P라고 불리는 효소를 가지고 있는데 이 PST-P가 없으면 편두통이 생기게 된다.

9) 진정작용

와인은 긴장과 걱정에 대한 온화한 진정작용을 하며, 인간관계를 개선하고 대화하는 능력을 향상시킨다. 이 작용은 낮은 혈중 알코올 농도에서도 상당기간 유지된다는 것이 많은 실험에 의해서 확립된 이론이다. 물론 이 작용은 와인의 알코올에서도 나오지만, 와인은 같은 농도의 알코올에 비해 작용이 느리고 오래 지속된다. 이는 와인의 알코올이 우리 몸에서 느리게 흡수되기 때문이기도 하지만, 와인에 있는 알코올이 아닌 다른 성분이 완충작용을 하기 때문이다. 와인에는 뇌의 기능에 관계하는 감마-하이드록시뷰티린산(γ-hydroxybutyric acid)이라는 성분이 50~100ppm가량 들어 있어서 뇌의 기능에 생리적인 효과를 발휘하는 것으로 밝혀졌다. 또 엘라진산(Ellagic acid)은 진정작용을 하는데, 이 성분이 들어 있는 와인, 맥주, 꼬냑은 이 성분 때문에 다른 술에 비해서 긴장을 해소시키는 효과가 크다. 특히 피노 누아(Pinot Noir)라는 포도로 만든 와인, 즉 부르고뉴 와인의 진정작용이 보르도보다 훨씬 더 강력하다고 한다. 실험에 의하면 한 잔의 와인은 긴장도를 35% 감소시키는 것으로 밝혀졌다.

와인의 심장혈관질환 개선 효과 | 콜레스테롤이라 불리는 지질(Lipid) 또는 지방은 우리가 섭취한 음식에 들어 있는 포화지방산으로부터 간에서 생성된다. 이는 또한 우리가 동물성 지방을 함유하고 있는 음식을 섭취했을 때 위장으로부터 혈류에 흡수될 수도 있다. 콜레스테롤은 고밀도 콜레스테롤(HDL)과 저밀도콜레스테롤(LDL)로 불리는 지방단백질에 의해 혈류로 운반된다.

'유해한 콜레스테롤'로 불리는 저밀도 콜레스테롤 형태는 혈액 속에서 산화 변형되어 동맥혈관에 동맥 경화증(동맥이 단단해지고 막힘)과 고혈압, 심장마비 그리고 뇌졸증과 같은 심장혈관질환을 일으킬 수 있는 플라크를 형성한다. '이로운 콜레스테롤'로 불리는 고밀도 콜레스테롤 형태는 몸에서부터 제거될 수 있도록 콜레스테롤을 동맥에서 간으로 운반하고, 혈류에 들어 있는 저밀도 단백질의 농도를 감소시킬 수 있다.

규칙적이고 적당한 알코올의 섭취가 다음의 과정에 의해 심장혈관질환의 위험 요소를 줄일 수 있다는 것을 증명하였다.

- 고밀도 콜레스테롤(HDL)의 혈중 농도 증가
- 저밀도 콜레스테롤(LDL)의 혈중 농도 감소
- 혈액 응고 형성의 감소 및 이미 형성된 혈액 응고의 분해
- 혈압의 변화에 따라 혈관이 확대 및 수축될 수 있는 능력 회복

심장혈관질환율의 감소와 더불어, 다수의 연구로 알코올 섭취와 기대수명과의 연결고리가 증명되었다. 예를 들어, 미국 캘리포니아의 오클랜드에 있는 카이저 퍼마넨테 메디칼 센터(Kaiser Permanente Medical Centre) 심장병학과 과장 아더 클랏스키(Arthur Klatsky) 박사의 보고서에 따르면, 적당히 술을 마시는 사람은 금주가나 술을 많이 마시는 사람에 비해 더 오래 살고, 하루에 한 잔 또는 두 잔 정도로 술을 마시는 사람들이 가장 낮은 사망률을 보인다고 말한다.

프렌치 패러독스

1991년 11월 일요일 저녁 60분 미국 TV 방송에서 프랑스 사람은 다량의 지방질과 콜레스테롤이 함유된 음식(Cheese, Butter, Eggs, Meats)을 먹어도 그보다 건강식을 하는 미국인보다 심장질환이 낮다고 보도하였다. 그 원인은 레드 와인을 음식과 같이 마시기 때문일 것이라고 하였다. 포화지방이 다량 함유된 음식이지만 레드 와인과 함께 제공되는 '지중해식 식단(Mediterranean diet)'이 심장질환의 발병률을 낮췄다고 하여 이를 프렌치 패러독스라 한다.

와인과 스트레스 해소

일반적으로 근심을 완화시키는 와인의 양은 보통 140~280mL이며, 디저트 와인은 70~140mL 정도가 적당하다. 식사하기 20분 전에 혹은 식사와 함께 마시면 혈중 알코올 농도가 안전한 상태로 유지되면서 진정작용이 계속된다. 그리고 잠자기 전에 디저트 와인을 마시면 온화하고 안전한 진정작용이 최고의 효과를 나타낸다. 그러나 알코올 의존증이 있는 사람이나 적당량의 알코올에도 무기력해지는 사람에게 와인을 마시게 해서는 안 된다. 또, 알코올은 다른 진정제와 상승작용을 하므로 이런 약제를 복용하고 있는 사람에게도 사용해서는 안 된다.
그렇기 때문에 마음이 병들어 육체에 나타나는 심신병(心身病), 즉 노이로제, 스트레스 등의 현대인이 많이 가지고 있는 성인병은 적당량의 와인으로 그 해소 효과가 최대로 나타난다. 그러나 정도를 지나서 더 마시면 지적 활동은 점차로 감퇴되고 도덕을 무시하고 자신에 넘치는 태도가 되며, 세밀한 주의력을 필요로 하는 동작은 거의 불가능하게 된다. 가장 기분 좋은 상태를 유지하려면 자제가 필요하다. 술은 어디까지나 적당량을 마셨을 때 유익한 것이지, 과음은 우리의 육체나 정신 건강에 독약이 될 수밖에 없다. 술의 긍정적인 면을 최대한 살려서 건강생활을 지속시키고, 화목한 인간관계를 유지하기 위해서는 적당한 선에서 기분 좋게 마시는 습관이 형성되어야 한다. 그래야 술이 우리 인생에 더 즐거움을 줄 수 있는 '신의 선물'이 될 수 있는 것이다.

Flavor
in
Wine

PART 12

추천 와인

01 프랑스

프랑스는 와인의 종주국이란 자부심을 갖고 있을 정도로 전 세계 와인의 전형이자 기준이 되고 있다. 특히 좋은 와인을 생산하기 좋은 기후, 예컨대 여름에는 덥고 건조하며 겨울에는 춥지 않은 지중해성 기후를 갖고 있다. 강렬한 햇볕이 내리쬐는 남쪽 지중해 연안에서는 풍부한 당과 진한 색깔을 내는 레드 와인을 생산한다. 북쪽 지방은 약간 서늘함 속에서 자라면서 신맛이 적절히 배합된 청포도를 생산하기에 좋은 기후와 토양 품종을 고루 갖추고 있다.

프랑스 와인을 이해하고자 한다면 각 포도원의 명칭과 지리적 위치를 미리 알아야 한다. 전통적으로 각 지역별로 재배하는 포도품종이 정해져 있으므로 라벨에는 품종을 표시하지 않고 생산지역과 생산자, 등급만을 표시하는 경우가 많다. 포도원의 역사적 배경과 기후, 토질을 바탕으로 등급이 정해져 있다.

특히 부르고뉴 지역은 토양에 따라 등급이 정해진다. 따라서 각 지역별로 특징을 파악하는 것이 중요하다.

1) 샤토 르 가브리오 메독(Chateau Les Gabriaux, Medoc)

원산지는 메독으로 포도품종은 카베르네 소비뇽과 메를로이다. 강렬한 붉은색이며, 촉촉한 숲 향과 과숙한 포도 향이 어우러져 있다. 레드 와인의 부드러움과 탄닌의 조화가 돋보인다.

- 아로마노트로 표현되는 주요 향 : 초콜릿(Chocolate), 시더우드(Cedarwood), 린덴(Linden, 보리수나무)

2) 지공다스 빠예 에 삐에규(Gigondas Paillere Et Pied Gu)

원산지는 부르고뉴로 포도품종은 그르나슈(Grenache), 시라, 무르베드르(Mourvedre)이다.

밝은 붉은색이며, 검은색 과일의 부케 향이 느껴진다. 야생 숲의 느낌을 살짝 느낄 수도 있다. 풍부한 맛과 잘 숙성된 맛의 균형감이 느껴진다.

- 아로마노트로 표현되는 주요 향 : 블랙커런트(Blackcurrant), 소나무(Pine), 참나무(Oak)

3) 샤블리(Chablis)

원산지는 부르고뉴로 포도품종은 샤르도네이다. 적당한 산도와 샤블리 특유의 오크 향을 느낄 수 있다. 깨끗하고 신선하며, 가볍고 과일 향이 좋다. 화이트 과일과 꽃의 풍부한 향을 지니고 있다.

- 아로마노트로 표현되는 주요 향 : 라임(Lime), 복숭아(Peach), 참나무(Oak)

4) 샤토 그리오 라로즈(Ch. Gruaud Larose)

프랑스 보르도 메독의 쌩 줄리엥 마을에서 생산하는 보르도 그랑 크뤼 2등급으로 분류된 명품 와인으로 18세기에 그리오가 소유한 포도원을 라로즈가 상속받으며 이름이 만들어졌다. 포도원은 자갈로 이루어진 완만한 쌩 줄리엥의 언덕에서 오랜 숙성 기간을 거쳐 보르도의 주품종 카베르네 소비뇽 등 5가지 품종을 블렌딩하여 거친 탄닌이 일정 시간이 흐르면 놀랄 만큼 부드러운 탄닌으로 숙성 후 복잡 미묘한 맛의 와인으로 표현된다. 선명한 빛을 지닌 깊은 루비 같은 벽돌색의 풀 바디 와인으로, 색깔이 검은 마른 자두 향과 감초 향이 가득하며 원숙한 과일 향이 풍부하다. 섬세한 아로마와 산과 탄닌이 부드러운 밸런스를 이루는 와인이다.

- 아로마노트로 표현되는 주요 향 : 자두(Plum), 감초(Licorice Root)

* 샤토 그리오 라로즈는 2004년 12월에 노무현 대통령이 영국을 국빈 방문하였을 때 만찬의 메인 요리인 사슴고기와 함께 궁합을 맞춘 와인이다. 와인 레이블 중앙에 있는 아치형 장식 바탕에 쓰인 글은 Le Vin des lois, Les rois des Vins 즉, '왕들의 와인이며 와인의 왕이다'라는 뜻이다. 이 와인은 영국 여왕이 국빈 방문을 한 한국 대통령을 위해 선택한 명품 중의 명품 와인으로 CEO에게 선물하기 아주 적합한 와인이다.

5) 뽈 쟈블레 애네 에르미타주 라 샤펠(Paul Jaboulet Aine Hermitage La Chapelle)

Paul Jaboulet Aine Hermitage La Chapelle (뽈 쟈블레 애네 에르미타주 라 샤펠)

꼬뜨 뒤 론의 와인 생산량은 보르도 다음으로 많은 지역으로 리옹에서 아비뇽까지 론강의 200km 강줄기를 따라 펼쳐진 포도밭에서 와인을 생산하고 있다. 특히 북부의 에르미타주 마을은 가파른 언덕에 위치한 곳으로 20세기를 빛낸 최고 10대 와인 중 하나인 라 샤펠(La Chapelle)을 생산하는 명산지이다. 에르미타주는 십자군 전쟁에 참여했던 기사 가스빠르 드 스테림베르크(Gaspard de Sterimberg)가 참혹한 과거를 후회하며 은둔생활을 하게 되어 은둔자(Hermit)가 사는 곳이라는 뜻을 갖고 있다.

그가 론 계곡을 바라보며 지내려고 지은 작은 교회는 1919년부터 폴 쟈블레 애네 포도원의 소유이다. 이곳의 포도나무는 평균 수령이 40년이며 80년이 넘는 시라 품종을 100% 유기농법으로 재배하여 라 샤펠 와인을 생산한다. 라 샤펠은 시라 품종이 빛을 수 있는 가장 대표적인 최상의 와인으로 1ha에서 10~18kL로 제한하여 소량 생산하며 병입 후 15~25년에 마시면 최고 정점에 이르게 된다. 깊은 루비색의 바디감이 묵직하고 향기와 맛의 여운이 입안에 오랫동안 지속되는 진한 감동을 지닌 와인이다. 양념한 양고기와 같은 육류요리와 멋진 궁합을 이룬다. 라 샤펠의 화이트 와인은 1962년 이후 생산이 중단되었으나 2006년 빈티지부터 마르산과 루산 품종으로 재생산하고 있다.

- 아로마노트로 표현되는 주요 향 : 블랙베리(Blackberry), 자두(Plum), 다크 초콜릿(Dark Chocolate)

6) 샤토네프 뒤 파프 프레지덩트(Chateauneuf du Pape Presidente)

샤토네프 뒤 파프는 프랑스 꼬뜨 뒤 론 산지 남부의 와인 산지이다. 14세기 아비뇽 유수로 교황청이 아비뇽으로 이전하며 성찬전례에 필요한 와인을 생산하기 위해 '교황의 새로운 성'이라는 뜻의 '샤토네프 뒤 파프(Chateauneuf du Pape)'라는 포도밭에서 와인을 생산한다. 론강에서 평야지대로 급격히 꺾이며 쌓인 주먹만 한 자갈로 뒤덮인 곳으로 프랑스 남부의 뜨거운 태양이 자갈을 뜨겁게 달구며 포도알이 잘 익게 하고 수분이 증발하는 것을 막아주고 밤이 되면 온기를 품어 포도나무를 보호한다. 이따금 남부 론에는 마시프 상트랄 고원지대에서 오는 '미스트랄(Mistral)'이라는 강풍이 불어와 포도를 식혀주고 해충을 떨어트리며 병충해를 막아준다. 샤토네프 뒤 파프는 태양과 바람과 자갈이 만드는 와인이다. 병목에는 교황을 상징하는 모자와 열쇠가 새겨져 있다. 생산품종은 그르나슈가 주품종으로 쌩소, 시라, 무르베드르, 카리냥 등 13종으로 제한된다. 프레지덩트 포도원은 1614년부터 아비뇽 근처의 작은 마을인 샹트 세실 레 빈느에서 와인을 생산하는 긴 역사를 갖고 있다.

- 아로마노트로 표현되는 주요 향 : 검은 체리, 야생 딸기

7) 제브리 샹베르탱 에게르테(Gevrey Chambertin Aegerter)

부르고뉴의 꼬뜨 드 뉘에서 나폴레옹이 사랑한 와인을 생산하는 제브리 샹베르탱 마을의 레드 와인이다. 샹베르탱은 7세기부터 포도밭이 조성되었으며 수도사였던 베르탱의 밭(Champs de Bertin)에서 이름이 유래한다. 부르고뉴의 그랑 크뤼 포도밭 33개 중 9개가 제브리 샹베르탱 마을의 남쪽에 위치한다. 부르고뉴는 2억 년 전에 바다였으며 지각변동과 빙하기를 거치며 석회암이 주를 이루고 이회토, 점토, 붕적토 등 다양한 토양으로 이루어져 있다. 농민에게 기쁨과 고통을 주는 품종으로 일컬어지는 생산하기 매우 까탈스러운 품종인 피노 누아는 껍질이 얇아 병충해에 약하고 생산량이 많지 않다. 특히 토양, 포도밭의 방향, 고도, 기후 등의 영향을 많이 받는 품종으로 세계 최고의 레드 와인을 생산하는 품종이다. 비교적 선선한 기후를 선호하며 부르고뉴처럼 대륙성 기후에 적합한 섬세한 루비빛의 와인이다. 탄닌은 많지 않지만 산과 과일향이 풍부하고 숙성되면서 마치 비단과 같은 부드러운 느낌과 긴 여운을 준다. 에게르테는 1988년 장 룩 에게르테가 설립한 가족경영 포도원으로 부르고뉴의 전통을 계승하고 있다

- 아로마노트로 표현되는 주요 향 : 블랙커런트, 체리, 장미

02
이탈리아

이탈리아는 남북으로 긴 국토를 가지고 있어서 지역별로 기후와 풍토가 다르다. 그래서 지역별로 개성 있는 와인을 생산하고 있다. 이탈리아는 가장 중요한 와인 생산국 중 하나다. 와인을 생산하는 예술적인 기술이 수세기 동안 발전되어 왔으며 와인의 향과 맛의 다양성이 믿기지 않을 정도로 광범위하다. 따라서 포도가 재배되는 지형적인 위치에 따라 다양한 맛과 향기를 느낄 수 있다. 이탈리아는 면적은 작지만 세계에서 와인이 가장 많이 생산되는 곳이다. 거의 전 지역에서 와인이 생산되고 있으며, 유럽에서 가장 오래된 와인 생산국이기도 하다. 이탈리아인은 세계에서 프랑스인 다음으로 와인을 많이 마신다. 1인당 62L 정도이다. 이탈리아인들이 와인을 많이 마시는 이유는 이탈리아 와인의 품질이 매우 뛰어나기 때문이다. 또한 이탈리아 와인의 가격이 저렴하다는 것도 커다란 매력이다. 이와 같이 이탈리아 와인은 역사나 품질 면에서 세계 최고의 수준이지만, 의외로 프랑스 와인에 비해 싸게 판매되고 있다. 이러한 현상은 국제사회의 정치적인 여건 때문이기도 하지만, 무엇보다 이탈리아 와인에 대한 국제적인 마케팅 활동이 늦게 시작되어 아직 국제적으로 적절한 평가를 받고 있지 못하기 때문이다. 이탈리아 북부는 상당히 서늘한 기후, 남부는 건조하고 따뜻한 지중해성 기후여서 와인 생산에 좋다.

1) 테소리 말바시아 디 카스텔누오보(Tesori Malvasia di Castelnuovo)

원산지는 아스티 지방과 토리노 지방으로 품종은 말바시아(Malvasia)이다. 체리의 붉은빛이 아름답고, 과즙의 달콤함과 장미의 향이 긴 여운을 남긴다. 풀 바디의 느낌을 주는 상쾌한 단맛에 밸런스가 좋다.

- 아로마노트로 표현되는 주요 향 : 체리(Cherry), 장미(Rose), 카카오(Cacao)

2) 키안티 DOCG(Chianti DOCG)

원산지는 토스카나로 포도 주요 품종은 산지오베제(Sangiovese)이며, 부원료로 적포도품종인 카나이올로 네로(Canaiolo Nero), 청포도품종인 트레비아노(Trebbiano)를 소량 첨가한다. 각각의 독특한 부케 향과 약간의 탄닌이 조화롭게 어우러지는 맛이다.

- 아로마노트로 표현되는 주요 향 : 체리(Cherry), 자두(Plum), 정향나무(Clove)

3) 몬테레 리파소(Montere Ripasso)

원산지는 베네토로 포도품종은 코르비나(Corvina), 론디넬라(Rondinella), 몰리나라(Molinara)이다. 좋은 가죽 냄새와 상큼한 체리향이 나며, 야생 과일과 고상한 미네랄의 풍미가 넉넉한 하모니를 이룬다. 건초더미의 더운 열기가 피어오르는 듯한 풍미를 느낄 수 있다.

- 아로마노트로 표현되는 주요 향 : 자두(Plum), 유칼립투스(Eucalyptus), 동물 가죽(Leather)

4) 쟈르데토 프로세코(N/V Zardetto Prosecco VSAQ, Aeneto Spumante)

이탈리아의 대표적인 스파클링 와인으로 Prosecco 100%로 만들어진다. 노란빛이 감도는 볏짚색을 띠며, 기분 좋은 향과 상쾌한 기포를 가진 와인으로 식전주로 매우 훌륭하며 간단한 음식들, 모든 종류의 생선요리, 가벼운 전채요리와 아주 좋은 궁합을 보여준다.

- 아로마노트로 표현되는 주요 향 : 신선한 시트러스(Fresh Citrus), 사과(Apple), 서양배(Western Pear) 향

5) 2008 칸티나 자카니니 일 블랑코 디 치치오(2008 Cantina Zaccagnini Il Bianco di Ciccio IGT, Abruzzo BIANCO)

이탈리아 볼로냐노의 와인을 알리는 데 지대한 공헌을 하고 있는 Cantina Zaccagnini의 대표적인 화이트 와인으로 Trebbiano d'Abruzzo 80%, Chardonnay 20%의 블렌딩으로 만들어진다. 녹색이 감도는 창백한 노란색에 시원한 배, 시트러스와 바나나, 리치 같은 열대 과일의 풍미가 느껴지는 풍부하고 신선한 아로마를 지닌 와인으로, 대부분의 전채요리와 모든 종류의 해산물(그릴에 익힌 생선 또는 소금으로 덮어 오븐에서 조리한 생선) 요리와 아주 잘 어울린다. 그 밖에 새우, 바닷가재, 어패류 등의 요리와도 잘 어울린다.

- 아로마노트로 표현되는 주요 향 : 배(Pear), 시트러스(Citurs), 바나나(Banana), 리치(Lychee)

6) 2007 칸티나 자카니니 몬테풀치아노 다브루쪼(2007 Cantina Zaccagnini Montepulciano d'Abruzzo DOC Rosso)

이탈리아 아브루쪼의 대표적인 레드 와인으로 100% Montepulciano d'Abruzzo로 만들어지며 발효 후 4개월간 슬로베니아 오크통에서 숙성 후 병입된다. 보랏빛이 감도는 진한 루비레드 색에 강렬한 건포도와 말린 자두 등의 향과 은은한 오크의 뉘앙스가 조화를 이룬다. '토마토 소스의 모짜렐라 치즈로 속을 채워 오븐에서 익힌 가지' 요리와 같이, 진하고 어느 정도의 무거운 질감을 가진 전채요리나 모든 종류의 파스타, 그릴에 익힌 치킨, 대부분의 육류 요리 등과 잘 어울린다.

- 아로마노트로 표현되는 주요 향 : 건포도(Raisin), 자두(Plum), 오크(Oak)

7) 1999 마스트로베라르디노 라디치 타우라시 디오시지(1999 Mastroberardino Radici Taurasi DOCG Riserva)

이탈리아 남부의 최고 와인을 꼽으라면 단연 Taurasi를 들 수 있다. 100% Aglianico로 만들어지며, 30개월간 프랑스 오크통과 슬로베니아 오크통에서 숙성 후 최소 18개월의 병입 숙성 기간을 거친다. 진한 루비레드 색에 가장자리엔 가넷 빛깔이 감돌며 담배와 감초, 베리류와 검은 체리의 힌트, 오래 숙성된 발사믹 식초에서 나는 향과 은은한 바닐라의 뉘앙스가 어우러진 복합적이며 풍부한 향의 와인으로 대부분의 육류 요리와 어울린다. 특히 섬세하고 복합적인 풍미의 소스를 사용한 양고기나 오리고기 등의 요리와 더욱 잘 어울리며 숙성된 치즈와도 잘 어울린다.

- 아로마노트로 표현되는 주요 향 : 담배(Cigar), 감초(Licorice Root), 베리(Berry), 검은 체리(Black Cherry), 발사믹 식초(Balsamic Vinegar), 바닐라(Vanilla)

8) 바롤로 로카 지오반니(Barolo Rocca Giovanni)

이탈리아 서북부의 알프스산 아래에 위치한 피에몬테주 랑게 언덕의 11개 마을에서 네비올로 100%로 생산한다. 바롤로는 '와인의 왕'이라는 이탈리아를 대표하는 와인 산지이다. 1800년대의 바롤로 와인은 텁텁하고 감미가 있는 평범한 와인을 생산했었다. 이탈리아는 로마의 멸망 후 여러 개의 도시국가를 이루고 있었고 1861년 통일운동의 주역이었던 카브르 백작이 최고의 양조자를 초대하여 포도밭을 정비하고 위생관리와 양조연구를 하며 발전하게 된다. 네비올로 품종은 싹은 일찍 트면서 숙성이 느려 10월 말에 수확하며 껍질이 두꺼워 탄닌이 많으며 산도도 높은 와인이지만 생산이 까다로운 품종으로 기후와 일조량에 매우 민감해 특정 지역에서만 재배 가능한 품종이다. 바롤로는 오크 숙성 18개월 등 병숙성까지 적어도 38개월 이상이어야 한다. 농축된 맛과 향이 나며 탄닌, 산, 알코올도 풍부한 강건한 와인이다. 로카 지오반니는 3대째 몽포르테 달바(Monforte d'Alba) 마을에서 와인을 생산하고 있다.

- 아로마노트로 표현되는 주요 향 : 버섯, 체리, 가죽

9) 몬테레 리파소(Montere Ripasso)

이탈리아 북동부 베로나주의 발폴리첼라 마을에서는 자연적인 한계로 인해 충분히 포도가 과숙되지 않아 토착품종 코르비나, 론디넬라, 몰리나라를 건조시켜 당분을 집중시켜 반건조시킨 포도로 천천히 발효하여 생산하는 아파시멘토(Appassimento 또는 파시토 Pasito)의 전통적인 양조방식으로 와인을 생산한다. 이 마을에서 대표적으로 명성이 있는 레드 와인 아마로네(Amarone)를 생산하고 남은 포도껍질 등과 같은 잔여물에 갓 발효했거나 발효 중인 발폴리첼라 와인을 넣고 다시 한번 발효시켜 생산한 와인을 리파소(Ripasso, Repassed 다시 통과의 뜻)라고 한다. 아마로네 양조에 최상의 포도를 사용하여 건조를 거치며

응축된 풍미가 있어서 잔여물에 다양한 성분들이 남아 있어 상당한 무게감을 지닌 말린 과일 향과 강한 풍미와 벨벳처럼 부드러운 탄닌과 유연한 산미를 지닌다. 몬테레 리파소는 가르다 호수 근처에서 50년 넘게 티나찌(Tinazzi) 가족이 포도 생산과 양조를 하고 있다.

- 아로마노트로 표현되는 주요 향 : 말린 과일, 스파이시한 풍미

10) 프리미티보 디 만두리아 꽁데 디 깜피아노(Primitivo di Manduria Conte de Campiano)

이탈리아의 풀리아(Puglia)주는 이탈리아 장화의 뒷굽에 해당하며 남북으로 400km의 긴 모양의 반도 최남단에서 위치한다. 그리스로부터 와인 생산을 전수한 풀리아주는 와인 산지로 인지도가 낮지만 이탈리아 와인 생산량 2위의 산지로 최근 프리미티보 품종으로 가성비 좋은 와인을 생산하여 두각을 나타내고 있다. 프리미티보는 DNA 분석에 의하면 미국 캘리포니아에서 많이 생산되는 진판델 품종이다. 프리미티보는 껍질이 두꺼워서 잉크 같은 진한 색상으로 탄닌이 높고 알코올 도수가 높은 와인을 생산한다. 묵직한 풀바디의 드라이 레드 와인으로 살짝 감미가 남아 맛의 균형이 잘 잡힌 누구나 좋아할 와인이다. 만두리아 전체 생산의 90%는 프리미티보 품종이며 프리미티보 만두리아 협회는 1998년 10개 생산자들이 결성한 협회로 1000ha의 면적에서 90만 병을 생산하여 전 세계 60여 개국에 수출하고 있다. 꽁데 디 깜피아노는 100년이 넘는 포도원에서 손 수확한 포도를 전통방식으로 양조하여 생산한다

아로마노트로 표현되는 주요 향 : 블랙베리, 초콜릿, 오크

03
미국

미국은 고른 기후 탓에 생산지역이나 빈티지가 유럽보다 중요한 의미를 갖고 있지 않다. 따라서 와인 제조자의 이름이나 포도품종 이름이 와인 이름인 경우가 대부분이다. 고급 와인은 품종 와인(Virietal)으로 분류된다. 미국의 와인 제조업자들은 미국의 기후에 알맞고 품질이 좋은 포도를 생산한다.

특히 캘리포니아의 기후와 토양은 우수한 품질의 청포도와 적포도를 재배할 수 있는 이상적인 환경이다. 재배되는 품종은 적포도로서 카베르네 소비뇽, 메를로, 피노 누아, 진판델이며 청포도로서 샤르도네, 소비뇽 블랑, 세닝 블랑 등이 주요 품종이다.

1) 오퍼스 원(Opus One)

미국 캘리포니아 나파 밸리의 로버트 몬다비 와이너리에서 생산한다. 1979년 샤토 무통 로쉴드와 합작하여 오퍼스 원(Opus One)을 탄생시키고, 이탈리아의 프레스코발디사와는 루체(Luce)를, 칠레의 차드윅 가문의 에라주리쓰사와는 세냐(Sena)를 선보였다.

몬다비는 품종 선택, 양조방법, 숙성방법 등 거의 모든 분야에서 보르도를 참고했다. 카베르네 소비농, 메를로, 카베르네 프랑 등을 주된 품종으로 삼았고, 이들을 혼합해 최적의 맛을 선보이려고 했다. 또한 프랑스산 오크통을 수입해 캘리포니아에서 만든 보르도 와인으로 포장해 출시했다. 특히 보르도 스타일을 강조하기 위해 아상블라주(Assemblage : 여러 품종을 혼합하는 블렌딩 기법)를 적극 활용했는데, 미국에서는 이를 메리티지라고 따로 호칭함으로써 미국화했다.

오퍼스 원은 어두운 자주색 루비컬러이며, 베리 향, 체리 향, 꽃 향 및 향신료 향이 은은하게 느껴진다. 2006년 명품 와인 판매 순위 7위에 랭크되기도 했으며 신의 물방울에도 소개되었다. 1991년산의 경우 탄닌이 강하고 견고한 와인이며 2002년산은 20개월 동안 프렌치 오크통에서 숙성된 제품이다.

- 아로마노트로 표현되는 주요 향 : 베리(Berry), 체리(Cherry), 꽃(Floral), 향신료(Spice)

2) 인시그니아(Insignia)

인시그니아는 펠프스가 설립한 죠셉 펠프스 포도원(Vineyards)에서 생산하며, 1978년 미국 최초로 선보인 보르도풍의 블렌딩 와인으로 현재는 미국을 대표하여 세계 명와인과 어깨를 견주고 있다. 검은 체리, 다양한 허브 향과 모카 향으로 나타나는 오크의 향취와 부드럽지만 비중이 있는 탄닌과 균형잡힌 산도가 돋보이며 과일의 풍부한 맛이 꽉 차 있는 와인이다.

- 아로마노트로 표현되는 주요 향 : 체리(Cherry), 허브(Herb), 모카(Mocha)

04
칠레

칠레는 와인 선진국들의 발전된 기술과 자본을 받아들여 대표적인 신세계 와인 생산국으로서 명성을 얻고 있다. 일조량이 많은 지중해성 기후로, 포도 농사에 좋은 기후 조건을 갖고 있다. 포도의 생육 기간이 다른 지역에 비해 짧지만, 한낮의 기온이 높고 햇빛이 강렬하여 탄닌과 착색, 아로마 형성에 좋다. 칠레 와인은 가격에 비해 품질이 좋아 많은 인기를 얻고 있으며, 와인숍과 마트에서 저렴한 가격으로 구입할 수 있다.

1) 1865

마이포 밸리의 산페드로(San Pedro)사의 대표 제품으로 카베르네 소비뇽, 카르메네르, 시라, 말벡 등의 품종으로 만든 와인으로 골퍼들의 많은 사랑(골프 18홀을 65타에 칠 수 있게 해주는 와인)을 받고 있다. 산페드로사는 현재 칠레 와인 수출량 제2위의 와이너리로 1865년도에 설립되었다. 무게감 있는 중후한 탄닌으로 처음부터 마지막까지 긴 여운이 이어지는 특징이 있다.

- 아로마노트에 표현되는 주요 향(카베르네 소비뇽 품종) : 후추(Black Pepper), 토스트(Toast), 바닐라(Vanilla), 스모크(Smoke)

2) 몬테스 알파(Montes Alpha) - 카베르네 소비뇽

우리에게 친숙한 칠레와인 몬테스(Montes)가 쿠리코 밸리(Curico Valley)와 콜차구아 밸리(Colchagua Valley)에서 생산된다. 몬테스 와이너리는 1987년 아우렐리오 몬테스(Aurelio Montes)에 의해 창립되었고 자신의 이름을 딴 와인이 브랜드인 몬테스(Montes), 몬테스 알파(Montes Alpha), 몬테스 알파엠(Montes Alpha M) 등을 생산하고 있다. 특히 카베르네 소비뇽 품종의 몬테스 알파가 2000년과 2002년에 미국 레스토랑을 대상으로 실시한 조사에서 미국인이 가장 좋아하는 칠레 와인 1위에 선정되었다.

- 아로마노트로 표현되는 주요 향 : 블랙커런트(Blackcurrant), 열대과일(Tropical Fruits), 바닐라(Vanilla), 민트(Mint), 참나무(Oak)

3) 파눌 카베르네 소비뇽 리저브(Panul Cabernet Sauvignon Reserve)

원산지는 콜차구아 밸리 마르치구 지역에서 생산한 레드 와인으로 사용된 포도의 주품종은 카베르네 소비뇽이다. 진한 루비 빛을 띠며, 체리와 건포도 그리고 민트 향이 난다. 스파이시(spicy)한 맛과 블랙베리의 부드러움이 함유되어 있다.

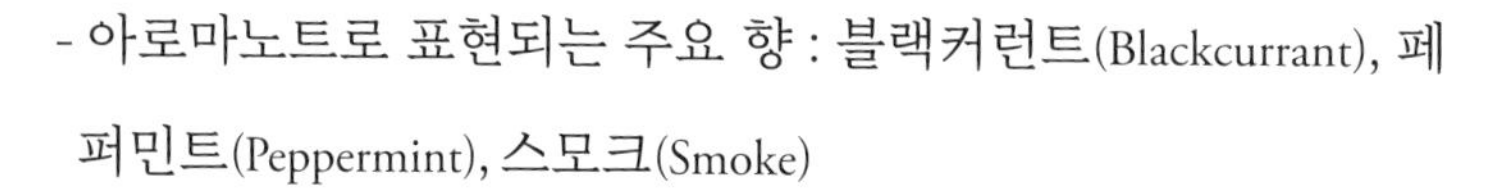

- 아로마노트로 표현되는 주요 향 : 블랙커런트(Blackcurrant), 페퍼민트(Peppermint), 스모크(Smoke)

4) 마르치구 엠 시라(Marchigue M Syrah)

원산지는 센트럴 밸리에서 생산된 레드 와인으로 사용된 포도의 주품종은 카베르네 소비뇽이다. 짙은 보랏빛을 띠며, 블랙커런트, 후추, 향신료, 가죽 향이 난다. 시라의 바이올렛(violet) 빛깔에 숙성된 적색 과일 향과 우아한 스모키 베이컨

향이 입맛을 돋워준다.

- 아로마노트로 표현되는 주요 향 : 참나무(Oak), 후추(Pepper), 가죽 냄새(Leathcr)

5) 베오 카르메네르(Veo Carmenere)

콜차구아 밸리 마르치구(Colchagua Valley Marchigue) 지역의 비네도스 에라주리츠 오발(Vinedos Errazuriz Ovalle S.A)이 생산한 레드 와인으로 사용된 포도의 주품종은 카르메네르(Carmenere)이다. 깊은 레드와 약간의 보라색, 코를 자극하는 농축적인 향으로 라즈베리 향, 민트, 자두, 약간의 후추 향, 오크 향에 배인 바닐라의 향이 있다. 훈제치킨, 생선초밥, 치즈와 잘 어울린다.

- 아로마노트로 표현되는 주요 향 : 라즈베리(Raspberry), 민트(Mint), 자두(Plum), 약간의 후추향(Black Pepper), 오크 향이 밴 바닐라(Vanilla)

6) 베오 시라(Veo Syrah)

콜차구아 밸리 마르치구(Colchagua Valley Marchigue) 지역에서 비네도스 에라주리츠 오발(Vinedos Errazuriz Ovalle S.A)이 생산한 레드 와인이다. 제비꽃 색상이 감도는 중간톤의 붉은 색상, 잘 익은 무화과와 자두 향, 강한 향과 맛을 지닌 전형적인 시라 품종의 와인이다. 불고기, 훈제연어와 잘 어울린다.

- 아로마노트로 표현되는 주요 향 : 무화과(Fig), 자두(Plum)

참고로 비네도스 에라주리츠 오발(Vinedos Errazuriz Ovalle S.A)은 1999~2000년 사이에 최신의 기술을 도입한 설비를 갖추었으며, 완벽한 발효 통제 기능을 가진 스테인리스 스틸 탱크 500여 개를 갖춘 칠레 최대 규모의 와이너리 중 하나이다.

7) 베오 메를로(Veo Merlot)

콜차구아 밸리 마르치구(Colchagua Valley Marchigue) 지역의 비네도스 에라주리츠 오발(Vinedos Errazuriz Ovalle S.A)이 생산한 레드 와인이다. 사용된 포도의 주품종은 메를로(Merlot)로 짙은 루비색, 약간의 블루 색상, 스파이시 향과 후츠 향을 가진 미디엄 바디 와인이다. 그러나 강한 스파이시 향과 시큼한 느낌으로 데일리 와인으로는 좀 강한 맛을 가진 와인이다. 크림파스타, 훈제연어, 치즈와 잘 어울린다.

- 아로마노트로 표현되는 주요 향 : 스파이스(Spice), 후추(Black Pepper)

8) 트리시클로(카베르네 소비뇽/메를로/카베르네 프랑 2005)(Tricyclo Cabernet Sauvignon/Merlot/Cabernet Franc 2005)

콜차구아 밸리 마르치구(Colchagua Valley Marchigue) 지역의 비네도스 에라주리츠 오발(Vinedos Errazuriz Ovalle S.A)이 생산한 레드 와인이다. 사용된 포도의 주품종은 카베르네 소비뇽 60%, 메를로 30%, 카베르네 프랑 10%이다. 파란 색감이 비춰지는 깊고 농축된 적색으로 복합적이고 매력적이고 농축된 향으로 라즈베리와 자두의 풍부한 과일 향, 까시스 향, 커피 노트, 카베르네 프랑 고유의 민트 향, 엘레강스한 바닐라 향이 맴돈다. 성숙된 맛으로 농축되고, 부드러운 질감과 긴 여운이 남는 맛이 있다. 프렌치 오크통에 12개월 숙성하여 병입한다. 등심 및 안심 스테이크와 같은 고급 육류와 잘 어울린다.

- 아로마노트로 표현되는 주요 향 : 라즈베리(Raspberry), 자두(Plum), 커피(Coffee), 민트(Mint), 바닐라(Vanilla)

9) 마르치구 M(Marchigue M) 카베르네 소비뇽

칠레는 남북으로 4300km, 동서로 평균 177km의 가늘고 긴 영토를 가진 나라이다. 19세기 후반 유럽에서는 필록세라로 인해 멸종 위기를 맞게 되며 저항력이 있는 미국 포도와 접붙이는 방법을 사용하여 위기를 극복했지만 전통 포도품종은 사라졌다. 칠레는 북쪽의 아타카마 사막, 동쪽의 안데스산맥, 남쪽의 파타고니아 빙하, 서쪽의 태평양으로 둘러싸여 필록세라 병충해의 피해를 전혀 입지 않은 유일한 나라로 유럽의 원품종이 그대로 남아 있다. 최고의 산지는 센트럴 밸리의 콜차구아로 프랑스 보르도의 메독과 같은 지역이라고 한다. 마르치구 M은 미네랄이 풍부한 콜차구아의 마르치구 계곡에서 카베르네 소비뇽 100%로 보르도 방식으로 프렌치 오크로 18개월 숙성시켜 생산하는 풀 바디 레드 와인이다. 깊고 농축된 적색을 띠고 있으며 성숙된 맛, 농축되고 부드러운 질감과 긴 여운이 남는 와인이다. 완벽한 구조감과 균형감을 갖추고 있어서 보르도 그랑크뤼 와인과 같은 묵직한 중후함을 지닌다. 생산자 EOV(Vinedos Errazuriz Ovalle)는 2500 ha. 규모의 100년 이상의 역사를 지닌 가족경영 포도원이다.

- 아로마노트로 표현되는 주요 향 : 까시스, 라즈베리, 바닐라

05 아르헨티나

안데스산의 눈이 녹아 흐르는 깨끗하고 맑은 물을 마시면서 자란 포도나무로 와인을 만든다. 좋은 와인을 만들기 위해서는 좋은 포도나무가 있어야 하고, 좋은 포도나무는 좋은 환경에서 자랄 때 가능하다. 프랑스 와인에서는 블렌딩하는 데 쓰이는 말벡(Malbec) 품종이 아르헨티나에서는 단일품종으로 인기를 얻고 있으며, 세계적으로 품질을 인정받고 있다.

1) 임페리어 데 센티도스 소비나제(Imperio De Sentidos Sauvignonasse)

멘도사 지역에서 생산한 레드 와인으로 포도의 주품종은 소비나제(Sauvignonasse)이다. 옅은 노란색과 황금색을 띠며, 열대과일 향이 풍부하고, 상쾌하면서 조화롭다. 입안에서 부드러운 질감과 적당한 무게감을 느낄 수 있다.

- 아로마노트로 표현되는 주요 향 : 블랙커런트(Blackcurrant), 멜론(Melon), 파인애플(Pineapple)

2) 베비암 말벡(Beviam Malbec)

멘도사 지역에서 생산한 레드 와인으로 포도의 주품종은 말벡이다. 깊고 풍부한 붉은색을 띠며, 과일 향과 향신료, 바닐라 향이 어우러진다. 바디감이 높고, 부드러운 탄닌이 맛을 한층 더해준다.

- 아로마노트로 표현되는 주요 향 : 라즈베리(Raspberry), 감초(Licorice Root), 바닐라(Vanilla)

3) 엘 과르다도 말벡(El Guardado Malbec)

생주앙 지역의 툴룸 계곡에서 생산한 레드 와인으로 포도의 주품종은 말벡이다. 옅은 블루 톤에 진한 붉은색을 띠며, 과일 향과 바닐라와 초콜릿 향이 조화를 이룬다. 바디감이 높고, 스위트한 탄닌의 여운이 오래 남는다.

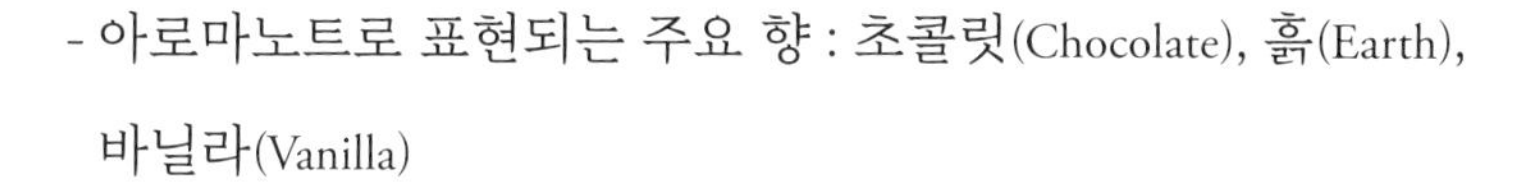

- 아로마노트로 표현되는 주요 향 : 초콜릿(Chocolate), 흙(Earth), 바닐라(Vanilla)

4) 니콜라스 카테나 자파타(Nicolas Catena Zapata)

카테나 자파타는 아르헨티나 최고 포도원으로 품질 좋은 와인 생산과 다양성을 추구하며 최고의 와인 생산을 위한 과감한 시설 투자와 선진 기술을 도입하여 멘도사 와인의 혁신을 가져왔다. 멘도사는 물이 귀한 사막 기후라 해발 800~1,000m의 고지대에서 밤과 낮의 일교차가 심하여 섬세하면서 복잡 미묘한 맛을 낼 수 있는 포도를 생산한다. 안데스산맥에서 흘러내리는 천연 미네랄 워터로 수분 공급을 받아 생산한 니콜라스 카테나 자파타는 생산되자마자 최고의 와인으로 인정받았다.

이 와인은 카베르네 소비뇽과 말벡을 블렌딩하여 생산한 것으로 말린 자두와 토스트 향이 가미된 진한 가네트 컬러의 와인으로, 향이 오랫동안 지속되는 풀 바디 와인이다. 입안에서 감지되는 중후한 무게감으로 진한 소스로 그릴에 구운 양고기 바비큐나 두꺼운 스테이크와 어울리며 풍성한 탄닌이 육류의 단백질을 부드럽게 하고 육류의 지방을 느끼하지 않게 말끔하게 녹여주며 입안 가득 토스트

향을 선사하는 와인이다.

- 아로마노트로 표현되는 주요 향 : 말린 자두(Dried Plum), 토스트(Toast)

5) 야코추야(Yacochuya)

세계적 와인 양조자 '미셸 롤랑'이 1998년 아르헨티나의 북쪽에 위치한 살타(Salta)의 고급 산지 까파야테(Cafayate) 지역에서 생산하는 와인이다. 이곳은 남회귀선(Tropic of Capricorn)이 가까이 지나는 2,035m의 높은 산기슭에서 낮에는 뜨거운 태양이 비치고 밤에는 숲에서 찬바람이 몰아오는 일교차가 심한 천혜의 조건을 갖춘 지역이다. 화학비료나 제초제 대신 퇴비 등을 사용하여 아르헨티나의 유기농 와인을 대표하는 와인을 생산하며 실험정신을 실현시킨 유기농 부띠끄 와인으로 2000년 빈티지는 로버트 파커 점수 95점을 받았다.

미셸 롤랑은 온도장치가 부착된 스테인리스 탱크에서 무려 4개월 동안이나 침용 과정을 거친 후 프랑스산 새 오크통에서 15개월간 숙성시키고 필터 처리 없이 병입하여 생산한다. 아르헨티나 대표 품종 말벡 100%로 생산하여 검은 보랏빛의 진하고 바디감이 많은 와인이다. 말린 자두와 같은 색이 진한 과일 향의 풍부함과 약간의 스파이시한 향이 탄닌의 강렬함과 어울려 양념과 야채를 듬뿍 넣고 오랫동안 고아낸 갈비찜, 진한 소스의 양고기, 비프 스튜와 함께 행복한 동반자가 되는 와인이다. 사막 기후의 고산지대에서 생산한 와인답게 레이블에 선인장과 미셸 롤랑의 사인이 돋보인다.

- 아로마노트로 표현되는 주요 향 : 말린 자두(Dried Plum), 스파이스(Spice)

06
스페인

스페인 와인의 전반적인 특징은 가격에 비해 품질이 좋다는 것이다. 부담 없이 마시는 레드 와인이 많은데, 요즘은 고급 와인도 많이 생산되고 있다. 1950년대 후반 스페인의 가장 유명한 와인 산지인 리오하를 중심으로 품질을 향상시키려는 노력이 시작되었다. 1972년에는 정부에서 와인 법규를 제정하여 와인 등급 체제를 정비했다. 와인 생산량은 이탈리아와 프랑스의 절반 정도로 세계 3위를 차지하고 있으며, 벌크와인(Bulk Wine : 식품 원료로 쓰이는 와인)을 많이 수출하고 있다.

1) 그랑비아 스위트 레드(Granvia Sweet Red)

원산지는 무르시아로 포도품종은 모나스트렐(Monastrell)과 가르나차(Garnacha)이다. 풀 바디의 느낌과 블랙베리의 달콤함이 입안 가득 전해지며, 초콜릿의 쓴맛과 더불어 적당한 탄닌이 느껴진다.

- 아로마노트로 표현되는 주요 향 : 블랙커런트(Blackcurrant), 꿀(Honey), 초콜릿(Chocolate)

2) 비나 람빌라(Vina Lambilla)

원산지는 무르시아로 포도품종은 모나스트렐(Monastrell)과 보발(Bobal)이다. 맑고 투명한 붉은색이며, 다양한 과일 향과 라즈베리 향을 느낄 수 있다. 적당한 탄닌과 입안에서 오랫동안 여운이 남는 테이블 와인에서 감지하기 어려운 무거움을 지니고 있다.

- 아로마노트로 표현되는 주요 향 : 복숭아(Peach), 라즈베리(Raspberry), 파촐리(Patchouli)

3) 리얼 보데가 크리엔자(Real Bodega Crienza)

원산지는 라만차로 포도품종은 템프라니요(Tempranillo)이다. 밝고 선명한 루비색이며, 신선하고 풍부한 아로마와 잘 익은 과일 향이 입안에서 어우러진다.

- 아로마노트로 표현되는 주요 향 : 포도(Grape), 리치(Lychee), 파촐리(Patchouli)

07
호주

오늘날 호주 사람들에게 와인은 생활의 일부이며 큰 즐거움이다. 사람들은 건강과 즐거움을 위해 적정 알코올이 함유되어 있는 와인의 이로움에 친숙해졌다.

미국과 같이 단일품종의 포도를 사용한 와인과 여러 가지 포도를 섞어서 만든 와인을 생산하고 있다. 특히 쉬라즈는 프랑스 론의 시라 품종에서 파생된 것으로, 호주에서 카베르네 소비뇽과 더불어 적포도품종의 양대 산맥을 이루고 있다. 기온이 높고 건조하여 질 높은 레드 와인과 화이트 와인을 많이 생산한다. 레드 와인용 포도품종으로는 카베르네 소비뇽, 쉬라즈, 피노 누아 등이 있고, 화이트 와인용으로는 샤르도네, 소비뇽 블랑, 쎄미용, 리슬링 등이 있다.

1) 진다래 카베르네 소비뇽(Jindalee Cabernet Sauvignon)

남동 지역의 머레이 달링에서 생산한 레드 와인으로 포도의 주품종은 카베르네 소비뇽이다. 보라색이 감도는 진한 루비색을 띠며, 강렬한 블랙커런트와 강한 자두 향이 느껴진다. 민트와 블랙베리의 달콤한 과일 맛과 바닐라 맛이 프렌치 오크통을 바탕으로 통합된 느낌이다.

- 아로마노트로 표현되는 주요 향 : 블랙커런트(Blackcurrant), 페퍼민트(Peppermint), 참나무(Oak)

2) 진다래 리슬링(Jindalee Riesling)

남동 지역의 머레이 달링이 생산한 화이트 와인으로 포도의 주품종은 리슬링이다. 녹색이 감도는 옅은 짚 빛깔을 띠며, 레몬과 라임 그리고 함축적인 과일 향이 아주 좋고, 꽃향기도 살짝 느껴진다. 열대과일 맛과 감귤 맛이 감돈다.

- 아로마노트로 표현되는 주요 향 : 레몬(Lemon), 라임(Lime), 라즈베리(Raspberry)

3) 빈 555 쉬라즈(Bin 555 Shiraz Wyndham Estate)

헌터 밸리(Hunter Valley) 지역의 올랜도 윈담(Orlando Wyndham)이 생산한 레드 와인으로 사용된 포도의 주품종은 쉬라즈(Shiraz 100%)이다. 제비꽃의 색상이 감도는 중간톤의 붉은 색상으로 잘 익은 무화과와 자두 향이 있다. 부드러우면서 자두와 베리가 잘 혼합된 맛이 나며 초콜릿 느낌의 오크 향도 깊숙이 배어 있다. 탄닌도 적절하고 전반적으로 풍부하고 부드러운 맛을 지녔으며 끝맛도 우수하다. 강한 향과 맛을 지닌 전형적인 시라 품종의 와인으로 붉은 고기 요리, 야생동물 요리에 잘 어울린다.

- 아로마노트로 표현되는 주요 향 : 잘 익은 베리(Fully Ripen Berry), 바닐라(Vanilla), 미국산 오크(United State of America Oak)

4) 제이콥스 크릭 샤르도네(Jacob's Creek Chardonnay)

바로사 밸리(Barossa Valley) 지역에서 올랜도 윈담(Orlando Wyndham)이 생산한 스파클링(Sparkling) 와인이다. 주로 사용된 포도품종은 샤르도네(Chardonnay), 피노 누아(Pinot Noir)이다. 신선한 과일의 향기로운 향, 초록빛이 감도는 볏짚색을 띤 샤르도네의 감귤 향,

토스티 캐슈넛 향이 신선하고 매혹적인 피노 누아의 향과 잘 조화되어 있고 크리미 이스트에 의해 깊고 풍부한 과일 향이 강화되었으며, 부드럽고 깨끗한 끝맛이 일품인 와인이다. 해산물 요리, 회, 샐러드, 체다 치즈, 딸기와 잘 어울린다.

- 아로마노트로 표현되는 주요 향 : 감귤(Citrus), 토스티 캐슈넛

* 호주산 No.1 프리미엄 와인 제이콥스 크릭(Jacob's Creek) Brand story

제이콥스 크릭(Jacob's Creek)은 전 세계 65개국에 매년 650만 상자 이상을 수출, 전체 호주 와인 수출의 80% 이상을 차지하는 호주의 대표적인 프리미엄 와인이다. 신선하고 풍부한 과일 향과 부드러움으로 전 세계에서 사랑받는 브랜드이다.

5) 펜폴즈 그렌지(Penfolds Grange)

칼림나 빈야드(Kalimna Vineyard)와 바로사 빈야드(Barossa Vineyard)가 생산한 레드 와인으로 사용된 포도는 쉬라즈(Shyraz)와 카베르네 소비뇽이다. 블랙베리와 블루베리의 과일 향이 완벽하게 조율된 풍부한 오크의 향취가 함께 느껴지며, 감초와 아니스의 향이 살짝 어우러진다. 잔 위로 풍겨져 오는 향이 와인을 더욱 복합적이며 풍부하고 진하게 만든다. 블랙베리와 블루베리의 향에 이어서 새 오크의 향이 이음새 없이 이어진다. 섬세한 탄닌은 길게 이어지는 견고한 finish를 감싸안는다. 풍부하고 조화로우며 균형잡힌 와인이다.

- 아로마노트로 표현되는 주요 향 : 블랙베리(Blackberry), 블루베리(Blueberry), 과일(Fruit), 오크(Oak), 감초(Licorice Root), 아니스(Anise)

6) 울프 블라스 빌야라 쉬라즈(Wolf Blass Bilyara Shiraz)

바로사 밸리(Barossa Valley) 지역의 울프 블라스(Wolf Blass)가 생산한 레드 와인으로 사용된 포도의 주품종은 쉬라즈(Shiraz) 100%이다. 신선한 과일의 향기로운 향을 가진 미디엄 바디 와인으로 풍부한 붉은 과일들의 특성을 가지고 있으며 드라이한 끝맛과 함께 부

드러운 탄닌의 맛도 느낄 수 있다. 등심 및 안심 스테이크와 같은 고급 육류와 잘 어울린다. 빌야라 쉬라즈는 현재 홍콩, 일본, 싱가포르 등 아시아의 비즈니스 지역에서 하우스 와인으로 많은 레스토랑들이 선택하고 있다.

- 아로마노트로 표현되는 주요 향 : 신선한 과일(Fresh Fruit)

'블렌딩의 달인', ' Langhorne Creek의 전설', ' Barossa의 남작' 등은 울프 블라스(Wolf Blass)사가 받아온 찬사들이다. 울프 블라스는 그들만의 독창성을 지니고 있다. 울프 블라스의 블렌딩 예술은 지역별로 다양한 향의 조화의 결과로 1976년 8월 Wolf Blass Black Label은 출시 3년 만에 로얄 멜버른 와인쇼의 최고 영예상인 지미왓슨 트로피를 받았다. 울프 블라스사의 와이너리는 세계에서 가장 혁신적인 곳으로 인정받고 있으며 사우스 오스트레일리아(South Australia)에서 20,000톤 이상의 프리미엄 와인을 생산하고 있다. 1966년 이래 각종 대회에서 3,000회 이상의 수상 경력을 가지고 있으며 2001년 세계와인 쇼에서는 "Best Australia Producer"로 선정되기도 했다. 또한 이글호크는 1988년에 처음으로 시장에 선보였으며 울프 블라스를 만든 팀에 의해서 만들어졌다.

7) 투핸즈 벨라스 가든(Two Hands Bella's Garden)

바로사 밸리(Barossa Valley)에서 생산된 레드 와인으로 사용된 포도의 주품종은 쉬라즈(Shiraz) 100%이다. 진한 퍼플 플럼(Dense Purple Plum)색과 집중도 있는 블랙베리와 플럼의 향이 있으며 다크 초콜릿 향이 살짝 느껴진다. 깊은 루비, 퍼플 컬러와 함께 그을린 오크, 놀라운 Texture, 긴 피니시와 달콤한 탄닌 맛을 나타낸다.

- 아로마노트로 표현되는 주요 향 : 블랙베리(Blackberry), 자두(Plum), 다크 초콜릿(Dark Chocolate)

투핸즈(Two Hands)는 Nichael Twelftree와 Richard Mintz가 1999년 호주에서 좋은 쉬라즈를 생산하는 지역에서 최고의 쉬라즈 와인을 만들겠다는 명확한 목적 아래 회사를 설립하였다. 호주 남동부의 바로사 밸리(Barossa Valley)와 맥라렌 베일(McLaren Vale) 등 여러 지역의 다양한 쉬라즈를 이용해 고품질 와인을 생산하고 있다. 2004년 유명한 와인 평론가인 로버트 파커는 투핸즈를 '남반구에서 가장 좋은 와인메이커'라 칭했다.

투핸즈는 호주에서 가장 좋은 쉬라즈 빈야드로부터 프리미엄급의 포도를 구하며, 각자의 포도원들이 가지고 있는 가능성을 최대로 만들기 위해 재배업자와 밀접하게 일하고 있다. 각각의 포도원들이 생산한 포도의 양에 관계없이 Crushing으로부터 발효 및 오크통 숙성까지 개별적으로 다루어진다.

08 독일

독일 와인의 역사는 BC 100년 전으로 거슬러 올라간다. 그때부터 포도를 재배했다고 전해진다. 중세시대에 수도사들이 포도원을 세워 오늘날 독일 와인의 근간이 되었고, 1803년 나폴레옹이 라인 지역을 점령하면서 본격적으로 발달하게 되었다. 1971년 최초로 와인에 관한 법률을 제정한 이후 1989년까지 여러 차례 개정되었다.

독일의 포도원들은 대부분 남쪽을 향하고 있으며, 강가에 자리 잡고 있어 강의 복사열을 이용한다. 또한 북방한계선에 위치함으로써 날씨가 춥고 일조량이 적어 화이트 와인이 주로 생산된다 . 독일에서는 포도밭으로 와인의 등급을 정하지 않고 당도에 따라 등급을 분류한다. 꽃향기와 과일 향이 풍부하고, 절묘한 밸런스를 유지하고 있으며, 가벼우면서도 섬세한 화이트 와인이 유명하다.

1) 립프라우밀히 QBA(Liebfraumilch)

맑고 밝은 황금색을 띠고 있으며 사과, 아카시아, 꿀의 달콤하고 풍부한 향을 지니고 있는 전형적인 독일 세미 스위트 화이트 와인이다. 적절한 산도와 부드러운 단맛이 풍부한 부케와 조화를 이룬다.

- 아로마노트로 표현되는 주요 향 : 사과(Apple), 아카시아(Acacia), 꿀(Honey)

2) 립프라우밀히 닥터 스트레이트(Liebfraumilch Dr. Streith)

위도가 높은 독일에서는 대부분 화이트 와인을 생산한다. 라인헤센의 보름스(Worms)시의 립프라우앤키르헤 포도원에서 처음 생산하며 대중적인 인기를 얻은 화이트 와인으로 독일 수출와인의 절반을 차지하고 있다. 높은 수요로 인해 현재 라인팔츠, 나헤, 라인가우에서도 생산하는 독일을 대표하는 대중적인 화이트 와인이다. 립프라우밀히(Liebfraumilch)는 '성모님의 젖'을 뜻하는 와인으로 와인 레이블에 성모자상이 있다. 향기로운 꽃향기가 입안에 퍼지는 맑고 밝은 황금색의 와인으로 품종은 뮐러 투르가우, 케르너, 리슬링, 실바너를 블렌딩하였다. 알코올 9.5도의 도수가 낮은 세미 스위트 와인으로 적절한 산도와 부드러운 감미가 있어서 초보자가 마시기 아주 편한 가벼운 와인이다.

- 아로마노트로 표현되는 주요 향 : 사과, 아카시아, 흰꽃

09
헝가리

헝가리는 다뉴브강 서쪽에서 로마시대에 포도를 생산한 전통적인 와인 생산지이다. 부다페스트에서 동북부로 240km에 위치한 토카이 헤갈리야(Tokaj- Hegyalja)는 세계 최초의 귀부 와인 산지이다. 1600년대에 투르크의 공격으로 포도를 수확하지 못하고 오랫동안 포도가 나무에 매달려 껍질에 보트리스 시네리아 곰팡이가 피고 수분이 증발한 마른 포도로 뒤늦게 와인을 생산하며 우연히 세계 최초의 귀부 와인이 생산되었다. 프랑스의 루이 15세는 물론 유럽의 황제들이 즐겨 마신 이 귀부 와인은 유네스코 세계 문화유산으로 지정되었다. 에게르(Eger)는 부다페스트에서 150km 동북쪽의 대평원에 펼쳐진 화산토의 언덕에 위치한 유명한 레드 와인 산지이다. 케크프랑키시, 케크포르토, 카베르네 소비뇽, 메를로 품종 등을 블렌딩해 생산한 진하고 무게감을 가진 와인이다.

1) 로얄 토카이 블루 라벨 아수 5 푸토뇨스(Royal Tokaji Blue Label Aszu 5 Puttonyos)

로얄 토카이가 생산한 화이트 와인으로 사용된 포도품종은 Furmint 50%, Harslevelu 45%, Muscat 5%로 구성되어 있다. 맑은 황금색을 띠며, 풍성한 말린 과일, 벌꿀 향, 열대과일 향을 느낄 수 있다. 오렌지, 블랙 티, 캐러멜, 마멀레이드 등의 상큼하고 가벼운 맛이 나며, 긴 여운을 남긴다. 풍성한 향기와 단맛이 적당한 산도와 조화를 이룬다. 세계적으로 가장 오래된 스위트 와인 중 하나인 토카이 와인은 프랑스 루이 14세가 "The Wine of the Kings and the Kings of Wines"라고 일컬었을 정도로 유명하다. 헝가리를 대표하는 전설 속의 토카이 와인을 재현한 로얄 토카이사는 현재 세계적으로 선풍적인 인기를 모으고 있으며, 토카이 와인의 르네상스를 주도하고 있다.

- 아로마노트로 표현되는 주요 향 : 말린 과일(Dried Fruit), 벌꿀(Honey), 열대과일(Tropical Fruit)

2) 샤토 데레즐라 토카이 아수 5 푸토뇨스(Chateau Dereszla Tokaji Aszu 5 Puttonyos)

빈티지 : 2003

샤토 데레즐라가 생산한 화이트 와인으로 사용된 포도품종은 Furmint, Harslevelu, Muscat, Zeta로 구성되어 있다. 밝은 금색을 띠며, 우아하고 실크처럼 부드러운 오렌지꽃, 꿀과 밀랍의 향을 느낄 수 있다. 살짝 가벼운 느낌의 우아함이 균형잡힌 달콤함을 주면서 신선함과 꿀의 끝맛이 오래 간다. 35개월 동안 숙성 과정을 거친다. 살짝 양념이 가미된 흰 살코기, 과일, 데운 거위간 요리나 꿀을 가미한 치즈, 디저트 등과 잘 어울린다.

- 아로마노트로 표현되는 주요 향 : 오렌지꽃(Orange Flower), 꿀(Honey), 밀랍(Beeswax)

3) 바론 보르네미싸 토카이(Baron Bornemisza Tokaji)

토카이 지역의 깜포 디 사쏘가 생산한 스위트 레드 와인이다. 바론 보르네미싸는 로도비코 안티노리(Lodovico Antinori)가 헝가리에 소유한 토카이 와이너리이다. 호박 갈색의 와인으로 캐러멜화된 사과, 건포도, 간장, 흑설탕, 아몬드, 초콜릿 등의 풍미가 매우 이국적이며 복합적이다. 풍성한 단맛과 함께 레몬 같은 산미도 찾아지며 입안에서 풍미의 지속성이 대단하다. 푸토뇨스는 토카이의 진수이며 50년 혹은 그 이상도 장기 숙성 가능하다. 푸아그라, 블루 치즈, 계피, 넛맥 등이 들어간 리조또 등과 함께 하면 좋다.

토카이는 세계가 인정하는 명품 디저트 와인이며 세계에서 가장 생명력이 긴 와인으로 통한다. 프랑스의 소테른 와인보다 200년이나 더 긴 역사를 지닌 이 와인은 일찍이 프랑스 루이 14세 때 프랑스 왕실에 선물로 보내졌고, 러시아 황제들의 만병통치약으로 통했을 정도로 역사적 평판이 대단하다. 토카이는 정상 수확 시기가 지나 귀부병에 걸린 포도를 사용하며 수확한 포도를 소쿠리에서 며칠간 말려 당분이 농축됐을 때 착즙한다. 그 즙과 정상 수확한 포도에서 얻은 즙을 섞어 토카이 와인을 만들며, 이 과정을 거친 토카이 와인에는 아수(Aszu)라는 라벨을 붙인다. 와인의 등급은 소쿠리를 뜻하는 푸토뇨스(Puttonyos 또는 Putt)로 표현하고 Putt 3~6으로 나누며, 숫자가 높을수록 당도가 높다.

- 아로마노트로 표현되는 주요 향 : 캐러멜화된 사과(Caramelrized Apple), 건포도(Raisin), 간장(Soy Sauce), 흑설탕(Brown Sugar), 아몬드(Almond), 초콜릿(Chocolate)

4) 페헤르 아라니 무스카트 오토넬(Feher Arany Muskat Ottonel MB Nagyrede)

페르디난드 피어로쓰(Ferdinand Pieroth)가 만든 화이트 와인으로 포도의 주품종은 Muskat Ottonel이다. 여러 가지 향이 조화롭게 섞여 있고, 과실 향을 머금은 꽃내음이 나는 것이 특징이다. 또한, 달콤하고 그윽한 향이 미묘한 육두구(Nutmeg) 맛이 더해진 감귤 향과 어우러져 있다. 맛은 달고 톡 쏘며, 정제되어 우아하고 은근한 성질이 이 와인을 고급스럽고 매력적인 동반자로 만들어준다. 무스카트 오토넬은 무스카텔종에서 가장 먼저 익는 포도품종이다. 이는 포도가 그윽하고 은근한 고품질을 만들어내는 데 필수적인 고급스러운 노블롯(Noble rot)을 종종 얻는다는 뜻이다. 루마니아에서는 이 품종을 무슈코타이 혹은 타마이오아사라 부른다. 블루 치즈, 로크포르, 고르곤졸라와 함께 즐기는 것이 좋다.

- 아로마노트로 표현되는 주요 향 : 과실(Fruit), 꽃(Flower)

5) 보르 포라시(Bor Forras)

페르디난드 피어로쓰(Ferdinand Pieroth)가 생산한 테이블 레드 와인으로 혼합 포도품종으로 만든다. 강렬한 풀 바디의 과실 맛과 원숙한 탄닌 및 보랏빛을 띤 붉은색으로 아름다운 와인이다. 잔에 담기면 보랏빛이 감도는 강렬한 붉은색을 띤다. 부케에서는 잘 익은 달콤한 체리와 라즈베리의 잔향이 느껴지며, 맛은 벨벳처럼 부드러운 탄닌이 곁들여져서 우아한 스타일을 만들어낸다. 바비큐 립, 군만두, 갈비찜 등과 잘 어울린다.

페르디난드 피어로쓰가에서 제조한 와인으로 와인 명가의 손길을 느낄 수 있는 와인이다. 페르디난드 피어로쓰가는 많은 와이너리를 소유하고 있는데, 이들의 전문성과 노하우, 높은 품질은 이미 세계의 와인 애호가들에게 페르디난드 피어로쓰가의 와인이라는 이름만 들어도 신뢰할 수 있게 한다. 샤토 마우로스 포도원은 석회질의 암반 위에 점토 자갈 토양으로 되어 있는데, 이는 포도 재배에 이상적인 토양을 형성하여 매년 고른 품질의 와인을 생산하고 있다. 또한 아주 전통적인 방법을 고수하며 포도밭에 인위적인 손길을 최소화하여 가장 자연에 가까운 와인을 생산하고 있다.

- 아로마노트로 표현되는 주요 향 : 체리(Cherry), 라즈베리(Raspberry)

10
그리스

국내 와인 애호가들에게 아직은 낯설지만, 2004년 아테네 올림픽을 계기로 국내에도 많이 소개되기 시작했다. 그리스 와인은 그리스의 풍토와 문화를 대변하고 있다. 강렬한 태양과 바람, 지중해의 물결이 만들어낸 '신들의 음료'로 불리기도 한다. 달콤한 맛과 떫은맛이 조화를 이루어 개성 강한 와인을 생산하고 있다.

1) 뮈스카 사모스 쿠르타키(Muscat Samos Kourtaki)

크레타와 아진섬에서 생산된 화이트 와인으로 사용된 포도의 주품종은 뮈스카이다. 밝은 황금색이며, 레몬과 오렌지 껍질 향이 난다. 풍부한 단맛을 느낄 수 있으며, 레몬의 감미로운 신맛이 가미된다. 과일과 잘 어울려 디저트용 와인으로 좋다. 와인의 본고장 프랑스가 주요 소비 시장이며, 영국에서도 점유율 24%를 차지한다. 서빙 온도는 8~12℃가 좋다.

- 아로마노트로 표현되는 주요 향 : 레몬(Lemon), 오렌지(Orange), 꿀(Honey)

2) 마르로닷핀 파트라스 쿠르타키(Mavrodaphne Patras Kourtaki)

그리스의 크레타, 아진섬(Creece/Certe, Aegean) 지역에서 그릭 와인셀러 디 쿠르타키 에스에이(Greek Wine Cellars D Kourtakis SA)가 생산한 레드 와인으로 사용된 포도품종은 마브로다핀 65%(Marvrodaphne 65%), 블랙 코린티아키 35%(Black Korinthiaki 35%)이다.

과일맛을 오래도록 입안 가득 느끼게 해주며 마데이라(Madeira), 타우니 포트(Tawny Port)와 유사하지만 더 가볍고 다양한 과일맛을 느낄 수 있다. 계절 과일, 간단한 치즈와 잘 어울리며 디저트용으로 적합하다. 세계 유력 와인 잡지인 Wine & Spirits 2004년 6월호에서 올해의 저렴하며 가치있는 와인 콘테스트에서 파트라스 쿠르타키가 87점, 사모스 쿠르타키가 86점을 획득하며 그리스 와인으로는 유일하게 최고의 와인 중 하나로 선정되었다.

- 아로마노트로 표현되는 주요 향 : 건포도(Raisin), 대추야자(Date Palm), 꿀(Honey)

3) 뮈스카 사모스 쿠르타키(Muscat Samos Kourtaki)

뮈스카 품종은 전 세계에서 가장 널리 재배되는 품종으로 이탈리아에서는 모스카토(Moscato), 스페인에서는 모스카텔(Moscatel)이라고 한다. 원산지는 중동지역으로 그리스를 거쳐 프랑스, 이탈리아로 전해지며 양조용 포도, 식탁용 포도, 건포도를 생산하는 다양성을 지닌 품종이다. 지중해의 뜨거운 태양 아래에서 과숙된 포도는 진한 풍미와 당도를 갖게 되어 달콤한 열대과일 향과 꽃향기를 머금은 와인을 생산한다. 그리스의 와인역사는 6500년 전부터 시작되었으며 고대 그리스에서 와인은 신들이 마시던 음료였다. 17세기경 에게해에 위치한 사모스 섬에서 뮈스카 품종으로 깊고 진하며 매우 복합적인 풍미를 지닌 디저트 와인을 생산하기 시작했다. 풍부한 감미와 함께 레몬, 오렌지 껍질과 같은 상큼하고 화사한 과일 향과 산미가 어울려 조화를 이룬다. 쿠르타키 포도원은 1865년 바실리스 쿠르타키가 설립하여 그리스 양조기술을 발전시킨 대표적인 포도원이다.

- 아로마노트로 표현되는 주요 향 : 레몬, 꿀, 오렌지

11 오스트리아

오스트리아 와인은 2700년의 역사를 가지고 있으며, 독특한 맛과 향으로 유명하다. 독일보다 남쪽에 위치해 있기 때문에 포도의 당도는 높고 산은 낮아서 독일 와인보다 부드럽고 달콤한 맛을 낸다. 부르겐란트는 오스트리아 최대의 포도 및 와인 생산지로, 특히 서리가 내릴 때까지 기다렸다가 수확한 포도로 만든 아이스 와인이 사랑받고 있다. 일반 와인보다 당도가 높고 향도 진한 것이 특징이며, 이를 그대로 차갑게 마셔야 더 진한 향과 맛을 느낄 수 있다. 디저트 와인인 아이스 와인과 함께 겨울에는 레드 와인에 오렌지 주스를 넣어 따뜻하게 데워 먹는 글뤼바인도 즐겨 마신다.

1) 부르겐란트 아이스 와인(Burgenland Ice Wine)

부르겐란트에서 생산된 화이트 와인으로 사용된 포도의 주품종은 리슬링이다. 황금색을 띠며, 사과 향을 띤 스파이스한 꽃향기가 느껴진다. 입안 가득 만족스런 레몬과 라임의 맛이 신선한 산도와 어우러져 풍부하면서도 우아한 맛을 느끼게 해준다. 천연의 달콤함을 가진 시원한 과즙의 맛이 나 디저트 와인으로 손색이 없다.

- 아로마노트로 표현되는 주요 향 : 사과(Apple), 산사나무(Hawthorn), 꿀(Honey)

2) 가거 콰트로(Gager Quattro)

오스트리아 남동쪽 부르겐란트의 가족 경영 포도원에서 생산하는 최고급 오스트리아 와인으로 콰트로는 이탈리아어로 숫자 4를 나타내며 보르도 품종 카베르네 소비뇽, 메를로와 오스트리아 품종 블라우플랭키쉬, 쯔바이겔트의 4품종이 블렌딩되어 와인 레이블의 정사각형 디자인에 각기 다른 색으로 품종 블렌딩을 나타내고 있다. 검붉은 루비색을 띠고 진한 체리 향이 있으며 입안에 바닐라 향과 스모크 향을 지닌 부드러운 여운이 오랫동안 남는 와인이다. 오스트리아의 전통음식으로 양고기를 돈까스처럼 빵가루를 묻혀 튀긴 슈니첼이나 스테이크와 함께 즐기면 좋은 오스트리아 최고의 와인이다.

- 아로마노트로 표현되는 주요 향 : 체리(Cherry), 바닐라(Vanilla)

3) 짠토 베렌아우스레제(Zantho Beerenauslese)

와인 산지 중에서 유럽의 중앙 내륙에 위치한 오스트리아는 독일과 같은 서늘한 기후의 와인 산지로 화이트 와인의 생산 비율이 약 75%를 차지한다. 서늘한 기후로 인하여 화이트 와인의 당도를 중요시하며 포도를 늦게 수확하여 당도가 높은 와인을 생산한다. 베렌아우스레제 등급은 늦게 수확한 포도 중에서 잘 익은 것만 포도알을 손으로 하나씩 골라 수확하여 생산한 달콤한 디저트 와인으로 과일의 깊은 향이 와인의 달콤함과 산미의 조화를 더욱 돋보이게 하며 와인 잔을 입에 가져갔을 때 향기가 얼굴을 덮으며 입안을 가득하게 채우는 매력을 지니고 있다.

일반 와인보다 귀하게 생산하여 일반 와인의 반 병 크기에 담겨 있다. 웰치리슬링(Welschriesling)과 쇼이레베(Scheurebe) 품종으로 생산하며 독특한 산미에 향기가 많아 오랫동안 숙성하여 성숙한 향과 맛을 지니게 한다. 어울리는 음식은 오렌지 무스 케이크나 한과와 함께 즐기면 풍미와 깊은 향이 어울려 멋진 디저트를 즐길 수 있다. 짠토를 상징하는 도마뱀은 포도원 근처 파노니안 삼림지의 파충류로 자연친화적인 포도 경작을 상징하기 위한 포도원의 상징이다.

- 아로마노트로 표현되는 주요향 : 꽃(Flower), 꿀(Honey), 밀랍(Beeswax)

12
남아프리카공화국

자연환경이 잘 보존된 남아프리카공화국 케이프타운의 지형은 시원한 바람과 안개로 양질의 포도를 재배하기 위한 최적의 환경을 제공한다. 아프리카 구대륙의 토양 위에 피어 있는 9,500종이 넘는 야생화의 풍미가 남아프리카공화국 와인에 고스란히 녹아 있다. 세계 자연유산으로 보호되는 케이프타운의 포도는 친환경 농법으로 엄격하게 재배된다.

1) 더 빅 파이브 컬렉션 엘리펀트(The Big Five Collection Elephant)

웨스턴 케이프에서 생산된 레드 와인을 사용한 포도의 주품종은 피노타지(Pinotage)이다. 보랏빛이 도는 진홍색을 띠며, 풍성하면서도 미묘한 향을 발산한다. 라즈베리 향이 매력적인 과일 향을 더 향기롭게 하고, 탄닌과 오크 향이 과일 향과 묘한 조화를 이룬다.

- 아로마노트로 표현되는 주요 향 : 라즈베리(Raspberry), 파촐리(Patchouli), 스모크(Smoke)

2) 더 빅 파이브 컬렉션 라이언(The Big Five Collection Lion)

웨스턴 케이프에서 생산된 화이트 와인을 사용한 포도의 주품종은 소비뇽 블랑이다. 녹색이 감도는 밝은 짚색이며, 농익은 과일 향이 짙고 라즈베리와 레몬 향이 감돈다. 풍부한 과일 향과 적절한 산도가 좋은 균형을 이룬다.

- 아로마노트로 표현되는 주요 향 : 자몽(Grapefruit), 레몬(Lemon), 라즈베리(Raspberry)

3) 더 빅 파이브 컬렉션 버팔로(The Big Five Collection Buffalo)

웨스턴 케이프에서 생산된 레드 와인을 사용한 포도의 주품종은 쉬라즈이다. 보랏빛이 감도는 짙은 루비색을 띠며, 과일 향과 탄닌의 스모크 향이 난다. 적절한 탄닌과 오크 향이 달콤한 과일 향과 조화를 이룬다.

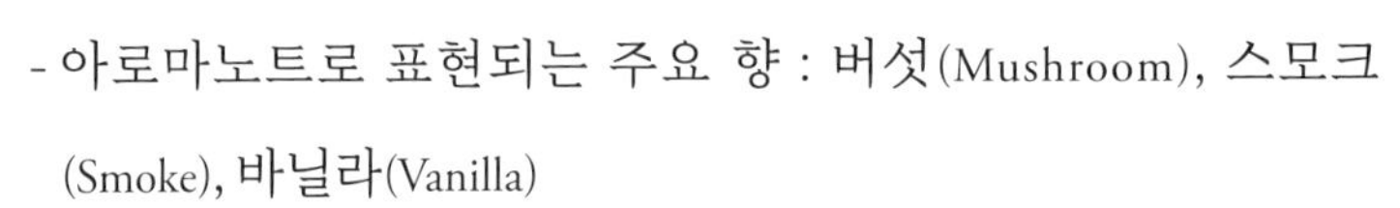

- 아로마노트로 표현되는 주요 향 : 버섯(Mushroom), 스모크(Smoke), 바닐라(Vanilla)

4) 페어뷰 고트 두 롬(Fairview Goats do Roam)

페어뷰 포도원은 1693년에 설립되었으며 케이프타운에서 50km 거리의 팔(Paarl)에 위치한다. 와인 생산 외에 염소우유와 치즈를 생산하는 곳으로 유명하며 이 포도원의 상징으로 염소탑은 남아공 관광 명소로 알려져 있다. 페어뷰의 와인은 와인 스펙테이터에 남아공 와인으로는 처음으로 2004년, 2005년에 100대 와인에 선정되었으며 남아공 와인 산업을 발전시킨 공로가 뛰어나 영국 노동당의 공식 행사 와인으로 사용되고 있다.

페어뷰의 와인은 Goat Rotk, Gored Doe, Goat Door 등 프랑스 유명 와인 산지를 연상하는 재미있는 이름과 에티켓을 사용하여 웃음을 주는 와인이다. 고트 두 롬 와인은 남아공의 최고 화이트 품종인 슈냉 블랑을 주품종으로 쎄미용, 크로생 블랑, 비오니에, 끌라레트 블랑슈 등을 블렌딩한 드라이 화이트 와인이다. 옅은 금색을 지닌 멜론과 사과 향이 담긴 산도가 좋은 와인으로 해산물과 잘 어울린다.

- 아로마노트로 표현되는 주요 향 : 사과(Apple), 멜론(Melon)

13
뉴질랜드

1) 말보로 소비뇽 블랑 토이토이(Marlborough Sauvignon Blanc ToiToi)

뉴질랜드는 신세계 와인 생산국 중에서 가장 늦게 와인 산업이 시작되었지만 소비뇽 블랑으로 최고의 상큼한 화이트 와인을 생산한다. 뉴질랜드는 와인 생산국으로는 가장 남반부 최남단에 있으며 화이트 와인 양조에 매우 적합한 자연환경을 지녔다. 햇빛이 강하고 서늘하면서 비교적 온화한 기후이다. 남섬 최북단의 말보로는 서늘한 해양성 기후로 낮에는 따스한 햇살이 비치고 밤에는 차가운 해풍이 불어와 포도에 신선함과 생동감을 가져온다. 소비뇽 블랑은 맑은 연둣빛을 지닌 특유의 풋풋한 산미와 풀잎의 녹색 향을 지닌 과일 향이 많은 화이트 와인이다. 생선회, 생굴 등 다양한 해산물과 어울리며 식전주로 어느 자리에서나 인기가 있다. 토이토이 포도원은 2007년 처음으로 소비뇽 블랑을 생산하며 전 세계로 수출하고 있다.

- 아로마노트로 표현되는 주요 향 : 레몬, 라임, 풀향

Reference
참고문헌

Reference

Book

- 101 Wines - You Must Taste Before You Die, Neil Beckett, Universe, 2008
- Carbernet - A Photographic Journey From Vine to Wine, Charles O'rear, Ten Speed Press, 1998
- Complete Wine Course, Kevin Zraly, Sterling, 2009
- The Complete Encyclopeida of Wine Beer and Spirits, Robert Joseph, Roger Protz, Dave Broom, Carlton, 2000
- The Global Encyclopedia of Wine, Rebecca Chapa, Catherine Fallis, Patrick Farrell and 33 Additional Wine Expert, Globak Bood Pulishing, 2003
- The story of Wine, Hugh Johnson, Mitchell Beazley, 2005
- Wine, The Atchison, Topeka and Santa Fe Railway Co., 1937
- Wine Bible, Karen MacNeil, Workman Publishing, 2001
- Wine from Grape to Glass, Jens Priewe, Abbe Ville Press, 2006
- Wines of the World, Susan Keevil, Metro Books, 2010

- 글로벌 문화와 매너, 박한표, 한올출판사, 2009
- 나를 변화시키는 좋은 습관, 한창욱, 새론박스, 2004
- 매일 매너를 입는다, 박준형, 한올출판사, 2002
- 매너의 역사(문명화의 과정), 노버트 엘리아스(저), 유희수(역), 신서원, 1995
- 매너는 인격이다, 서성희, 박혜정, 현실과미래사, 1999
- 매너는 아름답다, 원융희, 일선출판사, 1997
- 보르도 와인, 한관규, 그랑벵코리아, 2005
- 서한정의 와인 가이드, 서한정, 그랑벵코리아, 2002
- 웰빙 와인 상식, 서한정, 김준철, 한관규, 그랑벵코리아, 2005
- 와인, 김준철, 백산출판사, 2008
- 와인과 건강, 김준철, 유림문화사, 2001
- 와인견문록, 고형욱, 노브, 2006
- 현대인과 와인, 김한식, 태웅출판사, 1990
- 와인 읽는 CEO, 안준범, 21세기북스, 2008

Journal

- Escudero, A., Asensio, E., Cacho, J., and Ferreira, V. Sensory and chemical changes of young white wines stored under oxygen. An assessment of the role played by aldehydes and some other important odorants. Food Chem. 2002, 77 : 325-331

- Karbowiak, T., Gougeon, R. D., Alinc, J. B., Barchais, L., Debeaufort, F., Voilley, A., and Chassag ne, D. Wine oxidation and the role of cork. Criti. Rev. Food Sci. Nutr. 2010, 50 : 20-52
- Holmes, E., Loo, R. L., Stamler, J., Bictash, M., Yap, I. K. S., Chan, Q., Ebbels, T., De Iorio, M., Brown, I. J., Veselkov, K. A., Daviglus, M. L., Kesteloot, H., Ueshima, H., Zhao, L. C., Nicholson, J. K., and Elliot, T. P. Human metabolic phenotype diversity and its association with diet and blood pressure. Nature 2008, 453 : 396-400
- Lee, Dong-Hyun, Kang, Bo-Sik, and Park, Hyun-Jin. Effect of oxygen on volatile and sensory characteristics of Cabernet Sauvignon during secondary shelf life. J. Agr. Food Chem. 2011, 59 : 11657-11666
- Schreier, P. Flavor composition of wines : A review. Criti. Rev. Bood Sci. Nutr. 1979, 12 : 59-111
- Lee, Dong-Hyun, Choi, Sung-Sik, Kim, Se-Young, Kang, Bo-Sik, Lee, Sung-Joon, Park, Hyun-Jin. Effect of alcohol-free red wine concentrates on cholesterol homeostasis : An in vitro and in vivo study. Process Biochemistry, 2013, 48 : 1964-1971
- Kang, Bo-Sik, Lee, Jang-Eun, and Park, Hyun-Jin. Electronic tonque-basd discrimination of Korean rice wines (mageolli) including prediction of sensory evaluations and instrumental measurements. Food Chemistry. 2014, 151 : 317-323

Web site

- http://en.wikipedia.org/wiki/French_wine
- http://www.terroir-france.com/region/bordeaux_pomerol.htm
- http://www.wine-searcher.com/regions-sauternes
- http://www.easy-french-food.com/sauterne-wine.html
- http://wineintro.com/types/sauternes.html
- http://en.wikipedia.org/wiki/List_of_Burgundy_Grand_Crus
- http://en.wikipedia.org/wiki/Burgundy_wine
- http://www.terroir-france.com/wine/app_bourgogne.htm
- http://www.gamwine.com/company/tunnel/intro.php
- https://www.gamwine.com : 50239/wine/shop/item.php?it_id=1427280973
- http://www.winekorea.kr/bbs/board.php?bo_table=factory&wr_id=1
- http://www.grandcoteau.co.kr/wine/wine_01.asp

Flavor
in
Wine

Index

색인

ㅈ

ㅍ

ㅎ

Profile

박현진

고려대학교 식품공학과 학사 및 석사
미국 조지아대학교 식품공학과 박사
(현) 고려대학교 생명공학원 교수
미국 클렘슨대학교 식품, 영양 및 포장학과 겸임교수
고려대학교 건강기능식품연구센터 센터장
한국과학기술한림원 정회원

이동현

전남대학교 화학공학과 졸업
부경대학교 산업대학원 생물산업공학 석사
고려대학교 생명과학대학 와인학 박사
프랑스 Universite du Vin 마스터과정 수료
(현) 월드와인(주) 대표이사
BWS와인스쿨[부산/강남] 원장

김성동

숙명여자대학교 불어불문학과 졸업
대한항공 스튜어디스직 근무
Wine Academy의 Sommelier 와인전문가반 수료
프랑스 꼬뜨 뒤 론의 Universite du Vin 와인대학과정 수료
머니투데이 '영화 속 와인이야기' 칼럼 연재 중

임형규

이탈리안 레스토랑 보나세라(Sommelier)
매일유업 외식사업부(Chief Sommelier)
전국학생소믈리에대회 심사위원
사)한국소믈리에협회 기획실장
OIV) Asia Wine Trophy 심사위원
(현) SPC 와인사업부 팀장

남차현

경기대학교 대학원(외식조리관리) 관광학박사
폴리체(정통 이태리 수제 젤라또) 대표

와인의 향기

2016년 4월 30일 초 판 1쇄 발행
2023년 8월 30일 제2판 1쇄 발행

대표저자 박현진
공저자 이동현·김성동·임형규·남차현
펴낸이 진욱상
펴낸곳 백산출판사
교 정 성인숙
본문디자인 신화정
표지디자인 오정은

등 록 1974년 1월 9일 제406-1974-000001호
주 소 경기도 파주시 회동길 370(백산빌딩 3층)
전 화 02-914-1621(代)
팩 스 031-955-9911
이메일 edit@ibaeksan.kr
홈페이지 www.ibaeksan.kr

ISBN 979-11-6639-367-9 93570
값 35,000원